21世纪高等学校嵌入式系统专业规划教材

嵌入式系统原理与应用

——基于Cortex-A9微处理器和Linux操作系统

朱华生 李璠 王军 编著

U0252744

清华大学出版社

北京

内 容 简 介

本书以 ARM Cortex-A9 微处理器为硬件平台，以 Linux 操作系统为基础，以实际应用为主线，介绍嵌入式系统开发技术。

本书主要内容包括嵌入式系统基础、Cortex-A9 微处理器硬件平台、Linux 系统编程基础、嵌入式交叉开发环境及系统移植、Linux 驱动程序设计和嵌入式数据库应用等。

本书内容丰富，讲述深入浅出，适合作为高等院校计算机、电子和通信等本科专业的嵌入式系统课程教材，也可作为嵌入式领域科研人员的技术参考书。

图书在版编目（CIP）数据

嵌入式系统原理与应用：基于 Cortex-A9 微处理器和 Linux 操作系统/朱华生，李璠，王军编著.—北京：清华大学出版社，2021.1（2024.2重印）

21 世纪高等学校嵌入式系统专业规划教材

ISBN 978-7-302-57096-7

Ⅰ．①嵌… Ⅱ．①朱… ②李… ③王… Ⅲ．①微处理器－系统设计－高等学校－教材 ②Linux 操作系统－系统设计－高等学校－教材 Ⅳ．①TP332 ②TP316.89

中国版本图书馆 CIP 数据核字（2020）第 251242 号

责任编辑：刘向威
封面设计：常雪影
责任校对：焦丽丽
责任印制：宋　林

出版发行：清华大学出版社
    网　　址：https://www.tup.com.cn，https://www.wqxuetang.com
    地　　址：北京清华大学学研大厦 A 座　　　　　　邮　　编：100084
    社　总　机：010-83470000　　　　　　　　　　邮　　购：010-62786544
    投稿与读者服务：010-62776969，c-service@tup.tsinghua.edu.cn
    质量反馈：010-62772015，zhiliang@tup.tsinghua.edu.cn
    课件下载：https://www.tup.com.cn，010-83470236
印　装　者：天津鑫丰华印务有限公司
经　　销：全国新华书店
开　　本：185mm×260mm　　　　印　　张：16.25　　　　字　　数：397 千字
版　　次：2021 年 3 月第 1 版　　　　　　　　　　印　　次：2024 年 2 月第 6 次印刷
印　　数：8501～10500
定　　价：49.00 元

产品编号：088294-01

前　　言

近年来,随着嵌入式系统(Embedded System)产品的迅猛发展,社会对嵌入式技术人才的需求也越来越多,学习嵌入式技术的人员也在迅速增加。嵌入式系统的多样性增加了嵌入式系统学习和开发的难度,为了让初学者能较为全面地了解嵌入式系统的开发过程,为将来从事嵌入式领域的工作奠定基础,笔者特编写了本教材。

全书共分6章,第1章讲述嵌入式系统基础知识、嵌入式处理器、嵌入式操作系统以及嵌入式系统开发流程等,便于读者对嵌入式系统有初步认识。第2章讲述 ARM 系列处理器、Exynos 4412 控制器内部结构及外围电路等。第3章讲述 GCC 编译工具的使用以及 Linux 系统文件、时间和多线程编程等相关知识。第4章讲述交叉编译环境的构建、Uboot 引导程序及 Linux 系统软件的移植、裁剪和编译等。第5章讲述驱动程序基础以及 Linux 系统字符设备驱动程序的设计,重点讲解了 Demo、GPIO、PWM 和 A/D 等接口驱动程序设计实例。第6章讲述嵌入式数据库程序设计,并通过实例讲解了数据库的应用。书后附有 Linux 系统常用命令、VI 基本操作和练习题参考答案。

本书由朱华生、李璠和王军共同编写。其中,朱华生负责编写第1、2章,王军负责编写第3章,李璠负责编写第4～6章以及附录,全书由朱华生负责统稿。

在本书的编写过程中,编者参考了华清远见公司的 FS4412 实验指导书,并得到了清华大学出版社和南昌工程学院的大力支持和帮助,在此表示衷心感谢。

由于编者水平有限,加之时间仓促,书中内容及文字如有不妥之处,望读者批评指正。我们希望在汲取大家的意见和建议的基础上,不断修改和完善书中的有关内容,以便在下一次改版中得到订正。

编　者
2020 年 6 月于南昌

目　　录

第 1 章　嵌入式系统基础 ……………………………………………………………… 1

　1.1　嵌入式系统的定义 ………………………………………………………… 1

　1.2　嵌入式系统的发展历程 …………………………………………………… 1

　　1.2.1　嵌入式系统的由来 …………………………………………………… 1

　　1.2.2　嵌入式系统发展的 4 个阶段 ………………………………………… 2

　　1.2.3　嵌入式系统的发展趋势 ……………………………………………… 2

　1.3　嵌入式系统的特点 ………………………………………………………… 3

　1.4　嵌入式系统的结构 ………………………………………………………… 5

　1.5　嵌入式处理器 ……………………………………………………………… 6

　　1.5.1　嵌入式处理器的特点 ………………………………………………… 6

　　1.5.2　嵌入式处理器的分类 ………………………………………………… 7

　　1.5.3　典型的嵌入式处理器 ………………………………………………… 8

　1.6　嵌入式操作系统 …………………………………………………………… 10

　　1.6.1　简述 …………………………………………………………………… 10

　　1.6.2　主流嵌入式操作系统 ………………………………………………… 10

　1.7　嵌入式系统开发 …………………………………………………………… 14

　1.8　练习题 ……………………………………………………………………… 16

第 2 章　基于 Cortex-A9 微处理器的硬件平台 …………………………………… 19

　2.1　ARM 处理器简介 ………………………………………………………… 19

　　2.1.1　ARM 公司 ……………………………………………………………… 19

　　2.1.2　ARM 技术特点 ………………………………………………………… 20

　　2.1.3　ARM 体系结构 ………………………………………………………… 21

　　2.1.4　ARM 微处理器核 ……………………………………………………… 23

　　2.1.5　ARM 编程模型 ………………………………………………………… 28

　　2.1.6　ARM 指令集 …………………………………………………………… 37

　2.2　Exynos 4412 控制器简介 ………………………………………………… 44

　　2.2.1　内部结构 ……………………………………………………………… 44

　　2.2.2　内存映射 ……………………………………………………………… 45

　　2.2.3　引导顺序 ……………………………………………………………… 46

　　2.2.4　GPIO 端口 ……………………………………………………………… 46

　　2.2.5　RTC 定时器 …………………………………………………………… 54

　　2.2.6　中断控制器 …………………………………………………………… 56

　　　　2.2.7　NAND Flash 控制器 ················· 57

　　　　2.2.8　PWM 定时器 ······················ 57

　　　　2.2.9　通用异步收发器 ······················ 62

　　　　2.2.10　模数转换器 ······················ 63

　　2.3　Exynos 4412 外围硬件电路 ················· 66

　　　　2.3.1　核心板电路 ······················ 66

　　　　2.3.2　扩展驱动板电路 ······················ 70

　　2.4　练习题 ······························ 72

第 3 章　Linux 系统编程基础 ····················· 76

　　3.1　GCC 编译器 ························· 76

　　　　3.1.1　GCC 概述 ······················· 76

　　　　3.1.2　GCC 编译过程 ······················ 76

　　　　3.1.3　GCC 选项 ······················· 79

　　3.2　GDB 调试器 ························· 84

　　　　3.2.1　GDB 基本使用方法 ··················· 85

　　　　3.2.2　GDB 基本命令 ······················ 86

　　　　3.2.3　GDB 典型实例 ······················ 88

　　3.3　Make 工具的使用 ······················ 90

　　　　3.3.1　Makefile ························ 91

　　　　3.3.2　Makefile 的应用 ··················· 93

　　　　3.3.3　自动生成 Makefile 文件 ··············· 97

　　3.4　Linux 应用程序设计 ···················· 100

　　　　3.4.1　文件操作编程 ······················ 100

　　　　3.4.2　时间编程 ······················· 103

　　　　3.4.3　多线程编程 ······················ 105

　　3.5　练习题 ······························ 110

第 4 章　嵌入式交叉开发环境及系统移植 ··············· 114

　　4.1　嵌入式交叉开发环境构建 ················· 114

　　　　4.1.1　嵌入式软件调试方法 ················· 114

　　　　4.1.2　交叉编译环境构建 ··················· 116

　　　　4.1.3　串口通信软件配置 ··················· 118

　　　　4.1.4　目标机运行环境构建 ················· 120

　　4.2　引导程序移植 ························· 123

　　　　4.2.1　引导程序 ······················· 123

　　　　4.2.2　Uboot ························· 125

　　　　4.2.3　Uboot 移植 ······················ 129

　　4.3　Linux 内核移植和编译 ··················· 132

4.3.1 Linux 内核简介 ············· 133
4.3.2 内核的移植、配置和编译 ····· 134
4.3.3 在内核添加驱动程序········· 136
4.3.4 设备树 ····················· 138
4.3.5 根文件系统 ················· 139
4.4 练习题 ······················· 144

第 5 章 Linux 驱动程序·············· 147
5.1 Linux 驱动程序概述 ············· 147
5.1.1 驱动程序····················· 147
5.1.2 设备分类 ··················· 148
5.1.3 设备文件接口 ··············· 152
5.1.4 驱动程序加载方法 ··········· 154
5.1.5 设备驱动程序的重要数据结构 · 156
5.1.6 驱动程序常用函数··········· 161
5.2 虚拟字符设备 Demo 驱动程序设计 · 163
5.2.1 驱动程序编写方法 ··········· 163
5.2.2 Demo 驱动程序设计 ········· 164
5.2.3 Demo 测试程序设计 ········· 168
5.3 GPIO 应用实例 ················· 169
5.3.1 LED 灯控制电路概述········· 169
5.3.2 LED 灯驱动程序设计 ········· 170
5.3.3 LED 应用程序设计 ··········· 176
5.4 PWM 应用实例 ················· 177
5.4.1 PWM 应用电路概述 ········· 177
5.4.2 PWM 驱动程序设计 ········· 177
5.4.3 PWM 应用程序设计 ········· 182
5.5 ADC 应用实例·················· 184
5.5.1 ADC 工作原理 ··············· 184
5.5.2 ADC 的主要性能指标········· 185
5.5.3 ADC 应用电路概述 ··········· 186
5.5.4 温度采集驱动程序设计 ······· 187
5.5.5 温度采集应用程序设计 ······· 192
5.6 练习题 ······················· 193

第 6 章 嵌入式数据库··············· 196
6.1 嵌入式数据库概述 ············· 196
6.1.1 为什么需要嵌入式数据库····· 196
6.1.2 什么是嵌入式数据库········· 197

　　　6.1.3　常用嵌入式数据库 ·· 198

　6.2　SQLite ··· 199

　　　6.2.1　SQLite 概述 ·· 199

　　　6.2.2　SQLite 本地安装 ·· 202

　　　6.2.3　SQLite 命令 ·· 203

　　　6.2.4　SQLite 的 API 函数 ··· 207

　　　6.2.5　SQLite 交叉编译 ·· 211

　6.3　基于 SQLite 的温度数据采集系统 ·· 213

　6.4　练习题 ·· 219

附录 A　常用 Linux 命令的使用 ·· 221

　A.1　Linux Shell 环境 ··· 221

　A.2　基本命令 ·· 222

　　　A.2.1　管理文件和目录命令 ·· 222

　　　A.2.2　进程、关机和线上查询命令 ·· 226

　　　A.2.3　其他常用命令 ·· 230

　A.3　网络命令 ·· 236

　A.4　服务器配置 ·· 239

　　　A.4.1　FTP 服务器 ·· 239

　　　A.4.2　Telnet 服务器 ·· 240

　　　A.4.3　NFS 服务器 ·· 241

附录 B　vi 基本操作 ··· 243

　B.1　vi 简介 ··· 243

　B.2　vi 基本操作 ·· 243

　B.3　基本命令 ·· 245

附录 C　练习题参考答案 ·· 248

　第 1 章　嵌入式系统基础 ·· 248

　第 2 章　基于 Cortex-A9 微处理器的硬件平台 ································ 248

　第 3 章　Linux 系统编程基础 ·· 249

　第 4 章　嵌入式交叉开发环境及系统移植 ····································· 250

　第 5 章　Linux 驱动程序 ·· 251

　第 6 章　嵌入式数据库 ··· 251

参考文献 ··· 252

第 1 章　嵌入式系统基础

本章主要介绍嵌入式系统的定义,总结归纳嵌入式系统的发展历程和特点,探讨嵌入式系统的体系结构、嵌入式处理器分类和常用嵌入式操作系统,最后简单介绍嵌入式系统的开发流程。

1.1　嵌入式系统的定义

嵌入式系统经过几十年的发展,已经渗透到了人们生活中的每个角落,所以嵌入式系统也是当今最热门的概念之一。什么是嵌入式系统? 目前还没有一个统一的定义,因为嵌入式系统涉及的范围比较广,从简单的 MP3、PDA(个人数字助理),到复杂的路由器、机器人;从小型的电子时钟、电视遥控器,到大型的飞机、轮船;从民用的汽车到军用的坦克,等等,使用的基本都是嵌入式系统。

有人认为 8 位单片机不能用于嵌入式系统,只有使用了高性能的 32 位处理器的系统才能称为嵌入式系统。这个理解是错误的,单片机虽说处理能力不强,只能执行一些简单的程序,但它也可以称为嵌入式系统。

按照 IEEE(Institute of Electrical & Electronic Engineers,国际电气和电子工程师协会)的定义,嵌入式系统是“用于控制、监视或者辅助操作机器和设备的装置”(原文为 devices used to control, monitor, or assist the operation of equipment, machinery or plants),表明嵌入式系统是软件和硬件的综合体,还可以涵盖机械等附属装置。这个定义比较宽泛,并没有规定用什么方法来实现,可以用微处理器、可编程逻辑器件、数字信号处理器(Digital Signal Processor,DSP),也可以用个人计算机(Personal Computer,PC),甚至还可以用机械装置。

目前,对于嵌入式系统,国内普遍认同的定义是“以应用为中心,以计算机技术为基础,软硬件可裁剪,应用系统对功能、可靠性、成本、体积、功耗有严格要求的专用计算机系统”。简而言之,嵌入式系统是面向具体对象,嵌入对象体系中实现数据采集、处理与控制等功能的专用计算机系统。

1.2　嵌入式系统的发展历程

1.2.1　嵌入式系统的由来

在计算机发展的早期,计算机技术一直是沿着满足高速数值计算的道路发展,这一时期的计算机主要应用于科学研究、军事等领域。直到 20 世纪 70 年代,计算机在数值计算、逻辑运算与推理、信息处理以及实际控制方面表现出非凡能力后,才开始应用于通信、测控、数据传输等领域。在这些领域的应用与单纯的高速海量计算要求不同,主要表现为体积小,应用灵活;嵌入具体的应用体中,而不以计算机的面貌出现;直接面向控制对象。通常把满足海量高速数值计算的计算机系统称为通用计算机系统。而把面向测控对象,嵌入实际应用系统中,实现嵌入式应用的计算机系统称为嵌入式计算机系统,简称嵌入式系统。

当然,通用计算机系统和嵌入式系统的功能没有根本区别,只是侧重不同。通用计算机系统主要应用于数值计算、信息处理,兼顾控制功能。嵌入式系统主要应用于控制领域,兼顾数据处理。

1.2.2　嵌入式系统发展的 4 个阶段

嵌入式系统的发展已有几十年的历史,其发展历程可以大致划分为 4 个阶段。

第一阶段大致在 20 世纪 70 年代前后,可以看成是嵌入式系统的萌芽阶段。这一阶段的嵌入式系统是以单芯片为核心的可编程控制器形式的系统,同时具有与监测、伺服、指示设备相配合的功能。这种系统大部分应用于一些专业性极强的工业控制系统,一般没有操作系统的支持,通过汇编语言编程对系统进行直接控制,运行结束后会清除内存。这一阶段系统的主要特点是系统结构和功能相对单一、处理效率较低、存储容量较小,只有很少的用户接口。这种嵌入式系统使用简单、价格低,以前在国内外工业领域应用非常普遍,即使到现在,在简单、低成本的嵌入式应用领域依然大量使用,但它已经远不能适应高效的、需要大容量存储的现代工业控制和新兴信息家电等领域的需求。

第二阶段是以嵌入式微处理器为基础,以简单操作系统为核心的嵌入式系统。此阶段嵌入式系统的主要特点是微处理器种类繁多,通用性比较弱;系统开销小,效率高;高端应用所需操作系统已经具有一定的实时性、兼容性和扩展性;应用软件较为专业,用户界面不够友好。

第三阶段是以嵌入式操作系统为标志的嵌入式系统,也是嵌入式应用开始普及的阶段。这一阶段嵌入式系统的主要特点是嵌入式操作系统能运行于各种不同类型的微处理器上,兼容性好;操作系统内核小、效率高,并且具有高度的模块化和扩展性;具备文件和目录管理、设备支持、多任务、网络支持、图形窗口以及用户界面等功能;具有大量的应用程序接口(Application Programming Interface,API),开发应用程序简单;嵌入式应用软件丰富。

第四阶段是基于 Internet 的嵌入式系统,这是一个正在迅速发展的阶段。目前还有很多嵌入式系统孤立于 Internet 之外,但随着 Internet 的发展以及 Internet 技术与信息家电、工业控制技术等日益密切的结合,嵌入式设备与 Internet 的结合将预示着嵌入式技术的真正未来。

1.2.3　嵌入式系统的发展趋势

近年来,随着微电子技术不断发展,嵌入式领域呈现快速发展的势头,嵌入式系统的发展趋势主要表现在以下几方面。

1. 产品种类不断丰富,应用不断普及

随着 Internet 作为"第四媒体"地位的确定,Internet 对人类的生活方式已产生极大的影响,数字化生存已经成为社会普遍关心的热门话题,这种新的社会基础设施使人们获得了前所未有的信息交互能力,信息唾手可得的梦想已成为现实,Internet 也不再是专业人士的专属,其应用范围开始扩大到整个社会。为了满足不同背景、不同应用场合对 Internet 的访问需求,计算机也不再是唯一的工具,已出现可以在不同环境下为不同知识背景的人所用的新型应用设备,这种发展趋势必将使嵌入式系统得到极大的发展。

2. 产品性能不断提高

随着芯片集成度不断提高,但其价格不断下降,嵌入式系统在适当价格下可以获得的性能越来越高,具体表现在两个方面,一是微处理器的位数会更高;二是多种媒体处理能力会更强。

3. 产品功耗不断降低,体积不断缩小

随着低功耗技术的不断发展以及芯片集成度的不断提高,嵌入式系统的功耗将会不断降低,体积也会不断缩小。在未来的发展中,会继续追求更小、更省电这两个目标。

4. 网络化、智能化程度不断提高

人类对完美的追求是无止境的,随着高性能芯片的采用,当嵌入式产品可能提供更多的功能时,人们对产品灵活性、智能化的需求就开始列入开发人员的议事日程。使产品具有更高的智能,方便人们的使用,提高工作者的效率本来就是业界提倡的"科技以人为本"的精髓,所以在技术允许的前提下,产品将越来越智能化。

与此同时,网络化也是嵌入式系统应用的一个主要发展方向,由于应用不断复杂化、智能化,相互密切协作的需求大大增加,所以在它们之间实现网络连接是必然之需,例如,在汽车电子中就使用了越来越多的微处理器,目前每辆汽车平均使用十多个微控制器和微处理器,估计将来会增加到四十多个,这些处理器需要密切配合才能使汽车达到更高的安全性和舒适性。在工业自动化方面,为了实现生产效率的提高和精确生产,这种网络化的趋势也会更加明显。

网络化更为重要的源动力是 Internet,随着 Internet 技术的不断普及,传统的生产、销售、娱乐、学习、生活方式都将围绕 Internet 这个新的媒体进行重新配置和改造,需要与网络连接的嵌入式系统会无处不在。

5. 软件成为影响价格的主要因素

在硬件性能不断提高,成本不断下降,应用智能化、复杂化程度不断加强,产品种类极大丰富,信息交流不断增加的情况下,软件将取代硬件而越来越成为产品价格的主体。因此,以硬件为核心的成本控制思想已成为过去,未来的转变是以软件成本为核心来指导产品的设计和生产。

毫无疑问,嵌入式领域呈现的发展趋势昭示了嵌入式系统美好的未来,同时也给它带来了新的巨大挑战。目前采取的专用平台、专用操作系统和专用软件设计方法,不仅耗时、费力,而且成本高,显然无法适应这一新的市场需求。如何在产品多样的环境中满足智能化、网络化的需求,保证安全的网络访问,在平台设备的不断升级换代的情况下保证软件的可用性,最大限度地降低开发成本,这些都是迫切需要解决的重要课题。

1.3　嵌入式系统的特点

通用计算机主要用于数值计算、信息处理等,而嵌入式系统是面向用户、面向产品、面向应用的,主要应用于控制领域,兼顾数据处理。嵌入式系统品种多,应用领域广,所以特点也有所不同。在实际应用中,一些嵌入式系统可能需要具有实时性和安全性;另一些嵌入式系统可能淡化这些性能要求,更着重于可靠性和可配置性;还有一些嵌入式系统对性能要求不高,但对功耗及成本有严格要求。嵌入式系统和通用计算机相比主要有如下特点。

1. 专用性强

嵌入式系统通常是面向某个特定应用,所以嵌入式系统的硬件和软件,尤其是软件,都是为特定用户群来设计的,因此,它通常都具有某种专用性的特点。

2. 实时性好

嵌入式系统广泛应用于生产过程控制、数据采集、通信等领域,主要用来对宿主对象进行控制,所以有较高的实时性要求,例如汽车刹车、火箭控制、工业控制等系统。为了提高嵌入式系统的实时性,嵌入式硬件系统极少使用存取速度慢的磁盘作为存储器;在软件方面要求更加精心设计,以便能快速地响应外部事件。当然,随着嵌入式系统应用的扩展,有些系统对实时性的要求也并不是很高,例如 PDA、手机、MP3 等。但总体来说,实时性是对嵌入式系统的普遍要求,是开发人员和用户都需要也都会重点考虑的一个重要指标。

3. 可裁剪性好

从嵌入式系统专用性的特点来看,作为嵌入式系统的供应者,理应提供各式各样的硬件和软件让用户选用。但是,这样做势必会提高产品的成本。为了既不提高成本,又满足专用性的需要,嵌入式系统的供应者必须采取相应措施使产品在通用和专用之间进行某种平衡,目前的做法是把嵌入式系统硬件和操作系统设计成可裁剪的,以便嵌入式系统开发人员根据实际应用需要来量体裁衣,去除冗余,从而使系统在满足应用要求的前提下达到最精简的配置。

4. 可靠性高

开发人员和用户都希望嵌入式系统可以不出错地连续运行,或者出现系统错误也可以进行自我修复,而不总是依赖人工干预,这对嵌入式系统的可靠性提出了极高的要求。为了提高嵌入式系统的可靠性,嵌入式系统中的软件通常都固化在单片机本身或者存储芯片上,而不是存储于磁盘等其他载体中。

5. 功耗低

随着嵌入式技术的飞速发展,出现了许多便于携带的小型嵌入式产品,例如移动电话、PDA、MP3、数码相机等,这些设备一般需要采用体积较小的电池来供电,所以只有降低系统的功耗,才能让系统工作更长的时间。为降低功耗,嵌入式系统采用了很多种技术,如降低工作电压、最小化系统资源、简化芯片结构等。

嵌入式系统和通用计算机系统相比有显著的区别,表 1.1 和表 1.2 进一步总结了嵌入式系统的特点。

表 1.1　嵌入式系统和通用计算机系统硬件比较

比 较 项 目	嵌入式系统	通用计算机系统
CPU	嵌入式处理器(ARM、MIPS 等)	CPU(Intel、AMD 等)
内存	微控制器内部或外部 SDRAM 芯片	SDRAM 或 DDR 内存条
存储设备	微控制器内部或外部 Flash 芯片	硬盘

续表

比 较 项 目	嵌入式系统	通用计算机系统
输入设备	按键、触摸屏等	键盘、鼠标
输出设备	LCD、数码管等	显示器
接口	根据具体应用进行配置	标准配置

表 1.2　嵌入式系统和通用计算机系统软件比较

比 较 项 目	嵌入式系统	通用计算机系统
引导代码	BootLoader 引导,针对不同电路进行移植	主板上的 BIOS 引导
操作系统	VxWorks、Linux 等,需要移植	Windows、Linux 等,不需要移植
驱动程序	每个设备都必须针对具体电路进行开发	OS 中含有大多数驱动程序,直接下载
协议栈	移植	OS 或第三方供应商提供
开发环境	借助服务器进行交叉编译	在本机开发调试
仿真器	需要	不需要

1.4　嵌入式系统的结构

　　嵌入式系统是一种完成某一特定功能的专用计算机系统,虽然它可能不以计算机的形式出现,但它的结构与普通的计算机系统结构非常相似。嵌入式系统也是由硬件和软件两大部分组成,硬件是整个系统的物理基础,它提供软件的运行平台和通信接口;软件用于控制系统的运行。

　　1. 硬件

　　嵌入式系统的硬件可以分为 3 部分,即微处理器、外围电路和外部设备,如图 1.1 所示。微处理器是嵌入式系统硬件的核心部件,它负责控制整个嵌入式系统的执行。外围电路的功能是与微处理器一起组成一个最小系统。外围电路包括嵌入式系统的内存、I/O 端口、复位电路、时钟电路和电源等。外部设备是必须通过接口电路才能与微处理器进行通信的设备,它也是嵌入式系统与真实环境交互的接口,包括 USB(通用串行总线)、扩展存储(如 Flash Card)、键盘、鼠标、LCD(Liquid Crystal Display,液晶显示)等。

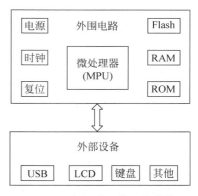

图 1.1　嵌入式系统硬件结构

　　2. 软件

　　嵌入式系统的软件结构可分为 4 个层次,即板级支持包(Board Support Packet,BSP)、实时操作系统(Real Time Operation System,RTOS)、应用程序接口(Application Programmable Interface,API)和应用程序,如图 1.2 所示。

1) 板级支持包

板级支持包是介于嵌入式硬件和上层软件之间的一个底层软件开发包,主要目的是屏蔽下层硬件。该层有两部分功能:一是系统引导功能,包括嵌入式微处理器和基本芯片的初始化;二是提供设备的驱动接口(Device Driver Interface,DDI),负责嵌入式系统与外部设备之间的信息交互。

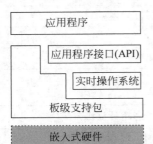

图 1.2　嵌入式系统软件体系结构

2) 实时操作系统

实时操作系统是对多任务嵌入式系统进行有效管理的核心部分,可以分成基本内核和扩展内核两部分,前者提供操作系统的核心功能,负责整个系统的任务调度、存储分配、时钟管理、中断管理,也可以提供文件、GUI(Graphical User Interface,图形用户界面)、网络等通用服务;后者根据应用领域的需要,为用户提供面向领域或面向具体行业的操作系统扩展功能,如图形图像处理、汽车电子、信息家电等领域的专用扩展服务。

3) 应用程序接口

应用程序接口也可以称为嵌入式应用编程中间件,由嵌入式应用程序提供的各种编程接口库(Lib)或组件(Component)组成,可以针对不同应用领域(如网络设备、PDA、机顶盒等)、不同安全要求分别构建,从而减轻应用开发人员的负担。

4) 应用程序

应用程序是最终运行在目标机上的应用软件,如嵌入式文本编辑、游戏、家电控制软件、多媒体播放软件等。

并不是所有嵌入式系统的软件都包括上述 4 个层次,例如有些嵌入式系统只有板级支持包和应用程序两个层次,所以在实际使用中,要根据具体应用需求来进行配置和裁剪。

1.5　嵌入式处理器

嵌入式处理器是嵌入式系统的核心部件。由于嵌入式系统是为了具体应用而设计的,因此不同的应用领域往往需要结构和性能指标不同的处理器,所以嵌入式处理器的品种非常多。

1.5.1　嵌入式处理器的特点

作为嵌入式系统的核心,嵌入式处理器必须首先满足嵌入式系统在功耗、功能和速度等方面的要求。一般说来,嵌入式系统要求实时性强、功耗低、体积小、可靠性高,这就决定了嵌入式处理器具有以下一些特点。

1. 功耗低

与通用处理器相比,嵌入式处理器设计的首要目标不是高性能,而是低功耗,处理速度"够用"即可。这是因为嵌入式系统往往都会对功耗提出非常严格的要求,那些采用电池供电的便携式无线移动计算和通信设备更是如此,而且某些特殊应用甚至要求功耗只有毫瓦其至微瓦级。

2. 集成丰富的外围设备接口

嵌入式处理器中往往会集成丰富的外围设备接口,这样不仅满足系统的功能需求,还可以大大提高产品的集成度,从而达到缩小体积、提高可靠性的目的。随着生产工艺水平的提高,越来越多的部件,甚至整个嵌入式系统的硬件模块都可以被集成到一块芯片上。

3. 对实时多任务有很强的支持能力

很多嵌入式系统的应用,如监测、控制、通信等方面的工作,都对响应时间有很高的要求,一旦出现有关情况,需要系统能够及时响应。目前,实时多任务操作系统已经广泛应用在嵌入式系统之中,嵌入式处理器必须为其提供有效的支持。

相对于通用处理器,嵌入式处理器的生命周期很长,例如 Intel 公司于 1980 年推出的 8 位控制器 8051,直到今天仍然是全世界普遍流行的产品。

1.5.2 嵌入式处理器的分类

嵌入式处理器有多种不同的分类方法,按照不同字长可以分为 4 位、8 位、16 位、32 位和 64 位等字长的嵌入式处理器;根据组织结构和功能特点可以将嵌入式处理器分成嵌入式微处理器(Embedded MicroProcessor Unit,EMPU)、微控制器(MicroController Unit,MCU)、数字信号处理器(Digital Single Processor,DSP)和片上系统(System on Chip,SoC)等 4 类。

1. 嵌入式微处理器

嵌入式微处理器是由通用计算机系统中的 CPU 演变而来的,与其不同的是,实际的嵌入式应用中只保留和嵌入式应用紧密相关的功能硬件,去除其他冗余功能部分,以最低的功耗和资源实现嵌入式应用的特殊要求。目前,市场上主流的嵌入式微处理器产品包括 ARM、PowerPC、MIPS 等系列。

在以嵌入式微处理器为核心的嵌入式系统中,RAM、ROM、总线结构和其他外设由专门的芯片提供,它们与嵌入式微处理器芯片一起安装在一块或多块 PCB(Printed Circuit Board,印制电路板)上。因此,虽然嵌入式微处理器具有体积小、重量轻、成本低、可靠性高的优点,但由于 PCB 上还必须安装 ROM、RAM、总线接口、各种外设等器件,所以系统的可靠性较低,技术保密性也较差。

2. 微控制器

微控制器又称单片机,顾名思义,就是将整个计算机系统集成到一块芯片上。微控制器一般以某一种微处理器内核为核心,芯片内部集成 ROM/EPROM、RAM、Flash、总线、总线逻辑、定时/计数器、WatchDog、I/O、串行口、脉宽调制输出、A/D 及 D/A 等各种必要功能和外设。为适应不同的应用需求,一般一个系列的单片机具有多种衍生产品,每种衍生产品的处理器内核都是一样的,不同的是存储器和外设的配置及封装。这样可以使单片机最大限度地和应用需求相匹配,功能不多不少,从而减少功耗和成本。

和嵌入式微处理器相比,微控制器的最大特点是单片化,体积大大减小,从而使功耗和成本下降、可靠性提高。微控制器是目前嵌入式系统工业的主流。微控制器的片上外设资源一般比较丰富,适合于控制,因此称微控制器。

微控制器目前的品种和数量最多,比较有代表性的通用系列包括 MCS-51 系列、MCS-

96/196/296、P51XA、C166/167、MC68HC05/11/12/16 及 68K 系列等。

3. 数字信号处理器

信号处理的实质是对信号进行变换以获取信号中包含的有用信息,数字信号处理则是对数字信号进行变换以获取有用的信息。快速傅里叶变换(Fast Fourier Transform,FFT)、离散余弦变换(Discrete Cosine Transform,DCT)和离散小波变换(Discrete Wavelet Transform,DWT)等都是常用的数字信号处理算法。数字信号处理器是面向数字信号处理领域的应用,是通过对通用处理器的系统结构和指令集进行改进而得到的专用芯片,指令执行速度也较快。

数字信号处理器产品比较有代表性的是 TI 公司的 TMS320 系列和 Motorola 公司的 DSP56000 系列。

4. 片上系统

片上系统是指把系统做在一块芯片上,芯片内置的 RAM、ROM 不仅能保存简单的代码,还可以运行操作系统。

片上系统产品比较有代表性的是高通公司的骁龙 845 芯片,该芯片集成了 CPU、GPU、SP、ISP、内存、WiFi 控制器、基带芯片以及音频芯片等,将手机系统所需功能都在这块芯片上给予实现,从而降低了产品功耗和成本,减小了产品的体积。

片上系统与微控制器的主要区别是,后者只是芯片级的芯片,而前者是系统级的芯片。

1.5.3　典型的嵌入式处理器

1. Intel 公司 MCS-51 系列微控制器

MCS-51 是 Intel 公司 1980 年推出的 8 位微控制器。Intel 公司后来将工作重心转移到了个人计算机及高性能通用微处理器上,就将 MCS-51 内核的使用权以专利互换或出售等不同方式转给许多世界著名的半导体制造厂商,如 PHILIPS、Atmel、Dallas、infineon 和 ADI 等公司,使得 MCS-51 逐渐发展为众多厂商支持的具有上百个品种的大家族。

MCS-51 微控制器的总线结构是冯·诺依曼结构,主要应用于家用电器等经济型微控制器产品。

按功能强弱,MCS-51 系列可以分为基本型和增强型两大类,其中 8031/8051/8751、80C31/80C51/87C51 等为基本型,8032/8052/8752、80C32/80C52/87C52 等为增强型。

80C51 是 MCS-51 系列中采用 CHMOS 工艺生产的一个典型品种,与其他厂商以 8051 为基础开发的 CMOS 微控制器一起被统称为 80C51 系列。目前,常见的 80C51 系列产品包括 Intel 公司的 80C31/80C51/87C51、80C32/80C52/87C52,Atmel 公司的 89C51、89C52、89C2051,PHILIPS、Dallas、infineon 等公司的一些产品。

2. Microchip 公司 PIC 系列微控制器

美国 Microchip 公司生产的 PIC 系列 8 位微控制器,以全面覆盖市场为目标,强调节约成本的最优化设计,是目前世界上最有影响力的嵌入式微处理器之一。它最先使用精简指令集计算机(Reduced Instruction Set Computer,RISC)结构的 CPU,采用双总线哈佛结构,具有运行速度快、工作电压低、功耗低、输入输出直接驱动能力强、价格低、一次性编程、体积小等众多优点,已广泛地应用于包括办公自动化设备、电子产品、电信通信、智能仪器仪表、汽车电子、工业控制及智能监控等领域。

　　为了满足不同领域应用的需求,Microchip 公司将 PIC 系列微控制器产品划分为 3 种不同的层次,即基本级、中级和高级产品,它们最主要的区别在于指令字长不同。

　　(1) 基本级产品指令长为 8 位,其特点是价格低,如 PIC16C5xx 系列,它非常适用于各种对产品成本要求严格的家电产品。

　　(2) 中级产品指令长为 12 位,它在基本级产品的基础上进行了改进,其内部可以集成模数转换器(Analog to Digital Converter,ADC)、EEPROM、PWM、IIC、SPI 和 UART 等,如 PIC12C6xx 系列。目前,这类产品广泛应用于各种高、中、低档电子设备。

　　(3) 高级产品指令长为 16 位,是目前所有 PIC 系列 8 位微控制器中运行速度最快的,如 PIC17Cxxx 和 PIC18Cxxx 两个系列。目前这类产品广泛应用于各种高、中档电子设备。

3. Freescale 公司 08 系列微控制器

　　Freescale 公司是原 Motorola 公司将半导体部剥离出来成立的一家半导体公司,主要为汽车、消费、工业、网络和无线市场设计并制造嵌入式半导体产品,产品有 8 位、16 位和 32 位等系列微控制器与处理器。2015 年,被 NXP(恩智浦)公司以 118 亿美元收购。

　　Freescale 的 08 系列微控制器是 8 位微控制器,主要有 HC08、HCS08 和 RS08 共 3 种类型,一百多个型号,因稳定性高、开发周期短、成本低、型号多种多样、兼容性好而被广泛应用。HC08 是 1999 年推出的产品,种类也比较多,针对不同场合的应用都可以选到合适的型号。HCS08 是 2004 年左右推出的 8 位微控制器,资源丰富,功耗低,性价比很高。HC08 和 HCS08 的最大区别是调试方法和最高频率的变化。RS08 是 HCS08 架构的简化版本,于 2006 年推出,其内核体积比传统的内核小 30%,带有精简指令集,满足用户对更小体积、更加经济高效的解决方案的需求,基于 RAM 及 Flash 空间大小差异、封装形式不同、温度范围不同、频率不同、I/O 资源差异等形成了不同型号,为嵌入式应用产品的开发提供了丰富的选型。

　　Freescale 公司的 HC08 芯片以前在命名中包含 68HC,现在的命名不需要这部分。例如以前型号为 MC68HC908GP32 的芯片,现在的型号是 MC908GP32。Freescale 的 08 系列微控制器的型号非常多,代表性型号有 MC68HC08AB16A、MC9S08GB32A 和 MC9RS08KA1 等。

4. TI 公司 TMS320 系列 DSP

　　TI(Texas Instruments,德州仪器)是全球领先的半导体公司,为现实世界的信号处理提供了创新的数字信号处理及模拟器件技术。除半导体业务外,还提供包括教育产品和数字光处理(Digital Light Processing,DLP)解决方案。TI 总部位于美国得克萨斯州的达拉斯,并在二十多个国家设有制造、设计或销售机构。

　　TI 公司的数字处理控制器产品主要包括 TMS320C2000、TMS320C5000 和 TMS320C6000 等三大系列。

5. ARM 公司 ARM 系列微处理器

　　ARM 公司成立于 1991 年,主要从事基于 RISC(Reduced Instruction Set Computer,精简指令集计算机)技术的芯片设计开发。ARM 公司不生产芯片,而是采取出售芯片 IP 核授权的方式扩大影响力。目前,许多大的半导体生产厂商都是从 ARM 公司购买 ARM 核,然后根据自己不同的需要,针对不同的应用领域添加适当的外围电路,进而生产出自己的微控制器芯片。

ARM 微处理器主要包括 ARM7、ARM9、ARM9E、ARM10E、ARM11、Cortex、SecurCore 和 StrongARM/XScale 等系列。

1.6　嵌入式操作系统

1.6.1　简述

在嵌入式系统发展的初期,嵌入式软件的开发基于微处理器直接编程,不需要操作系统的支持。这时,简单的软件就是一个单循环轮询系统(或者更简单),稍微复杂一些的则是带监控的前后台系统。直到 20 世纪 80 年代,这种软件开发方式对于嵌入式系统来说仍旧足够。即使现在,在大量的家用电器、数控机床等控制板设计中,还是采用这类方式。但是,随着嵌入式系统复杂性的增长,系统中需要管理的资源越来越多,如存储器、外设、网络协议栈、多任务及多处理器等。这时仅用控制循环来实现嵌入式系统已经非常困难,于是出现了嵌入式操作系统(Embedded Operating System,EOS)。由于嵌入式操作系统及其应用程序往往被嵌入特定的控制设备,用于实时响应并处理外部事件,所以嵌入式操作系统又称为嵌入式实时操作系统(Embedded Real-Time Operating System,ERTOS)。嵌入式操作系统是嵌入式系统的重要组成部分,是嵌入式硬件设备和嵌入式应用软件之间通信的桥梁,负责嵌入式系统的全部软硬件资源的分配、调度工作,控制协调并发活动;它必须体现其所在系统的特征,能够通过装卸某些模块来达到系统所要求的功能。

1.6.2　主流嵌入式操作系统

从 20 世纪 80 年代开始,市场上出现了许多嵌入式操作系统,有些操作系统开始是为专用系统开发的,然后逐步演化成了商用嵌入式操作系统。目前常见的嵌入式操作系统有 VxWorks、Windows CE、μC/OS-Ⅱ、Linux、Android、iOS、PalmOS、Symbian、pSOS、Nucleus、ThreadX、Rtems、QNX 及 INTEGRITY 等。

1. VxWorks

VxWorks 是美国 WindRiver 公司于 1983 年开发的一种 32 位嵌入式实时操作系统,具有高性能的内核、卓越的实时性、良好的可靠性以及友好的用户开发环境,被广泛地应用在通信、军事、航空、航天等高精尖技术及实时性要求极高的领域,如卫星通信、军事演习、弹道制导、飞机导航等。在美国的 F-16、FA-18 战斗机、B-2 隐形轰炸机和爱国者导弹上,甚至 1997 年在火星表面登陆的火星探测器上也使用了 VxWorks。

VxWorks 是一款商用嵌入式操作系统,价格一般都很高,对每一个应用还要另外收取版税,而且只提供二进制代码,不提供源代码,所以软件的开发和维护成本比较高。

VxWorks 具备的主要特点如下。

1) 实时性强

VxWorks 作为专门配合硬实时系统的操作系统,在启动后,系统进程只有 3～4 个,进程调度、进程间通信、中断处理等系统公共程序精简有效,内核可以保证任务间切换时间被严格限制在毫秒量级。比如在 68000 处理器上,切换时间仅需 $3.8\mu s$,中断等待时间少于

$3\mu s$。只要经过一次运行参数测试，以后任何时刻的系统状态都是可预测的。

2）支持多任务

VxWorks 引入了多任务机制，通过多个任务来控制和响应现实环境中多重的、随机的事件。

3）简洁、紧凑、高效的内核

和大多数嵌入式操作系统一样，VxWorks 可以根据不同使用目的，针对所用硬件选择和配置内核初始化函数和器件的驱动组件，最小化内核配置，节约硬件资源。

4）较好的兼容性和对多种硬件环境的支持

VxWorks 是最早兼容 POSIX 1003.1b 标准的嵌入式实时操作系统之一，同时是 POSIX 组织的主要会员之一。它支持 ANSIC 标准，并通过 ISO90001 认证。同时 VxWorks 支持 PowerPC、68K、x86、MIPS 等众多处理器。

5）良好的网络通信和串口通信支持

VxWorks 提供了多种网卡和网络芯片驱动，支持 TCP/IP 协议，完全支持 BSD socket，提供了串口硬件驱动和 PPP 通信协议。

6）良好的开发、调试环境

Tornado 为使用 VxWorks 的用户提供了一个良好的开发环境、多种主机平台的适用性、强大的交叉开发工具和实用程序以及连接目标机和主机的多种通信方式，为开发 VxWorks 嵌入式实时操作系统和应用程序提供了强大的支持。

然而 VxWorks 也存在一些缺点，例如 PPP 协议有一定的局限性，任务间的通信机制缺少事件和邮箱手段。

2. Windows CE

Windows CE 是美国微软公司于 1996 年发布的一款嵌入式操作系统。它是一个抢先式多任务、多线程并具有强大通信能力的 32 位嵌入式操作系统，是微软公司专门为信息设备、移动应用、消费类电子产品、嵌入式应用等非计算机领域设计的战略性操作系统产品。它不是桌面 Windows 系统的削减版本，而是从整体上为有限资源的平台设计的操作系统。

Windows CE 由许多离散模块构成的，每一模块都提供特定的功能。这些模块中的一部分被划分成组件，组件化使得 Windows CE 变得相对紧凑，基本内核大小可以减少到不足 200KB。

Windows CE 是商用嵌入式操作系统，使用时也需要支付版权费用。

Windows CE 具备的主要特点如下。

（1）具有灵活的电源管理功能，包括休眠和唤醒模式。

（2）使用了对象存储技术，包括文件系统、注册表及数据库。它还具有很多高性能、高效率的操作系统特性，包括按需换页、共享存储、交叉处理同步、支持大容量堆等。

（3）广泛支持各种通信硬件，拥有良好的通信能力，亦支持直接的局域网连接以及拨号连接，并提供与计算机、内部网以及 Internet 连接，还提供与 Windows 9x/NT 的最佳集成和通信。

（4）支持嵌套中断，允许更高优先级别的中断首先得到响应，而不需等待低级别的中断服务线程完成。这使得该操作系统具有嵌入式操作系统所要求的实时性。

（5）更好的线程响应能力，对高级别中断服务线程的响应时间上限的要求更加严格。

在线程响应能力方面的改进可以帮助开发人员掌握线程转换的具体时间，增强的监控能力和对硬件的控制能力可以帮助开发人员创建新的嵌入式应用程序。

（6）256 个优先级别，可以使开发人员在控制嵌入式系统的时序安排方面有更大的灵活性。

（7）Windows CE 的 API 是 Win32 API 的一个子集，支持近 1500 个 Win32 API。有了这些 API，可以编写任意复杂的应用程序。

3. μC/OS-Ⅱ

μC/OS 是由美国人 Jean J. Labrosse 于 1992 年开发的，目前流行的是第 2 个版本，即 μC/OS-Ⅱ。μC/OS-Ⅱ 的名称来源于术语微控制器操作系统（MicroController Operating System）。由于 μC/OS-Ⅱ 的稳定性和实时性能非常好，所以被广泛应用于便携式电话、运动控制卡、自动支付终端、交换机等产品。

μC/OS-Ⅱ 由于开放源代码和强大而稳定的功能，曾经一度在嵌入式系统领域引起强烈反响。不管是对于初学者，还是有经验的工程师，μC/OS 开放源代码的方式使其不但知其然，还知其所以然，通过对于系统内部结构的深入了解，能更加方便地进行开发和调试；并且在这种条件下，完全可以按照设计要求进行合理的裁剪、扩充、配置和移植。通常，购买实时操作系统往往需要一大笔资金，使得一般的学习者望而却步；而 μC/OS 对于学校教学和研究完全免费，只有在应用于盈利项目时才需要支付少量的版权费。

μC/OS-Ⅱ 具备的主要特点如下。

（1）公开源代码。μC/OS-Ⅱ 全部源代码以公开的方式提供给使用者（约 5500 行）。该源代码清晰易读，结构协调，且注解详尽，组织有序，方便开发人员把操作系统移植到各个不同的平台。

（2）可移植。μC/OS-Ⅱ 的源代码绝大部分是用移植性很强的 ANSIC 写的，与微处理器硬件相关的部分是用汇编语言写的，所以 μC/OS-Ⅱ 可以移植到许多不同的微处理器上。

（3）可固化。μC/OS-Ⅱ 是为嵌入式应用而设计的，意味着只要具备合适的系列软件工具（如 C 编译、汇编、链接以及下载和固化），就可以将 μC/OS-Ⅱ 嵌入产品中作为产品的一部分。μC/OS-Ⅱ 最小内核可编译至 2KB。

（4）可裁剪，可以有选择地使用需要的系统服务，以减少所需要的存储空间。

（5）可抢占性。μC/OS-Ⅱ 是完全可抢占型的实时内核，即 μC/OS-Ⅱ 总是运行就绪条件下优先级最高的任务。

（6）多任务。μC/OS-Ⅱ 可以管理 64 个任务。赋予每个任务的优先级必须是不相同的，这就是说 μC/OS-Ⅱ 不支持时间片轮转调度法。

（7）可确定性。绝大多数 μC/OS-Ⅱ 的函数调用和服务的执行时间具有可确定性。也就是说用户能知道 μC/OS-Ⅱ 的函数调用与服务执行需要多长时间。

（8）稳定性和可靠性。μC/OS-Ⅱ 的每一种功能、每一个函数以及每一行源代码都经过了考验和测试，具有足够的安全性与稳定性，能用于安全性条件极为苛刻的系统中。

4. 嵌入式 Linux

Linux 是由芬兰赫尔辛基大学的学生 Linus Torvalds 于 1991 年开发的，后来 Linus Torvalds 将 Linux 源代码发布在网上，很快引起了许多软件开发人员的兴趣，来自世界各地的许多软件开发人员自愿通过 Internet 加入了 Linux 内核的开发，其中高水平软件开发人员的加入,使得 Linux 得到了迅猛发展。

嵌入式 Linux 是指对 Linux 经过小型化裁剪后,固化在容量为几百 KB 到几十 MB 的存储芯片或单片机中,应用于特定嵌入式系统的专业 Linux 操作系统。

嵌入式 Linux 是一款自由软件,并具有良好的网络功能,所以被广泛应用于网络、电信、信息家电和工业控制等领域。

嵌入式 Linux 的主要特点如下。

(1)互操作性强。Linux 能够以不同方式与非 Linux 系统的不同层次进行互操作。

(2)支持多任务和多用户。Linux 支持完全独立的多个进程同时执行,同时支持多个用户同时工作。

(3)支持多处理器。Linux 从 2.0 版本开始就可以将任务分配到多个处理器上运行,即可以在多个处理器体系结构上运行。

(4)支持多种硬件平台。Linux 支持众多的硬件平台,从 PC 到 Alpha 工作站,Linux 可以在几乎所有常见的硬件体系结构中运行。

(5)支持多种文件系统。Linux 除了支持自带的 EXT2/EXT3 文件系统外,还支持 MS-DOS、VFAT、NTFS 以及网络文件系统(NFS)等多种文件系统。

(6)提供强大的网络功能,支持 TCP/IP 协议及其他协议,提供 TCP、UDP、IP、PPP 协议支持及统一的 MAC 访问层接口,为各种移动计算设备预留了接口。

5. Android

Android 是 Google 公司于 2007 年开发的一款开源手机操作系统。依靠 Google 公司强大的开发和媒体资源,Android 已成为目前最流行的手机操作系统之一。

Android 是一个包括 Linux 内核、中间件、用户界面和关键应用软件的移动设备软件堆,是基于 Java 并运行在 Linux 内核上的轻量级操作系统,功能全面,包括一系列 Google 公司内置的应用软件,如电话、短信等基本应用功能。

目前,从事 Android 开发的人员一般分两大类:一类是从事 Android 应用开发的人员,使用的开发语言主要是 Java;另一类是 Android 底层开发人员,使用的开发语言主要是 C/C++语言。

Android 系统不是完全依赖于 Linux 内核,这和传统的 Linux 系统是不一样的,但是从系统移植和驱动开发人员的角度来讲,Android 底层的开发移植和传统嵌入式 Linux 系统开发的关系非常密切,Android 系统的驱动与 Linux 的驱动在开发上几乎保持了完全一致,另外,Android 底层开发和移植的环境也与嵌入式 Linux 环境保持了基本一致。

Android 具有如下优点。

(1)开源,有强大的软件开发团队的支持。

(2)与 Google 应用无缝结合。

(3)对网络友好,具有丰富的功能选择。

(4)软件兼容性好。

主要缺点如下。

(1)安全性和隐私性差。由于手机与互联网的紧密联系,个人隐私很难得到真正的保护。

(2)运营商仍然能够影响到 Android 手机。运营商可以根据自己的需要将一些应用程序内置到手机中,用户又无法删除这些程序。

（3）过分依赖开发商，缺少标准配置。在 Android 系统平台中，由于其开放性，软件更多依赖第三方厂商，比如 Android 系统的 SDK 中就没有内置音乐播放器，全部依赖第三方开发，缺少了产品的统一性。

6. iOS

iOS 是苹果公司开发的移动操作系统，苹果公司于 2007 年 1 月 9 日在 Macworld 大会上公布了这个系统。该系统最初是设计给 iPhone 使用的，后来陆续套用到 iPod touch、iPad 以及 Apple TV 等产品上。iOS 与苹果的 macOS 操作系统一样，属于类 UNIX 的商业操作系统。原本这个系统名为 iPhone OS，因为 iPad、iPhone、iPod touch 也都使用，所以 2010 年 WWDC（Worldwide Developers Conference，全球开发人员大会）上宣布改名为 iOS。

2016 年 1 月，随着 9.2.1 版本 iOS 系统的发布，苹果修复了一个存在了 3 年的漏洞。2018 年 9 月 22 日，苹果公司在最新的操作系统中秘密加入了基于 iPhone 用户和该公司其他设备使用者的"信任评级"功能。

2019 年 6 月 4 日，在 2019 年度的 WWDC 上，苹果发布 iOS 新版操作系统，新版的 iOS 可以实现语音控制。2019 年 9 月 19 日推送 iOS 13 正式版，支持 iPhone 6S 及后续机型。2019 年 10 月 29 日，苹果推送 iOS 13.2 正式版，加入了对 AirPods Pro 的支持。

iOS 的主要优点如下所述。

（1）系统用于 iPhone 手机，手机界面一致，可以统一进行升级和更新。

（2）系统优化性能好，效率高，运行流畅，操作体验好，对硬件的要求相对低一些。

（3）安全性好，由于所有应用均来自 Apple Store，经过严格审查才能上架，所以一般不会出现恶意应用。

iOS 的主要缺点包括系统封闭、权限控制严格、用户受限制多，不太适合喜欢钻研手机的发烧友。

1.7　嵌入式系统开发

受嵌入式系统本身特性的影响，嵌入式系统开发与通用系统开发有很大的区别。嵌入式系统开发主要分为系统总体设计、硬件设计、软件设计、系统集成和测试等五个部分，总体流程图如图 1.3 所示。产品定义属于总体设计的一部分，对产品需求进行分析、细化、模块化，最后抽象出需要完成的功能列表，明确定义所要完成的任务。

为了帮助读者更好地理解嵌入式系统，本节将剖析一个具体的应用实例，即网络温度采集系统。

1. 系统总体设计

网络温度采集系统的任务是利用 Internet 或局域网来采集不同场所的温度信息，由服务器和客户端两部分组成，如图 1.4 所示。

2. 系统硬件设计

服务器选用一台通用计算机，客户端由若干温度采集终端组成。客户端的每个温度采集终端都是一个独立的嵌入式系统，主要完成温度采集和数据传输等任务。基于上述功能，结合性价比等因素，可以设计出该系统的硬件结构，如图 1.5 所示，其中采用 Exynos 4412

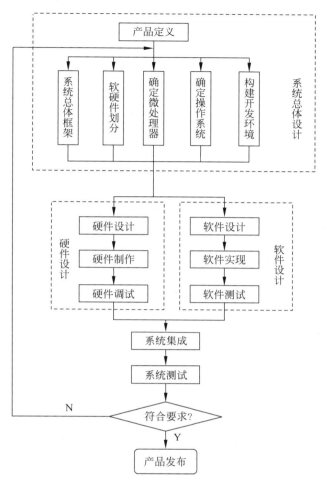

图 1.3　嵌入式系统开发流程图

处理器,温度传感器选用了 TC1047 芯片,然后将 TC1047 的输出端连接到 Exynos 4412 内置模数转换器的某一通道上,用于温度采集;Flash 用于保存程序和数据;以太网可采用 DM9000 芯片,用于网络连接,实现数据传输。

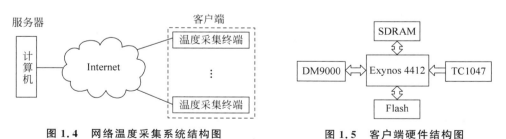

图 1.4　网络温度采集系统结构图　　　　　图 1.5　客户端硬件结构图

3. 系统软件设计

服务器主要用于接收客户端数据,然后将数据保存在数据库中,以便用户对数据进行各种操作。客户端主要完成温度信息采集、本地数据保存以及向服务器传输数据等任务。

　　系统的软件框图如图 1.6 所示,温度采集终端上的软件可以分为引导程序、操作系统、驱动程序和应用程序等 4 部分。引导程序和操作系统如何移植和裁剪,驱动程序和应用程序如何设计,这些内容将会在以后的章节中进行介绍。

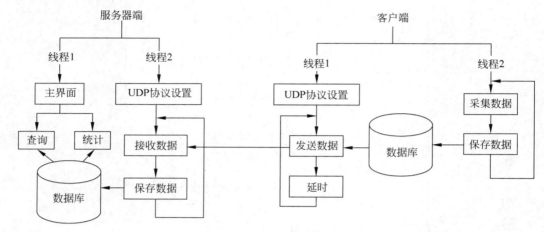

图 1.6　系统软件框图

　　系统硬件和软件设计好以后,还要进行系统集成、系统测试,如果符合要求,还要配备合适的外壳,这时整个系统才可以作为产品发布。

1.8　练　习　题

1. 选择题

(1) 以下产品不属于嵌入式系统的是(　　　)。

　　A. 单片机　　　　　B. 手机　　　　　　C. PC　　　　　　　D. MP3

(2) 以下(　　　)不属于嵌入式系统特点。

　　A. 专用性　　　　　B. 系统兼容性好　　C. 高可靠性　　　　D. 低功耗

(3) 关于嵌入式系统发展趋势,描述不正确的是(　　　)。

　　A. 产品性能不断提高,功耗不断增加　　　B. 体积不断缩小

　　C. 网络化、智能化程序不断提高　　　　　D. 软件成为影响价格的主要因素

(4) 通用计算机引导代码保存在(　　　)中。

　　A. CMOS　　　　　B. BIOS　　　　　　C. 硬盘　　　　　　D. U 盘

(5) 嵌入式硬件包括 3 部分,(　　　)不属于这 3 个部分。

　　A. 微处理器　　　　B. 外围电路　　　　C. 通信电路　　　　D. 外部设备

(6) 嵌入式系统硬件的外围电路包括的单元比较多,但(　　　)不属于外围电路。

　　A. 内存　　　　　　B. 复位电路　　　　C. 时钟电路　　　　D. USB 电路

(7) 外部设备是指通过接口与微处理器进行通信的设备,(　　　)不属于外部设备。

　　A. 内存　　　　　　B. USB　　　　　　C. 键盘　　　　　　D. LCD

(8) 8051 单片机是由（　　　）公司设计的。

　　A. Freescale　　　　B. NXP　　　　　　C. Intel　　　　　　D. Apple

(9) TI 公司的 TMS320 系列芯片属于（　　　）。

　　A. EMPU　　　　　　B. MCU　　　　　　C. DSP　　　　　　D. SoC

(10) 高通公司的骁龙 845 芯片属于（　　　）。

　　A. EMPU　　　　　　B. MCU　　　　　　C. DSP　　　　　　D. SoC

(11) Freescale 公司目前已被（　　　）收购。

　　A. Motorola　　　　B. NXP　　　　　　C. TI　　　　　　　D. Intel

(12) ARM 公司是一家（　　　）公司。

　　A. 处理器芯片生产　　　　　　　　　　B. 处理器核设计

　　C. 嵌入式软件　　　　　　　　　　　　D. 嵌入式方案设计

(13) 以下（　　　）操作系统是开源免费的。

　　A. μC/OS-Ⅱ　　　B. VxWorks　　　C. Windows CE　　D. iOS

(14) Android 是（　　　）公司开发的产品。

　　A. WindRiver　　　B. Microsoft　　　C. Google　　　　D. Apple

(15) 嵌入式操作系统有很多，但（　　　）不是。

　　A. Linux　　　　　B. Windows CE　　C. VxWorks　　　D. Windows XP

(16) VxWorks 是（　　　）于 1983 年开发的一种 32 位嵌入式实时操作系统。

　　A. WindRiver　　　　　　　　　　　　B. Microsoft

　　C. Jean J. Labrosse　　　　　　　　　D. Linus Torvalds

(17) iOS 是（　　　）公司开发的产品。

　　A. WindRiver　　　B. Microsoft　　　C. Google　　　　D. Apple

(18) μC/OS 是由美国人（　　　）于 1992 年开发的。

　　A. Jean J. Labrosse　　　　　　　　　B. Linus Torvalds

　　C. Google　　　　　　　　　　　　　　D. Apple

(19) Linux 是由芬兰赫尔辛基大学的学生（　　　）于 1991 年开发的。

　　A. Jean J. Labrosse　　　　　　　　　B. Linus Torvalds

　　C. Google　　　　　　　　　　　　　　D. Apple

(20) 实时性最好的嵌入式操作系统是（　　　）。

　　A. VxWorks　　　　B. Linux　　　　　C. μC/OS-Ⅱ　　　D. iOS

2. 填空题

(1) 满足海量高速数值计算的计算机称为_____。而面向测控对象，嵌入实际应用系统，实现嵌入式应用的计算机称为_____。

(2) 嵌入式系统硬件可分为_____、_____和_____等 3 部分。

(3) 嵌入式系统软件可分为_____、_____、_____和_____等 4 部分。

(4) 根据结构和功能特点，嵌入式微处理器可分为_____、_____、_____和 SoC 等 4 类。

(5) MCU 只是芯片级的芯片，而 SoC 是_____级的芯片。

(6) Android 应用开发使用_____语言；底层开发使用_____语言。

（7）嵌入式系统开发主要分为系统_____、_____、_____以及系统集成和测试等。

（8）产品定义是对产品需求进行_____、_____、_____，最后抽象出需要完成的功能列表。

3. 简答题

（1）简述嵌入式系统的定义和特点。

（2）简述嵌入式系统的发展历程。

（3）简述嵌入式系统的组成。

（4）简述 MCU、DSP 和 SoC 的区别。

（5）简述嵌入式微处理器的特点。

（6）简述嵌入式系统的开发流程。

第 2 章　基于 Cortex-A9 微处理器的硬件平台

本章首先介绍 ARM 处理器核的体系结构、编程模式和指令集；然后介绍 Exynos 4412 控制器的内部结构，并详细介绍控制器内部的内存映射、启动方式、常用接口等模块；最后介绍 Exynos 4412 控制器外部的内存、eMMC、电源和复位等外围电路。

2.1　ARM 处理器简介

2.1.1　ARM 公司

在早期，ARM(Advanced RISC Machines)是一个公司的名字。随着 ARM 公司产品应用的普及，ARM 又成了一类处理器的统称，同时也可以认为是一种技术的名字。

1978 年 12 月 5 日，物理学家赫尔曼·豪泽(Hermann Hauser)和工程师克里斯·柯里(Chris Curry)在英国剑桥创办了 CPU(Cambridge Processing Unit)公司，主要业务是为当地市场供应电子设备。

1979 年，CPU 公司改名为 Acorn 公司。Acorn 公司开始计划使用 Motorola 公司的 16 位芯片，但是发现这种芯片太慢也太贵，后来又转向 Intel 公司索要 80286 芯片的设计资料，但遭到拒绝，于是被迫自行研发。

1985 年，Acorn 计算机公司的工程师罗杰·威尔森(Roger Wilson)和史蒂夫·佛巴尔(Steve Furber)设计了自己的第一代 32 位、6MHz 的处理器，用它做出了一台 RISC 指令集的计算机，简称为 ARM(Acorn RISC Machine)。这就是 ARM 这个名字的由来。

1990 年，为推广 ARM 技术，Acorn、苹果、VLSI、Technology 合资组建成独立的公司，即 ARM(Advanced RISC Machines Limited)公司。1991 年推出第一个嵌入式 RISC 核——ARM6 系列。不久 VLSI 公司率先获得授权，随后夏普、TI、Cirrus Logic、GEC Plessey 等公司也都同 ARM 公司签订了授权协议，从此 ARM 的知识产权产品和授权用户都急剧扩大。

1998 年 4 月，ARM 公司在伦敦证券交易所和纳斯达克交易所上市。

目前，采用 ARM 技术知识产权(IP 核)的微处理器已经遍及工业控制、消费类电子、通信系统、网络系统等各类产品市场。基于 ARM 的应用占手机处理器同类产品 90% 的市场份额，占上网本处理器同类产品 30% 的市场份额；占平板电脑处理器同类产品 80% 的市场份额。ARM 公司是专门从事 RISC 技术芯片设计开发的公司，公司只出售 ARM 核心技术授权，不生产芯片。目前，全世界有几十家著名的半导体公司都使用 ARM 公司的授权技术，其中包括 Motorola、Intel、IBM、ATMEL、Sony、NEC、LG、SAMSUNG 及 PHILIPS 等。至于软件系统的合伙人，则包括微软、升阳和 MRI 等一系列知名公司。因为 ARM 技术获得了更多第三方工具、制造和软件的支持,使得系统成本降低,所以产品更容易被消费者接受,更具有市场竞争力。

2.1.2　ARM 技术特点

1. ARM 技术的主要特点

ARM 的成功来自于 ARM 处理器自身的优良性能,主要特点如下。

- 体积小、功耗低、成本低、性能高。
- 支持 16 位的 Thumb 和 32 位的 ARM 指令集,并能兼容 8 位和 16 位器件。
- 大量使用寄存器,指令执行速度更快。
- 大多数数据操作都在寄存器中完成。
- 寻址方式灵活简单,执行效率高。
- 指令长度固定。

2. RISC 微处理器

RISC 体系结构的设计策略是选取使用频率最高的简单指令,抛弃复杂指令,固定指令长度,减少指令格式和寻址方式,不用或少用微码控制。这些特点使得 RISC 非常适合嵌入式处理器。RISC 设计方案是根据约翰·科克(John Cocke)在 IBM 公司所做的工作形成的。约翰·科克发现大约 20% 的计算机指令可以完成大约 80% 的工作,因此基于 RISC 的系统通常比 CISC 系统速度快,而且他的 80/20 规则促进了 RISC 体系结构的发展。

3. CISC 微处理器

CISC(Complex Instruction Set Computer,复杂指令计算机)体系结构的设计策略是使用大量指令,包括复杂指令。与其他设计相比,在 CISC 中进行程序设计更容易,因为每一项简单或复杂的任务都有一条对应的指令,程序开发人员不需要写一大堆指令去完成一项复杂的任务,但指令集的复杂性使得 CPU 和控制单元的电路非常复杂。CISC 包括一个丰富的微指令集,这些微指令简化了在处理器上运行的程序的创建。指令由汇编语言组成,把一些原来由软件实现的常用功能改用硬件的指令系统实现,编程者的工作因而可以减少许多,在每个指令周期同时处理一些低阶的操作或运算,以提高计算机的执行速度,这种系统就称为复杂指令系统。CISC 指令集的各种指令使用频率却相差悬殊,大约有 20% 的指令会被反复使用,占整个程序代码的 80%。而其余 80% 的指令却不经常使用,在程序设计中只占 20%。

4. RISC 和 CISC 之间的区别

ARM 是一种先进的 RISC 微处理器,它与 CISC 微处理器有较大的区别。RISC 和 CISC 之间的主要区别如表 2.1 所示。

表 2.1　RISC 和 CISC 之间的主要区别

指　　标	RISC	CISC
指令集	一个周期执行一条指令,通过简单指令的组合实现复杂操作。指令长度固定	指令长度不固定,执行需要多个周期
流水线	流水线每周期前进一步	指令执行需要调用微代码的一个微程序

指　　标	RISC	CISC
寄存器	更多通用寄存器	用于特定目的的专用寄存器
load/store 结构	独立的 load 和 store 指令完成数据在寄存器和外部存储器之间的传输	处理器能够直接处理存储器中的数据

2.1.3　ARM 体系结构

处理器体系架构定义了指令集(ISA)和基于这一体系结构处理器的编程模型。基于同种体系结构可以有多种处理器,每个处理器性能不同,所面向的应用也不同,但每个处理器的实现都要遵循这一体系结构。

ARM 体系结构发行版本在不断增加。目前,ARM 体系结构共定义了 8 个版本(v1~v8),各版本特点如下。

1. 版本 1(v1)

- 基本数据处理指令(不包括乘法)。
- 字节、字以及半字加载/存储指令。
- 分支指令,包括用于子程序调用的分支与链接(Branch-and-Link)指令。
- 软件中断指令,用于进行操作系统调用。
- 26 位地址总线。

2. 版本 2(v2)

与版本 1 相比,版本 2 增加了下列指令。

- 乘法和乘加(Multiply & Multiply-Accumulate)指令。
- 支持协处理器。
- 原子性加载/存储指令 SWP 和 SWPB(稍后的版本是 v2a)。
- FIQ 中两个以上的分组寄存器。

3. 版本 3(v3)

版本 3 较以前的版本发生了大的变化,具体改进如下。

- 具备 32 位寻址能力。
- 分开的当前程序状态寄存器(Current Program Status Register,CPSR)和备份程序状态寄存器(Saved Program Status Register,SPSR),当异常发生时,SPSR 用于保存 CPSR 的当前值,从异常退出时则可由 SPSR 来恢复 CPSR。
- 增加了两种异常模式,操作系统代码可方便地使用数据访问中止异常、指令预取中止异常和未定义指令异常。
- 增加了 MRS 指令和 MSR 指令,用于完成对 CPSR 和 SPSR 寄存器的读写;修改了原来的从异常中返回的指令。

4. 版本 4(v4)

版本 4 在版本 3 的基础上增加了如下内容。

- 有符号、无符号的半字和有符号字节的 load 和 store 指令。
- 增加了 T 变种,处理器可工作于 Thumb 状态,在该状态下,指令集是 16 位压缩指令集(Thumb 指令集)。

- 增加了处理器的特权模式。在该模式下,使用的是用户模式下的寄存器。

另外,版本 4 中还清楚地指明了哪些指令会引起未定义指令异常。

5. 版本 5(v5)

与版本 4 相比,版本 5 增加或修改了下列指令。

- 提高了 T 变种中 ARM/Thumb 指令混合使用的效率。
- 增加了前导零计数(CLZ)指令。
- 增加了软件断点(BKPT)指令。
- 为支持协处理器设计提供了更多可选择的指令。
- 更加严格地定义了乘法指令对条件标志位的影响。

6. 版本 6(v6)

ARM 体系结构版本 6 是 2001 年发布的,在降低耗电的同时,该版本还强化了图形处理性能。通过追加有效多媒体处理的单指令流、多数据流(Single Instruction Multiple Datastream,SIMD)功能,将语音及图像的处理功能提高到了原机型的 4 倍。ARM 体系结构版本 6 首先在 2002 年春季发布的 ARM11 处理器中使用,除此之外,还支持多微处理器内核。

7. 版本 7(v7)

版本 7 是在版本 6 的基础上诞生的。该架构采用了 Thumb-2 技术,该技术是在 ARM 的 Thumb 代码压缩技术的基础上发展起来的,并且保持了对现存 ARM 解决方案的完整的代码兼容性。Thumb-2 技术比纯 32 位代码少使用 31% 的内存,减小了系统开销,同时能够提供比已有的基于 Thumb 技术的解决方案高出 38% 的性能。版本 7 还采用了 NEON 技术,将 DSP 和媒体处理能力提高了近 4 倍,并支持改良的浮点运算,满足下一代 3D 图形、游戏物理应用及传统嵌入式控制应用的需求。

版本 7 出现以后,ARM 公司改革了以前冗长的命名方法,用看起来比较整齐的办法,统一用 Cortex 作为主名。所以 Cortex 系列处理器都是基于版本 7 及以后的版本。

8. 版本 8(v8)

版本 8 是在 32 位 ARM 架构上进行开发的,首先用于对扩展虚拟地址和 64 位数据处理技术有更高要求的产品领域,如企业应用、高档消费电子产品。版本 8 包含两个执行状态,即 AArch64 和 AArch32。AArch64 执行状态针对 64 位处理技术引入了一个全新指令集 A64,可以存取大虚拟地址空间;而 AArch32 执行状态将支持现有的 ARM 指令集。目前版本 7 架构的主要特性都将在版本 8 架构中得以保留或进一步拓展,如 TrustZone 技术、虚拟化技术及 NEON advanced SIMD 技术等。

表 2.2 所示为 ARM 处理器内核使用 ARM 体系结构版本的情况。

表 2.2　ARM 处理器内核使用 ARM 体系结构版本的情况

ARM 处理器内核	体 系 结 构
ARM1	v1
ARM2	v2
ARM2aS、ARM3	v2a
ARM6、ARM600、ARM610	v3
ARM7、ARM700、ARM710	v3

续表

ARM 处理器内核	体 系 结 构
ARM7TDMI、ARM710T、ARM720T、ARM740T	v4T
Strong ARM、ARM8、ARM810	v4
ARM9TDMI、ARM920T、ARM940T	v4T
ARM9E-S	v5TE
ARM10TDMI、ARM1020E	v5TE
ARM11、ARM1156T2-S、ARM1156T2F-S、ARM1176JZF-S、ARM11JZF-S	v6
Cortex-M、Cortex-R、Cortex-A	v7、v8

2.1.4 ARM 微处理器核

1. 主流 ARM 微处理器

ARM 微处理器在嵌入式领域取得了极大的成功。目前,主流 ARM 微处理器内核系列如下。

- ARM7 系列;
- ARM9 系列;
- ARM9E 系列;
- ARM10E 系列;
- ARM11 系列;
- Cortex 系列;
- SecurCore 系列;
- Intel 的 Xcale/StrongARM 系列。

每个系列的 ARM 处理器都有各自的特点和应用领域。

2. ARM7 系列微处理器

ARM7 系列微处理器为低功耗的 32 位 RISC 处理器,适合用于对价位和功耗要求较高的消费类应用。ARM7 微处理器系列具有如下特点。

(1) 3 级流水线结构。

(2) 能够提供 0.9MIPS/MHz 的冯·诺依曼体系结构。

(3) 具有嵌入式 ICE-RT 逻辑,调试开发方便。

(4) 代码密度高并兼容 16 位的 Thumb 指令集。

(5) 对操作系统的支持广泛,包括 Windows CE、Linux、Palm OS 等。

(6) 指令系统与 ARM9 系列、ARM9E 系列和 ARM10E 系列兼容,便于用户的产品升级换代。

(7) 主频最高可达 130MIPS,高速的运算处理能力胜任绝大多数的复杂应用。

ARM7 系列微处理器的主要应用领域为工业控制、Internet 设备、网络和调制解调器设备、移动电话等多种多媒体和嵌入式应用。

ARM7 包括 ARM7TDMI、ARM7TDMI-S、ARM720T、ARM7EJ 等内核。其中,ARM7TDMI 内核是目前使用最广泛的 32 位嵌入式 RISC 微处理器,属于低端 ARM 微处理器核。使用单一的 32 位数据总线传送指令和数据。

ARM 核的命名格式为 ARM[x]y[z][T][D][M][I][E][J][F][-S]，格式中后缀的基本含义如下。

x：内核系列名。

y：存储管理和保护单元的支持信息。

z：内部 Cache 信息。

T：支持 16 位压缩指令集 Thumb。

D：支持片上 Debug。

M：内嵌硬件乘法器(Multiplier)。

I：嵌入式 ICE，支持片上断点和调试点。

E：支持增强型 DSP 指令。

J：支持 Java 加速器(Jazelle)。

F：支持向量浮点单元。

S：可综合版本。

3．ARM9 系列微处理器

ARM9 系列微处理器在高性能和低功耗特性方面提供了最佳的性能，其具有以下特点。

(1) 5 级流水线，指令执行效率更高。

(2) 提供 1.1MIPS/MHz 的哈佛体系结构。

(3) 支持 32 位 ARM 指令集和 16 位 Thumb 指令集。

(4) 支持 32 位的高速 AMBA 总线接口。

(5) 全性能的 MMU，支持 Windows CE、Linux、Palm OS 等多种嵌入式操作系统。

(6) MPU 支持实时操作系统。

(7) 支持数据 Cache 和指令 Cache，具有更高的指令和数据处理能力。

ARM9 系列微处理器主要应用于无线设备、仪器仪表、安全系统、机顶盒、高端打印机及数字照相机等。

ARM9 系列微处理器包含 ARM920T、ARM922T 和 ARM940T 三种类型，可以适用于不同的应用场合。S3C2410X 内部集成的是 ARM920T 核。

4．ARM9E 系列微处理器

ARM9E 系列微处理器使用单一的处理器内核提供了微控制器、DSP、Java 应用系统的解决方案，极大缩小了芯片的面积，降低了系统的复杂程度。ARM9E 系列微处理器提供了增强的 DSP 处理能力，适合于那些需要同时使用 DSP 和微控制器的应用场合。

ARM9E 系列微处理器的主要特点如下所述。

(1) 支持 DSP 指令集，适合于需要高速数字信号处理的场合。

(2) 5 级流水线，指令执行效率更高。

(3) 支持 32 位 ARM 指令集和 16 位 Thumb 指令集。

(4) 支持 32 位的高速 AMBA 总线接口。

(5) 支持 VFP9 浮点处理协处理器。

(6) 全性能的 MMU，支持 Windows CE、Linux、Palm OS 等多种嵌入式操作系统。

(7) 支持数据 Cache 和指令 Cache，具有更高的指令和数据处理能力。

(8) 主频最高可达 300MIPS。

ARM9 系列微处理器主要应用于下一代无线设备、数字消费品、成像设备、工业控制、存储设备和网络设备等领域。

ARM9E 系列微处理器包含 ARM926EJ-S、ARM946E-S 和 ARM966E-S 三种类型,以适用于不同的应用场合。

5. ARM10E 系列微处理器

ARM10E 系列微处理器具有高性能、低功耗的特点,由于采用了新的体系结构,与同等价位的 ARM9 器件相比,在同样的时钟频率下,性能提高了近 50%。

ARM10E 系列微处理器的主要特点如下所述。

(1) 支持 DSP 指令集,适合于需要高速数字信号处理的场合。

(2) 6 级流水线,指令执行效率更高。

(3) 支持 32 位 ARM 指令集和 16 位 Thumb 指令集。

(4) 支持 32 位的高速 AMBA 总线接口。

(5) 支持 VFP10 浮点处理协处理器。

(6) 全性能的 MMU,支持 Windows CE、Linux、Palm OS 等多种嵌入式操作系统。

(7) 支持数据 Cache 和指令 Cache,具有更高的指令和数据处理能力。

(8) 主频最高可达 400MIPS。

(9) 内嵌并行读写操作部件。

ARM10E 系列微处理器主要应用于下一代无线设备、数字消费品、成像设备、工业控制、通信和信息系统等领域。

ARM10E 系列微处理器包含 ARM1020E、ARM1022E 和 ARM1026EJ-S 三种类型,以适用于不同的应用场合。

6. ARM11 系列微处理器

ARM11 系列微处理器是 ARM 公司推出的新一代 RISC 处理器,它是 ARM 新指令架构——ARMv6 的第一代设计实现。该系列主要有 ARM1136J、ARM1156T2 和 ARM1176JZ 三个内核型号。

ARMv6 架构是根据下一代消费类电子、无线设备、网络应用和汽车电子产品等需求而制定的。ARM11 的媒体处理能力和低功耗特点,特别适用于无线和消费类电子产品;其高数据吞吐量和高性能的结合非常适合网络处理应用;另外,在实时性能和浮点处理等方面 ARM11 也可以满足汽车电子应用的需求。

ARM11 处理器是为了有效提供高处理能力而设计的,其特点如下所述。

(1) 由 8 级流水线组成。

(2) 跳转预测及管理,提供两种技术来对跳转做出预测——动态预测和静态预测。

(3) 增强的存储器访问,指令和数据可以长时间保存在 Cache 中。

(4) 流水线的并行机制。尽管 ARM11 是单指令发射处理器,但是在流水线的后半部分允许了极大程度的并行性。

(5) 64 位的数据通道。ARM11 处理中,内核和 Cache 及协处理器之间的数据通路是 64 位的。

(6) 支持浮点运算。

7. Cortex 系列微处理器

Cortex 系列微处理器又分为 Cortex-M、Cortex-R 和 Cortex-A 共 3 类。每一类又有许多型号的微处理器，常用的处理器如下。

1) ARM Cortex-M3 微处理器

ARM Cortex-M3 微处理器是为存储器和处理器的尺寸对产品成本影响较大的各种应用专门开发设计的。它整合了多种技术，减少了内存使用，并在极小的 RISC 内核上提供低功耗和高性能，可实现由以往的代码向 32 位微控制器的快速移植。ARM Cortex-M3 微处理器是使用最少门数的 ARM CPU，相对于过去的设计大大减小了芯片面积，可减小装置的体积，或采用更低成本的工艺进行生产，仅 33000 门的内核性能可达 1.2DMIPS/MHz。此外，基本系统外设还具备高度集成化特点，集成了许多紧耦合系统外设，合理利用了芯片空间，使系统满足下一代产品的控制需求。

ARM Cortex-M3 微处理器结合了执行 Thumb-2 指令的 32 位哈佛微体系结构和系统外设，包括 Nested Vectored Interrupt Controller 和 Arbiter 总线。该技术方案在测试和实例应用中表现出了较高的性能。在台积电 180nm 工艺下，芯片性能达 1.2DMIPS/MHz，时钟频率高达 100MHz。Cortex-M3 处理器还实现了 Tail-Chaining（末尾连锁）中断技术，该技术是一项完全基于硬件的中断处理技术，最多可减少 12 个时钟周期数，在实际应用中可减少 70% 的中断；推出了新的单线调试技术，避免使用多引脚进行 JTAG 调试，并全面支持 RealView 编译器和 RealView 调试产品。RealView 工具向设计者提供了模拟、创建虚拟模型、编译软件、调试、验证和测试基于 ARMv7 架构的系统的功能。

Cortex-M3 具有以下性能。

- 实现单周期 Flash 应用最优化。
- 准确快速地中断处理，永不超过 12 周期，仅 6 周期 Tail-Chaining。
- 有低功耗时钟门控（Clock Gating）的 3 种睡眠模式。
- 单周期乘法和乘法累加指令。
- ARM Thumb-2 混合的 16/32 位固有指令集，无模式转换。
- 包括数据观察点和 Flash 补丁在内的高级调试功能。
- 原子位操作，在一个单一指令中读取、修改、编写。

2) ARM Cortex-R4 处理器

Cortex-R4 处理器支持手机、硬盘、打印机及汽车电子设计，能协助新一代嵌入式产品快速执行各种复杂的控制算法与实时工作的运算；可通过内存保护单元（Memory Protection Unit，MPU）、高速缓存及紧密耦合内存（Tightly Coupled Memory，TCM）让处理器针对各种不同的嵌入式应用进行最佳化调整，且不影响基本的 ARM 指令集兼容性。这种设计能够在沿用原有程序代码的情况下降低系统的成本与复杂度，同时其紧密耦合内存功能也能提供更小的规格及更高效率的整合，并带来快速的响应时间。

Cortex-R4 处理器采用 ARMv7 体系结构，让它能与现有的程序维持完全的回溯兼容性，能支持现今全球各地数十亿的系统，并已针对 Thumb-2 指令进行了最佳化设计。此项特性带来很多利益，其中包括更低的时钟速度所带来的省电效益、更高的性能将各种多功能特色带入移动电话与汽车产品的设计、更复杂的算法支持更高性能的数码影像与内建硬盘的系统。其运用 Thumb-2 指令集，加上 RealView 开发套件，可使芯片内部存储器的容量最多降低 30％，大幅降低系统成本，速度比 ARM9tt6E-S 处理器所使用的 Thumb 指令集高出 40％。由于存储器在芯片中的占用空间愈来愈多，因此这项设计将大幅节省芯片容量，让芯片制造商运用这款处理器开发各种 SoC(System on a Chip)器件。

相比于前几代处理器，Cortex-R4 处理器高效率的设计方案使得其能以更低的时钟达到更高的性能；经过最佳化设计的 Artisan Mctro 内存，可进一步降低嵌入式系统的体积与成本。处理器搭载一个先进的微架构，具备双指令发送功能，采用 90nm 工艺并搭配 Artisan Advantage 程序库的组件，底面积不到 1mm^2，耗电最低低于 0.27mW/MHz，并能提供超过 600DMIPS 的性能。Cortex-R4 处理器在各种安全应用上加入了容错功能和内存保护机制，支持最新版 OSEK 实时操作系统，支持 RealView Develop 系列软件开发工具、RealView Create 系列 ESL 工具与模块以及 Core Sight 除错与追踪技术，可以协助开发人员迅速开发各种嵌入式系统。

3）ARM Cortex-A9 微处理器

ARM Cortex-A9 微处理器是一款适用于复杂操作系统及用户应用的应用处理器，支持智能能源管理(Intelligent Energy Manger，IEM)技术的 ARM Artisan 库及先进的泄漏控制技术，使得 Cortex-A9 微处理器实现了非凡的速度和功耗效率。在 32nm 工艺下，ARM Cortex-A9 Exynos 处理器的功耗大大降低，能够提供高性能和低功耗，它第一次为低费用、高容量的产品带来了台式机级别的性能。

Cortex-A9 微处理器是第一款基于 ARM v7 多核架构的应用处理器，使用了能够带来更高性能、更低功耗和更高代码密度的 Thumb-2 技术。它首次采用了强大的 NEON 信号处理扩展集，为 H.264 和 MP3 等媒体编解码提供了加速。Cortex-A9 微处理器的解决方案还包括 Jazelle-RCTJava 加速技术，可以对实时和动态调整编译提供最优化，同时减少内存占用空间高达 3 倍。该处理器配置了先进的超标量体系结构流水线，能够同时执行多条指令；集成了一个可调尺寸的二级高速缓冲存储器，能够与高速的 16KB 或者 32KB 一级高速缓冲存储器一起工作，从而达到最快的读取速度和最大的吞吐量。该处理器还配置了用于安全交易和数字版权管理的 Trust Zone 技术，实现了低功耗管理的 IEM 功能。

Cortex-A9 微处理器使用了先进的分支预测技术，并且具有专用的 NEON 整型和浮点型流水线进行媒体和信号处理。

8. SecurCore 系列微处理器

SecurCore 系列微处理器除了具有 ARM 体系结构的各种主要特点外，还在系统安全方面具有如下特点。

(1) 带有灵活的保护单元，可以确保操作系统和应用数据的安全。

(2) 采用软内核技术，可防止外部对其进行扫描探测。

(3) 可集成用户自己的安全特性和其他协处理器。

SecurCore 系列微处理器主要应用于一些对安全性要求较高的应用产品及应用系统，如电子商务、电子政务、电子银行、网络和认证系统等领域。

SecurCore 系列微处理器包括 SecurCore SC100、SecurCore SC110、SecurCore SC200 和 SecurCore SC210 四种类型，可以适用于不同的应用场合。

9. StrongARM/Xscale 系列微处理器

StrongARM 系列微处理器中，Intel StrongARM SA-1100 处理器是采用 ARM 体系结

构高度集成的 32 位 RISC 微处理器。它融合了 Intel 公司的设计和处理技术以及 ARM 体系结构的电源效率,采用在软件上兼容 ARMv4 体系结构同时采用具有 Intel 技术优点的体系结构。

Intel StrongARM 处理器是便携式通信产品和消费类电子产品的理想选择,已成功应用于多家公司的掌上电脑系列产品。

Xscale 处理器是基于 ARMv5TE 体系结构的解决方案,是一款全性能、高性价比、低功耗的处理器。它支持 16 位的 Thumb 指令和 DSP 指令集,已用于数字移动电话、个人数字助理和网络产品等。

Xscale 处理器是 Intel 公司目前主要推广的一款 ARM 微处理器。

2.1.5　ARM 编程模型

不同版本体系架构的微处理器,它们的编程模型也有一些区别,本节以 Cortex-A9 微处理器的编程模型为例,主要介绍数据类型及存储格式、处理器工作模式、存储系统、流水线和寄存器组织等内容。

1. 数据类型

ARM 微处理器支持的基本数据类型如下。

(1) 字节(Byte),各种处理器体系结构中,字节的长度均为 8 位。

(2) 半字(Half-Word),在 ARM 体系结构中,半字的长度为 16 位。

(3) 字(Word),在 ARM 体系结构中,字的长度为 32 位。

其中字需要 4 字节对齐,半字需要 2 字节对齐。

2. 存储格式

假设 ARM 微处理器存储器的组织结构如图 2.1 所示,则字节、半字和字的地址关系如下所述。

(1) 每一字节都有唯一的地址。例如图 2.1 中,假设字节 1 的地址是 0x13FFFFF0,则字节 2、字节 3 和字节 4 的地址分别为 0x13FFFFF1、0x13FFFFF2 和 0x13FFFFF3,也就是说字节数据的地址也是连续的。

字2		
字1		
半字2		半字1
字节4	字节3	字节2	字节1

图 2.1　存储器的组织结构

(2) 每个半字占有 2 字节的位置,该位置开始于偶数字节地址,即地址最末一位为 0。例如图 2.1 中,假设半字 1 的地址是 0x13FFFFF4,则半字 2 的地址是 0x13FFFFF6。

(3) 每个字占用 4 字节的位置,该位置开始于 4 的倍数的字节地址,即地址最末两位为 00。例如图 2.1 中,假设字 1 的地址是 0x13FFFFF8,则字 2 的地址是 0x13FFFFFC。

3. 工作状态

从编程的角度看,ARM 微处理器的工作状态一般有如下两种,并可在两种状态之间切换。

(1) ARM 状态,此时微处理器执行 32 位的字对齐的 ARM 指令。

(2) Thumb 状态,此时微处理器执行 16 位的半字对齐的 Thumb 指令。

当 ARM 微处理器执行 32 位的 ARM 指令集时,其工作在 ARM 状态;执行 16 位的 Thumb 指令集时,工作在 Thumb 状态。在程序的执行过程中,微处理器可以随时在两种工作状态之间切换。

ARM 指令集和 Thumb 指令集均有切换微处理器状态的指令,并可在两种工作状态之间切换,但 ARM 微处理器在开始执行代码时应处于 ARM 状态。

当操作数寄存器的状态位(位 0)为 1 时,可以采用执行 BX 指令的方法,使微处理器从 ARM 状态切换到 Thumb 状态。此外,如果微处理器处于 Thumb 状态时发生异常(如 IRQ、FIQ、Abort、SWI 等),则异常处理返回时,将自动切换到 Thumb 状态。

当操作数寄存器的状态位为 0 时,执行 BX 指令时可以使微处理器从 Thumb 状态切换到 ARM 状态。此外,在微处理器进行异常处理时,把 PC 指针放入异常模式链接寄存器中,并从异常向量地址开始执行程序,也可以使处理器切换到 ARM 状态。

4. 体系结构

作为 32 位的微处理器,ARM 体系结构所支持的最大的寻址空间为 4GB。存储器可以看作是从 0 地址开始的字节的线性组合,从 0 字节到 3 字节放置第一个存储的字数据,从第 4 字节到 7 字节放置第二个存储的字数据,依次排列。ARM 体系结构可以用两种方法存储字数据,称为大端格式和小端格式。

(1) 大端格式即字数据的高字节存储在低地址中,低字节则存放在高地址,如图 2.2 所示。

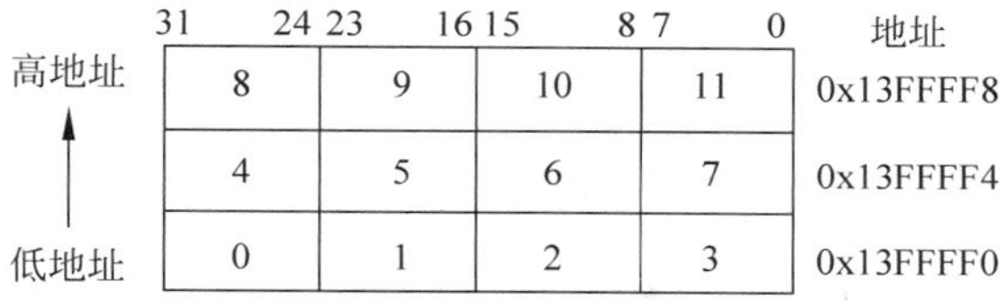

图 2.2 大端格式存储字数据

(2) 小端格式中,低地址中存放的是字数据的低字节,高地址存放的是字数据的高字节,如图 2.3 所示。

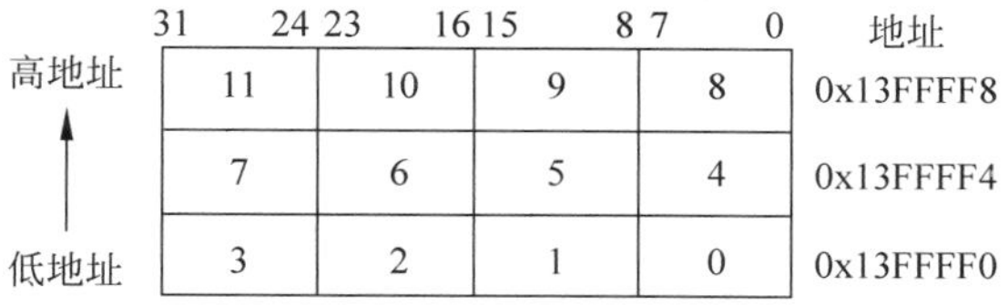

图 2.3 小端格式存储字数据

5. 处理器工作模式

ARM 微处理器支持如下所述 8 种工作模式(也称运行模式)。

(1) 用户模式(User,usr):ARM 微处理器正常的程序执行状态。

(2) 快速中断模式(Fast Interrupt Request,fiq):当一个高优先级(fast)中断产生时将会进入这种模式,一般用于高速数据传输和通道处理。

(3) 外部中断模式(Interrupt Request,irq):当一个低优先级(normal)中断产生时将会进入这种模式,一般用于通常的中断处理。

(4) 特权模式(Supervisor,svc):当复位或软中断指令执行时进入这种模式,是一种供操作系统使用的保护模式。

（5）数据访问终止模式（Abort，abt）：当存取异常时会进入这种模式，可用于虚拟存储及存储保护。

（6）未定义指令中止模式（Undefined Instruction，und）：当执行未定义指令时会进入这种模式，有时用于通过软件仿真协处理器硬件的工作方式。

（7）系统模式（System，sys）：使用和 User 模式相同的寄存器集的模式，用于运行特权级操作系统任务。

（8）监控模式（Monitor，mon）：可在安全模式与非安全模式之间进行转换。

上述 8 种工作模式中，除用户模式以外，其余 7 种模式称为非用户模式，或称为特权模式（Privileged Modes）；除用户模式和系统模式以外的其他 6 种工作模式又称为异常模式（Exception Modes），常用于处理中断或异常以及需要访问受保护的系统资源等情况。

ARM 微处理器的运行模式可以通过软件改变，也可以通过外部中断或异常处理改变。大多数用户程序运行在用户模式下。当处理器工作在用户模式时，应用程序不能够访问受操作系统保护的一些系统资源，应用程序也不能直接进行处理器工作模式的切换。当需要进行处理器工作模式切换时，应用程序可以产生异常处理，在异常处理过程中进行处理器工作模式切换。这种体系结构可以使操作系统控制整个系统资源的使用。

当应用程序发生异常中断时，处理器会进入相应的异常模式。每一种异常模式中都有一组专用寄存器供相应的异常处理程序使用，这样可以保证在进入异常模式时用户模式下的寄存器（保存程序运行状态）不被破坏。

6. 存储系统

在 ARM 系统中，要实现对存储系统的管理，通常使用协处理器 CP15，它通常也称为系统控制协处理器（System Control Coprocessor）。ARM 的存储器系统是由多级构成的，可以分为内核级、芯片级、板卡级、外设级，如图 2.4 所示，每级都有特定的存储介质，各级的特定存储介质的存储性能对比如下。

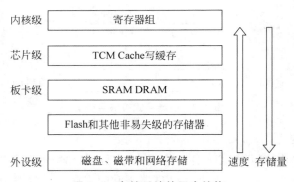

图 2.4　存储系统的层次结构

（1）内核级的处理器寄存器组可看作是存储系统层次结构的顶层。这些寄存器被集成在处理器内核中，在系统中提供最快的存储器访问。典型的 ARM 微处理器有多个 32 位寄存器，其访问时间为纳秒（ns）量级。

（2）芯片级的片上 Cache 存储器容量在 8KB 和 32KB 之间，访问时间大约为 10ns。高性能的 ARM 体系结构中可能存在第二级片外 Cache，容量为几百 KB，访问时间为几十 ns。

芯片级的紧耦合存储器(TCM)是为弥补 Cache 访问的不确定性增加的存储器,是一种快速 SDRAM,紧挨内核,并且保证取指和数据操作的时钟周期数,这一点对一些要求确定行为的实时算法是很重要的。TCM 位于存储器地址映射中,可作为快速存储器来访问。

(3) 板卡级的 DRAM 主存储器容量可能是几 MB 到几十 MB 的动态存储器,访问时间大约为 100ns。

(4) 外设级的后援存储器通常是硬盘,容量可能从几百 MB 到几个 GB,访问时间为几十 ms。

7. 流水线

1) 微处理器执行指令

微处理器按照一系列步骤来执行每一条指令,典型的步骤说明如下。

(1) 从存储器读取指令(fetch)。

(2) 译码以鉴别它属于哪一条指令(decode)。

(3) 从指令中提取指令的操作数(这些操作数往往存在寄存器 reg 中)。

(4) 将操作数进行组合以得到结果或存储器地址(ALU)。

(5) 如果需要,则访问存储器以存储数据(mem)。

(6) 将结果写回寄存器堆(res)。

并不是所有指令的执行都需要上述所有步骤,但是多数指令需要其中的多个步骤,这些步骤往往使用不同的硬件功能,如 ALU 可能只在第(4)步中用到。因此,如果一条指令不是在前一条指令结束之前就开始,那么在每一步骤内微处理器只有少部分的硬件在使用。

有一种方法可以明显改善硬件资源的使用率和微处理器的吞吐量,就是在当前一条指令结束之前就开始执行下一条指令,即通常所说的流水线技术。流水线(Pipeline)技术是一种将指令分解为多步,并让不同指令的各步操作重叠,从而实现几条指令并行处理,以加速程序运行过程的技术。指令的每步由各自独立的电路来处理,每完成一步,就进到下一步,而前一步则处理后续指令。流水线是 RISC 微处理器执行指令时采用的机制,可在取下一条指令的同时译码和执行其他指令,从而加快执行的速度。

ARM 微处理器采用的流水线技术有 3 级流水线(ARM7 微处理器采用)、5 级流水线(ARM9 微处理器采用)、6 级流水线(ARM10E 微处理器采用)、8 级流水线(ARM11 和 Cortex-A9 微处理器采用)和 15 级流水线(Cortex-A15 微处理器采用)等。

2) 3 级流水线技术

3 级流水线技术是将一个指令分解成 3 步,如图 2.5 所示。

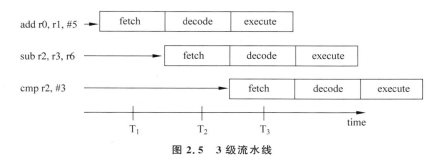

图 2.5　3 级流水线

（1）取指令（fetch）：从寄存器装载一条指令。

（2）译码（decode）：识别被执行的指令，并为下一个周期准备数据通路的控制信号。在这一级，指令占用译码逻辑，不占用数据通路。

（3）执行（execute）：处理指令并将结果写回寄存器。

3 级流水线指令的执行过程是，假如有 3 条指令，在时间 T_1，取出第一条指令；在时间 T_2，对第一条指令进行译码，同时取出第二条指令；在时间 T_3，执行第一条指令，译码第二条指令，同时取出第三条指令。这就实现了 3 条指令并行处理，提高了程序运行速度。

3）5 级流水线技术

5 级流水线技术是将一个指令分解成 5 步，如图 2.6 所示，实现 5 条指令并行处理。

图 2.6　5 级流水线

（1）取指令：从存储器中取出指令，并将其放入指令流水线。

（2）译码：指令被译码，从寄存器堆中读取寄存器操作数。在寄存器堆中有 3 个操作数读端口，因此，大多数 ARM 指令能在 1 个周期内读取其操作数。

（3）执行：将其中 1 个操作数移位，并在 ALU 中产生结果。如果指令是 Load 或 Store 指令，则在 ALU 中计算存储器的地址。

（4）缓冲/数据（buffer/data）：如果需要，则访问数据存储器，否则 ALU 只是简单地缓冲 1 个时钟周期。

（5）回写（write-back）：将指令的结果回写到寄存器堆，包括任何从寄存器读出的数据。

8．寄存器组织

ARM 微处理器共有 40 个 32 位寄存器，其中 33 个通用寄存器、7 个状态寄存器。但是这些寄存器不能被同时访问，具体哪些寄存器是可编程访问的，取决于微处理器的工作状态及具体的工作模式。但在任何时候，通用寄存器 R0～R10、程序计数器、一个或两个状态寄存器都是可访问的。

1）通用寄存器

通用寄存器包括未分组寄存器（R0～R7）、分组寄存器（R8～R14）以及程序计数器（R15，又称 PC）。

（1）未分组寄存器 R0～R7 在所有运行模式下都指向同一个物理寄存器，它们未被系统用作特殊的用途，因此，在中断或异常处理进行工作模式转换时，由于不同的微处理器工作模式均使用相同的物理寄存器，所以可能会造成寄存器中的数据被破坏，这一点在进行程序设计时应引起注意。

（2）分组寄存器 R8～R14 每一次所访问的物理寄存器与微处理器当前的工作模式有关。对于 R8～R12 来说，每个寄存器对应两个不同的物理寄存器。当使用 FIQ 模式时，访问寄存器 R8_fiq～R12_fiq；当使用除 FIQ 模式以外的其他模式时，访问寄存器 R8_usr～R12_usr。对于 R13、R14 来说，每个寄存器对应 7 个不同的物理寄存器，其中一个是用户模式与系统模式共用，另外 6 个物理寄存器对应于其他 6 种不同的工作模式。可以采用如下记号来区分不同的物理寄存器。

R13_< mode >
R14_< mode >

其中,mode 为 usr、fiq、irq、svc、abt、und 和 mon 几种模式之一。

寄存器 R13 在 ARM 指令中常用作堆栈指针,但这只是一种习惯用法,用户也可使用其他寄存器作为堆栈指针。而在 Thumb 指令集中,某些指令会强制性要求使用 R13 作为堆栈指针。微处理器的每种工作模式均有自己独立的物理寄存器 R13,在用户应用程序的初始化部分一般都要初始化每种模式下的 R13,使其指向该工作模式的栈空间,这样当程序的运行进入异常模式时,可以将需要保护的寄存器放入 R13 所指向的堆栈;而当程序从异常模式返回时,则从对应的堆栈中恢复,进而保证异常发生后程序的正常执行。

R14 也称作子程序连接寄存器(Subroutine Link Register)或连接寄存器(LR)。当执行 BL 子程序调用指令时,R14 中会得到 R15(程序计数器 PC)的备份。其他情况下,R14 用作通用寄存器。当发生中断或异常时,对应的分组寄存器 R14_svc、R14_irq、R14_fiq、R14_abt、R14_und 和 R14_mon 用来保存 R15 的返回值。在每一种工作模式下都可用 R14 保存子程序的返回地址,当用 BL 或 BLX 指令调用子程序时,可将 R15 的当前值复制给 R14;执行完子程序后,又会将 R14 的值复制回 PC,即可完成子程序的调用返回。

(3) 程序计数器 R15 用作程序计数器(PC)。在 ARM 状态下,位[1:0]为 0,位[31:2]用于保存 PC;在 Thumb 状态下,位[0]为 0,位[31:1]用于保存 PC。虽然可以用作通用寄存器,但是有些指令在使用 R15 时有些特殊限制,若不注意,执行的结果将是不可预料的。在 ARM 状态下,PC 的 0 和 1 位是 0;在 Thumb 状态下,PC 的 0 位是 0。

由于 ARM 体系结构采用了多级流水线技术,所以对于 ARM 指令集而言,PC 总是指向当前指令下两条指令的地址,即 PC 的值为当前指令的地址值加 8 字节。

在 ARM 状态下,任一时刻都可以访问以上所讨论的 16 个通用寄存器和 1~2 个状态寄存器。在非用户模式(特权模式)下,则可访问特定模式分组寄存器,表 2.3 说明在每种工作模式下哪些寄存器是可以访问的。

表 2.3　ARM 状态下的寄存器组织

usr/sys	fiq	svc	abt	irq	und	mon
R0	R0	R0	R0	R0	R0	R0
R1	R1	R1	R1	R1	R1	R1
R2	R2	R2	R2	R2	R2	R2
R3	R3	R3	R3	R3	R3	R3
R4	R4	R4	R4	R4	R4	R4
R5	R5	R5	R5	R5	R5	R5
R6	R6	R6	R6	R6	R6	R6
R7	R7	R7	R7	R7	R7	R7
R8	R8_fiq	R8	R8	R8	R8	R8
R9	R9_fiq	R9	R9	R9	R9	R9
R10	R10_fiq	R10	R10	R10	R10	R10
R11	R11_fiq	R11	R11	R11	R11	R11

续表

usr/sys	fiq	svc	abt	irq	und	mon
R12	R12_fiq	R12	R12	R12	R12	R12
R13	R13_fiq	R13_svc	R13_abt	R13_irq	R13_und	R13_mon
R14	R14_fiq	R14_svc	R14_abt	R14_ irq	R14_und	R14_mon
PC	PC	PC	PC	PC	PC	PC
CPSR	CPSR	CPSR	CPSR	CPSR	CPSR	CPSR
	SPSR_fiq	SPSR_svc	SPSR_abt	SPSR_irq	SPSR_und	SPSR_mon

2）程序状态寄存器

ARM 微处理器的程序状态寄存器包括 CPSR（当前程序状态寄存器）和 SPSC（程序状态备份寄存器），其中 CPSR 可以在任何处理器工作模式下被访问；SPSR 用来进行异常处理，可以保存 ALU 当前操作信息，设置处理器的工作模式，控制允许和禁止中断。程序状态寄存器格式如图 2.7 所示。

图 2.7　程序状态寄存器格式

（1）条件标志位。CPSR 中的[31:27]为条件标志位，具体含义如下。

• N：符号标志位。当用两个补码表示的带符号数进行运算时，N＝1 表示运算的结果为负数；N＝0 表示运算的结果为正数或零。

• Z：结果是否为 0 的标志位。Z＝1，表示运算结果为 0；Z＝0，表示运算结果为非 0。

• C：进位或借位标志位。可以有 4 种方法设置 C 的值，对于加法运算（包括比较指令 CMN），当运算结果产生了进位（无符号数溢出）时，C＝1，否则 C＝0；对于减法运算（包括比较指令 CMP），当运算时产生了借位（无符号数溢出）时，C＝0，否则 C＝1；对于包含移位操作的非加/减运算指令，C 为移出值的最后一位；对于其他非加/减运算指令，C 的值通常不改变。

• V：溢出标志位。对于加减法运算指令，当操作数和运算结果为二进制补码表示的符号数时，V＝1 表示符号位溢出，其他指令通常不影响 V 位。

• Q：在带 DSP 指令扩展的 ARM v5 及更高版本中，bit[27]被指定用于指示增强的 DAP 指令是否发生了溢出，因此也称为 Q 标志位。同样，在 SPSR 中 bit[27]也称为 Q 标志位，用于在异常中断发生时保存和恢复 CPSR 中的 Q 标志位。在 ARM v5 以前的版本及 ARM v5 的非 E 系列处理器中，Q 标志位没有被定义，属于待扩展的位。

（2）控制位。CPSR 的低 8 位为控制位，具体含义如下。

• I：IRQ 中断使能位，I＝1 表示禁止 IRQ 中断，I＝0 表示允许 IRQ 中断。

• F：FIQ 中断使能位，F＝1 表示禁止 FIQ 中断，F＝0 表示允许 FIQ 中断。

• T：处理器的运行状态控制位。对于 ARM v5 及以上版本的 T 系列处理器，当 T＝1 时，程序运行于 Thumb 状态，否则运行于 ARM 状态；对于 ARM v5 及以上版本的非 T 系列处理器，当 T＝1 时，执行下一条指令以引起未定义的指令异常，为 0 表示运行于 ARM 状态。

- M[4:0]：运行模式位，M4、M3、M2、M1、M0 是模式位，决定了处理器的运行模式。
具体含义如表 2.4 所示。

表 2.4　运行模式位

M[4:0]	处理器模式	可访问的寄存器
0b10000	用户模式	PC、CPSR、R0～R14
0b10001	FIQ 模式	PC、CPSR、SPSR_fiq、R14_fiq-R8_fiq、R7～R0
0b10010	IRQ 模式	PC、CPSR、SPSR_irq、R14_irq、R13_irq、R12～R0
0b10011	特权模式	PC、CPSR、SPSR_svc、R14_svc、R13_svc、R12～R0
0b10111	中止模式	PC、CPSR、SPSR_abt、R14_abt、R13_abt、R12～R0
0b11011	未定义模式	PC、CPSR、SPSR_und、R14_und、R13_und、R12～R0
0b11111	系统模式	PC、CPSR(ARM v4 及以上版本)、R14～R0
0b10110	监控模式	PC、CPSR、SPSR_mon、R14_mon、R13_mon、R12～R0

(3) 其他标志位。

- IT：if-then 标志位，用于对 Thumb 指令集中的 if-then-else 这一类语句块进行
控制。
- A：异步异常禁止位。
- E：大小端控制位，0 表示小端操作，1 表示大端操作。
- GE：SIMD 指令集中的大于、等于标志，该位在任何模式下都可读可写。

9. 异常

异常是在程序执行期间发生的事件，它中断正在执行的程序的正常指令流，包括 ARM 内
核产生复位、取指令失败、执行软件中断指令或外部中断等，同一时刻可能出现多个异常。在
处理异常之前，当前处理器的状态必须保留，这样当异常处理完成之后，当前程序可以继续执行。

ARM 支持 7 种异常，包括复位、未定义指令、软件中断(SWI)、预取指中止、数据中止、
IRQ 中断请求及 FIQ 中断请求。

1) 进入异常

当发生异常时，ARM 微处理器就切换到相应的异常模式，并调用异常处理程序进行处
理。如果异常发生时，处理器处于 Thumb 状态，则当异常向量地址加载入 PC 时，处理器会
自动切换到 ARM 状态。

ARM 核异常处理的操作都是由 ARM 核硬件逻辑自动完成的，一般过程如下。

(1) 保存异常返回地址到 r14_< exception_mode >。

(2) 保存当前 CPSR 到 SPSR_< exception_mode >。

(3) 改写 CPSR 以切换到相应的异常模式和处理器状态(ARM 状态)。

(4) 禁止 IRQ(如果进入 FIQ 则禁止 FIQ)。

(5) 跳转到相应异常向量表入口(例如，IRQ 跳转到 IRQ_Handler 入口)。

注意：复位异常处理会禁止所有中断，另外，由于不用返回，因此不需要做第(1)、
第(2)步。

例如，软件中断指令进入管理模式，以请求特定的管理。当执行 SWI 时，请写出异常处
理操作的伪代码。

解：

```
R14_svc=address after the SWI instruction
SPSR_svc=CPSR
CPSR[4:0]=0b10011
CPSR[5]=0
CPSR[7]=1
PC=0X00000008
```

2）从异常返回

ARM 所有异常中，除了复位异常外，其他都需要返回。异常处理完毕后，执行如下操作才可以从异常返回。

（1）将连接寄存器 LR 的值减去相应的偏移量后送到 PC 中。

（2）将 SPSR 复制到 CPSR 中。

（3）若在进入异常处理时设置了中断禁止位，将其清除。

3）异常模式

（1）未定义指令异常。当 ARM 内核遇到不能处理的指令时，会产生未定义指令异常。采用这种机制，可以通过软件仿真扩展 ARM 或 Thumb 指令集。在仿真未定义指令后，无论是在 ARM 状态还是 Thumb 状态，处理器都会执行以下语句返回，恢复 PC（从 R14_und）和 CPSR（从 SPSR_und）的值，并返回到未定义指令后的下一条指令。

```
MOVS PC,R14
```

（2）SWI。软件中断指令（SWI）用于进入管理模式，常用于请求执行特定的管理功能。无论是在 ARM 状态还是 Thumb 状态，软件中断处理程序执行如下指令从 SWI 模式返回，恢复 PC（从 R14_svc）和 CPSR（从 SPSR_svc）的值，并返回到 SWI 的下一条指令。

```
MOV PC,R14
```

（3）预取中止。当指令预取访问存储器失败时，存储器系统向 ARM 微处理器发出存储器中止（Abort）信号，预取的指令被记为无效，但只有当处理器试图执行无效指令时，指令预取中止异常才会发生；如果指令未被执行，例如在指令流水线中发生了跳转，则预取指令中止不会发生。

若数据中止发生，系统的响应与指令的类型有关。当确定了中止的原因后，无论是在 ARM 状态还是 Thumb 状态，Abort 处理程序均会执行如下指令从中止模式返回，恢复 PC（从 R14_abt）和 CPSR（从 SPSR_abt）的值，并重新执行中止的指令。

```
SUBS PC,R14,#4                          ;指令预取中止
SUBS PC,R14,#8                          ;数据中止
```

（4）IRQ。通过处理器 IRQ 输入引脚，由外部产生 IRQ 异常。IRQ 的优先级低于 FIQ，当程序执行进入 FIQ 异常时，IRQ 可能被屏蔽。

若将 CPSR 的 I 位置为 1，则会禁止 IRQ 中断；若将 CPSR 的 I 位清零，处理器会在指令执行完之前检查 IRQ 的输入。注意，只有在特权模式下才能改变 I 位的状态。不管是在 ARM 状态还是在 Thumb 状态下进入 IRQ 模式，IRQ 处理程序均会执行如下指令，将寄存

器 R14_irq 的值减 4 后复制到程序计数器 PC 中,从而实现从异常处理程序返回,同时将 SPSR_mode 寄存器的内容复制到当前程序状态寄存器 CPSR 中。

SUBS PC,R14_irq,♯4

(5) FIQ。通过处理器 FIQ 输入引脚,会由外部产生 FIQ 异常。执行如下指令,将寄存器 R14_fiq 的值减 4 后复制到程序计数器 PC 中,从而实现从异常处理程序返回,同时将 SPSR_mode 寄存器的内容复制到当前程序状态寄存器 CPSR 中。

SUBS PC,R14_fiq,♯4

2.1.6　ARM 指令集

1. ARM 指令的编码格式

每条 ARM 指令占用 4 字节,一般 ARM 指令的编码格式如下。

< opcode >{< cond >}{S} < Rd >,< Rn >{< operand2 >}

(1) opcode:操作码,指令助记符,如 MOV、STE 等。

(2) cond:可选的条件码,表示执行条件,如 EQ、NE 等。

(3) S:可选后缀,若指定 S,则根据指令执行结果更新 CPSR 中的条件码。

(4) Rd:目标寄存器。

(5) Rn:存放第 1 个操作数的寄存器。

(6) operand2:2 个操作数。

ARM 指令的条件域有 15 种类型,如表 2.5 所示。

表 2.5　条件域

cond	助　记　符	含　　义	CPSR 中的标志位
0000	EQ	相等	Z 置 1
0001	NE	不相等	Z 置 0
0010	CS/HS	无符号数大于或等于	C 置 1
0011	CC/LO	无符号数小于	C 置 0
0100	MI	负数	N 置 1
0101	PL	非负数	N 置 0
0110	VS	溢出	V 置 1
0111	VC	未溢出	V 置 0
1000	HI	无符号数大于	C 置 1 或 Z 置 0
1001	LS	无符号数小于或等于	C 置 0 且 Z 置 1
1010	GE	有符号数大于或等于	N 等于 V
1011	LT	有符号数小于	N 不等于 V
1100	GT	有符号数大于	Z 置 0 且 N 等于 V
1101	LE	有符号数小于或等于	Z 置 1 或 N 不等于 V
1110	AL	无条件执行	

2. 寻址方式

ARM 微处理器具有寄存器寻址、立即寻址、寄存器移位寻址、寄存器间接寻址、基址变址寻址、相对寻址、多寄存器寻址、块复制寻址及堆栈寻址 9 种基本寻址方式。

1）寄存器寻址

寄存器的值即为操作数，示例如下。

```
MOV R1,R2                    ;将 R2 中的值送给 R1
ADD R0,R1,R2                 ;将 R1+R2 的结果送给 R0
```

2）立即寻址

立即寻址指令中，操作数直接存放在指令中，紧跟操作码之后，示例如下。

```
SUB R0,R0,♯2                 ;将 R0-2 的结果送给 R0
```

3）寄存器移位寻址

寄存器移位寻址是 ARM 微处理器特有的寻址方式，只能对第 2 个操作数使用。ARM 指令集中有 5 种移位操作，即 LSL（逻辑左移）、LSR（逻辑右移）、ASR（算术右移）、ROR（循环右移）及 RRX（带扩展的循环右移）。

4）寄存器间接寻址

寄存器间接寻址表示寄存器中存放操作数的地址。而实际的操作数存放在存储器中，示例如下。

```
STR R1,[R2]                  ;将 R1 的字数据存储到 R2 指向的内存单元中
```

5）基址变址寻址

基址变址寻址方式将基址寄存器的内容与指令中给出的偏移量相加，形成操作数的有效地址，示例如下。

```
LDR R2,[R3,♯0x1D]            ;将 R3+0x1D 地址存储单元的内容存放到 R2 中
```

6）相对寻址

同基址变址录址相似，PC 作为基址寄存器，指令中的地址码字段作为偏移量，两者相加形成操作数的有效地址。示例如下，跳转指令 BL 采用了相对寻址方式。

```
BL    NEXT                   ;跳转到子程序 NEXT 处执行
…
NEXT
…
MOV PC,LR                    ;从子程序返回
```

7）多寄存器寻址

多寄存器寻址方式下，一条指令可实现一组寄存器值的传送，连续的寄存器可用"-"连接，否则用","隔开，示例如下。

```
LDMIA R0!,{R3-R9,R12}        ;将 R0 指向的单元中的数据读出到 R3~R9、R12 中
                            ;每读一个数据，R0 里面的指针就自动加 4
```

8) 块复制寻址

块复制寻址方式下,将一块数据从存储器的某一位置复制到另一位置,示例如下。

| STMIA R0!,[R1-R7] | ; 将 R1～R7 的数据保存到以 R0 的值为起始地址的存储器 |

9) 堆栈寻址

堆栈寻址方式可用于数据栈与寄存器组之间批量数据的传输。堆栈可分为向上生长和向下生长两类,向上生长即向高地址方向生产,又称为递增堆栈;向下生长即向低地址方向生产,又称为递减堆栈,示例如下。

| STMFD SP!,{R1-R6} | ; 将 R1～R6 入栈 |

3. ARM 指令集

ARM 微处理器的指令集可以分为数据处理指令、跳转指令、程序状态寄存器处理指令、加载/存储指令、协处理器指令和异常产生指令 6 大类。

1) 数据处理指令

数据处理指令可分为数据传送指令、算术逻辑运算指令和比较指令等。数据处理指令只能对寄存器的内容进行操作。所有 ARM 数据处理指令均可选择使用 S 后缀,并影响状态标志位。但比较指令不需要 S 后缀,它们会直接影响状态标志位。表 2.6 所示为常用的数据处理指令。

表 2.6　数据处理指令

指令类别	格　　式	指令说明	功　　能	允许的操作数
数据传送	MOV{<cond>}{S}<Rd>,<op1>	数据传送	Rd=op1	op1 可以是寄存器、被移位的寄存器或立即数
	MVN{cond>}{S}<Rd>,<op1>	数据取反传送	Rd=op1 取反后的结果	
算术逻辑运算	ADD{<cond>}{S}<Rd>,<Rn>,<op2>	加法	Rd=Rn+op2	op2 可以是寄存器、被移位的寄存器或立即数
	ADC{<cond>}{S}<Rd>,<Rn>,<op2>	带进位的加法	Rd=Rn+op2+进位标志	
	SUB{<cond>}{S}<Rd>,<Rn>,<op2>	减法	Rd=Rn−op2	
	RSB{<cond>}{S}<Rd>,<Rn>,<op2>	逆向减法	Rd=op2−Rn	
	SBC{<cond>}{S}<Rd>,<Rn>,<op2>	带借位的减法	Rd=Rn−op2−借位标志的非操作	
	RSC{<cond>}{S}<Rd>,<Rn>,<op2>	带借位的逆向减法	Rd=op2−Rn−借位标志的非操作	
	MUL{<cond>}{S}<Rd>,<Rn>,<op2>	32 位乘法	Rd=Rn×op2	op2 为寄存器

续表

指令类别	格　式	指令说明	功　能	允许的操作数
算术逻辑运算	MLA{< cond >}{S}< Rd >,< Rn >,< op2 >,< op3 >	32 位乘加	Rd＝Rn×op2＋op3	op2、op3 为寄存器
	SMULL{< cond >}{S}< Rdl >,< Rdh >,< Rn >,< op2 >	64 位有符号乘法	Rdh Rdl＝Rn×op2	Rdh、Rdl、op2 均为寄存器
	SMLAL{< cond >}{S}< Rdl >,< Rdh >,< Rn >,< op2 >	64 位有符号乘加	Rdh Rdl＝Rn×op2＋Rdh Rdl	Rdh、Rdl、op2 均为寄存器
	UMULL{< cond >}{S}< Rdl >,< Rdh >,< Rn >,< op2 >	64 位无符号乘法	Rdh Rdl＝Rn×op2	Rdh、Rdl、op2 均为寄存器
	UMLAL{< cond >}{S}< Rdl >,< Rdh >,< Rn >,< op2 >	64 位无符号乘加	Rdh Rdl＝Rn×op2＋Rdh Rdl	Rdh、Rdl、op2 均为寄存器
	AND{< cond >}{S}< Rd >,< Rn >,< op2 >	逻辑与	Rd＝Rn AND op2	op2 可以是寄存器、被移位的寄存器或立即数
	ORR{< cond >}{S}< Rd >,< Rn >,< op2 >	逻辑或	Rd＝Rn OR op2	
	EOR{< cond >}{S}< Rd >,< Rn >,< op2 >	逻辑异或	Rd＝Rn EOR op2	
	BIC{< cond >}{S}< Rd >,< Rn >,< op2 >	位清除	Rd＝Rn AND（！op2）	
比较指令	CMP{< cond >}< Rn >,< op1 >	比较	Rn－op1	op1 为寄存器或立即数
	CMN{< cond >}< Rn >,< op1 >	负数比较	Rn＋op1	
	TST{< cond >}< Rn >,< op1 >	位测试	Rn AND op1	
	TEQ{< cond >}< Rn >,< op1 >	相等测试	Rn EOR op1	

2）跳转指令

跳转指令用于程序流程的跳转，ARM 程序中实现程序跳转的方式有两种，如下所述。

（1）直接向程序寄存器 PC 中写入跳转的目标地址值。通过向 PC 写入跳转的地址值，可以实现在 4GB 地址空间的任意跳转。在跳转之前使用 MOV LR，PC 指令，可以保存将来的返回地址值，从而实现 B 指令在 4GB 连续线性地址空间的子程序调用。

（2）跳转指令。使用跳转指令可以实现 32MB 地址空间的跳转。ARM 指令集中有 B 指令、BL 指令、BLX 指令、BX 指令 4 种跳转指令。

• B 指令。

格式：B{< cond >}< addr >。

功能：PC＝PC＋addr 左移 2 位。

说明：addr 的值是相对于当前 PC 的值的一个偏移量，而不是一个绝对地址，实际地址由汇编器计算。它是 24 位有符号数，左移 2 位扩展为 32 位，然后与 PC 值相加，得到跳转的地址，表示的有效偏移为 26 位。跳转的范围为前后 32MB 的空间。

- BL 指令。

格式：B{<cond>}<addr>。

功能：同 B 指令。

说明：跳转之前,在寄存器 R14(LR)中保存 PC 的当前内容,因此,该指令的作用是实现子程序调用,可以通过将 R14 的内容重新加载到 PC 中来返回跳转指令之后的那个指令处执行。

- BLX 指令。

格式：BLX<addr>或 BLX<Rn>。

功能：BLX 指令从 ARM 指令集跳转到指令中所指定的目标地址,并将微处理器的工作状态由 ARM 状态切换到 Thumb 状态,同时将 PC 的当前内容保存到寄存器 R14 中。

说明：若为 BLX<Rn>,Rn 的位[0]=1,则切换到 Thumb 状态,并在 Rn 中的地址开始执行,需将最低位清零;若 Rn 的位[0]=0,则切换到 ARM 状态,并在 Rn 中的地址开始执行,需将 Rn[1]清零;该指令用于子程序调用和程序状态的切换。

- BX 指令。

格式：BX<Rn>。

功能：BX 指令跳转到指令中所指定的目标地址,目标地址处的指令既可以是 ARM 指令,也可以是 Thumb 指令。

3) 程序状态寄存器处理指令

表 2.7 所示为常用的程序状态寄存器处理指令。

表 2.7　常用的程序状态寄存器处理指令

格　　式	指 令 说 明	功　　能	举　　例
MRS{cond}Rd,psr	读状态寄存器指令	Rd = psr, psr 为 CPSR 或 SPSR	MRS R1,CPSR
MSR psr_field,Rd/ #immed_8r	写状态寄存器指令	psr_field = Rd/ # immed _8r	MSR CPSR_c,#0xd3

说明：MSR 指令中的 psr 为 CPSR 或 SPSR,field 可以是如下所述一种或多种(用小写字母)。

- 位[31:24]为条件位域,用 f 表示。
- 位[23:16]为状态位域,用 s 表示。
- 位[15:8]为扩展位域,用 x 表示。
- 位[7:0]为控制位域,用 c 表示。

例如语句 MSR CPSR_c,#0xd3,功能就是将 CPSR 的低 8 位赋值 0xd3,即切换到管理模式。

4) 加载/存储指令

ARM 微处理器对存储器的访问只能使用加载/存储指令,加载指令用于将存储器的数据传到寄存器中,存储指令则刚好相反。分为对单个字、半字、字节操作的三类指令;多寄存器加载/存储指令;寄存器与存储器交换指令。常用的加载/存储指令如表 2.8 所示。

表 2.8　常用的加载/存储指令

格　式	指令说明	功　能
LDR{cond}Rd,addr	加载字数据指令	Rd←[addr]
STR{cond}Rd,addr	存储字数据指令	[addr]←Rd
LDR{cond}B Rd,addr	加载无符号字节数据	Rd←[addr]
STR{cond}B Rd,addr	存储字节数据	[addr]←Rd
LDR{cond}T Rd,addr	以用户模式加载无符号字数据	Rd←[addr]
STR{cond}T Rd,addr	以用户模式存储字数据	[addr]←Rd
LDR{cond}BT Rd,addr	以用户模式加载无符号字节数据	Rd←[addr]
STR{cond}BT Rd,addr	以用户模式存储字节数据	[addr]←Rd
LDR{cond}H Rd,addr	加载无符号半字数据指令	Rd←[addr]
STR{cond}H Rd,addr	存储半字数据指令	[addr]←Rd
LDR{cond}SB Rd,addr	加载有符号字节数据指令	Rd←[addr]
LDR{cond}SH Rd,addr	加载有符号半字数据指令	Rd←[addr]
LDM{cond}{mode} Rn(!),reglist	多寄存器加载指令	reglist←[Rn…]
STM{cond}{mode} Rn(!),reglist	多寄存器存储指令	[Rn…]←reglist
SWP{cond} Rd,Rm,Rn	寄存器与存储器数据交换	Rd←[Rn],[Rn]←Rm

　　说明：多寄存器加载/存储指令中的 mode 有 8 种，即每次传送后地址加 4(IA)、每次传送前地址加 4(IB)、每次传送后地址减 4(DA)、每次传送前地址减 4(DB)、满递减堆栈(FD)、空递减堆栈(ED)、满递增堆栈(FA)、空递增堆栈(EA)。示例如下。

```
LDRB R0,[R1]        ; 将存储器地址为 R1 的字节数据读入寄存器 R0,并将 R0 的高 24 位清零
STRB R0,[R1]        ; 将寄存器 R0 的字节写入地址为 R1 的存储器中
LDMIA R0,{R5-R8}    ; 加载 R0 指向地址上的多字数据,保存到 R5～R8 中,R0 值更新
```

5) 协处理器指令

(1) 协处理器指令。

介绍协处理器指令之前,这里先对指令格式用的符号进行说明。

coproc：协处理器名。标准名为 Pn,n 为 0～15。

opcode1：协处理器的特定操作码。

CRd：作为目标寄存器的协处理器寄存器。

CRn：存放第 1 个操作数的协处理器寄存器。

CRm：存放第 2 个操作数的协处理器寄存器。

opcode2：可选的协处理器的特定操作码。

L：可选后缀,表示指令是长整数读取操作。

(2) 协处理器数据操作指令(CDP)。

格式：CDP{cond}coproc, opcode1, CRd, CRn, CRm（,opcode2）。

功能：CDP 指令用于 ARM 微处理器通知 ARM 协处理器执行特定的操作,若协处理器不能成功完成特定的操作,则产生未定义指令异常。

举例：

```
CDP P3,2,C12,C10,C3,4;
```

该指令完成协处理器 P3 的操作,操作码为 2,可选操作码为 4。

（3）协处理器数据读取指令（LDC）。

格式：LDC{cond}[L] coproc ,CRd,< addr >。

功能：LDC 指令用于将 addr 所指向的存储器中的字数据传送到目的寄存器中，若协处理器不能成功完成传送操作，则产生未定义指令异常。

举例：

```
LDC P5,C2,[R2];
```

该指令读取 R2 指向的内存单元的数据，送到协处理器 P5 的 C2 寄存器中。

（4）协处理器数据写入指令（STC）。

格式：STC{cond}[L] coproc ,CRd,< addr >。

功能：STC 指令用于将 CRd 的数据写入 addr 所指向的存储器中，若协处理器不能成功完成写入操作，则产生未定义指令异常。

举例：

```
STC P5,C2,[R2];
```

该指令将协处理器 P5 的 C2 寄存器写入 R2 指向的内存单元中。

（5）ARM 寄存器到协处理器寄存器的数据传送指令（MCR）。

格式：MCR {cond} coproc,opcode1,CRd,CRn,CRm(,opcode2)。

功能：MCR 指令用于将 ARM 寄存器的数据送到协处理器寄存器。

举例：

```
MCR P5,2,R7,C1,C2;
```

该指令将 R7 中的数据传送到协处理器 P5 的 C1、C2 中，协处理器执行操作 2。

（6）协处理器寄存器到 ARM 寄存器的数据传送指令（MRC）。

格式：MRC{cond} coproc,opcode1,CRd,CRn,CRm(,opcode2)。

功能：MRC 指令用于将协处理器寄存器的数据送到寄存器 ARM。

举例：

```
MRC P5,2,R7,C1,C2;
```

该指令将协处理器 P5 的 C1、C2 中的数据传送到 R7 中，协处理器执行操作 2。

6）异常产生指令

常见的异常产生指令是软中断指令（SWI）。

格式：SWI{cond} immde_24。

功能：SWI 指令用于产生软中断，以便用户程序能调用操作系统的系统例程。操作系统在 SWI 指令的异常处理程序中提供相应的系统服务，指令中 24 位的立即数指定用户程序调用系统例程的类型，相关参数通过通用寄存器传递，当指令中 24 位的立即数被忽略时，用户程序调用系统例程的类型由通用寄存器 R0 的内容决定，同时，相关参数通过其他通用寄存器传递。

举例：

```
SWI  0x12;
```

该指令调用操作系统编号位 12 的系统例程。

2.2　Exynos 4412 控制器简介

本书使用的硬件平台是华清远见公司的 FS4412 开发板,开发板的中央处理器是 Exynos 4412。Exynos 4412 是一款由韩国三星公司基于 Cortex-A9 内核设计和生产的低功耗、高集成度的微控制器。基于 Cortex-A9 内核,韩国三星公司一共发布了两代产品,第一代是 Exynos 4210,第二代是 Exynos 4212 和 Exynos 4412。第一代产品采用 45nm 工艺制造,第二代产品采用最新的 32nm HKMG 工艺制造,所以 Exynos 4412 处理器和 Exynos 4210 相比可以做到同样 CPU 性能的情况下功耗降低 60% 左右,同样功耗下性能提升 80% 左右。

2.2.1　内部结构

Exynos 4412 芯片内部结构框图如图 2.8 所示。Exynos 4412 集成了大量的功能模块,主要由多核处理单元(Multi-Core Processing Unit)、存储和文件模块(Memory & File

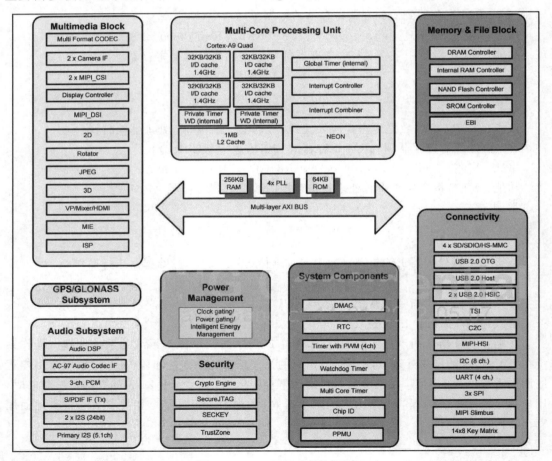

图 2.8　Exynos 4412 结构框图

Block)、多媒体模块(Multimedia Block)、全球定位子系统(GPS/GLONASS Subsystem)、音频子系统(Audio Subsystem)、电源管理(Power Management)、安全模块(Security)、系统组件(System Components)、连接模块(Connectivity)、内置 64KB ROM 和 256KB RAM 等部件组成,所有部件由多层 AXI 总线连接成系统。下面简单介绍几个关键部件。

(1) 多核处理单元采用 NEON 技术,由 4 个 ARM Cortex-A9 内核组成,主频提升至 1.4GHz,内含 32KB/32KB 的数据/指令一级缓存和 1024KB 的二级缓存。

(2) 存储和文件模块包括 DRAM 控制器、内部 RAM 控制器、NAND Flash 控制器、SROM 控制器和 EBI 接口。其中,DRAM 控制器支持 LPDDR、LPDDR2、DDR2 和 DDR3 类型的 RAM;NAND Flash 控制器支持 iNand、NandFlash、NorFlash、oneNand 等。

(3) 多媒体模块包括多格式编解码器、JPEG 编码器、照相机接口、MIPI-CSI 接口、MIPI-DSI 接口、显示控制器、信号处理子系统、3D 图形加速、2D 图形加速以及支持带图像增强功能的 NTSC 和 PAL 模式的 HDMI 接口等。

(4) 音频子系统包括音频 DSP,1 个 AC-97 音频编解码器接口、三通道 PCM 串行音频接口、1 个仅支持 TX 的 S/PDIF 接口和 3 个 24 位 I2S 接口等。

(5) 系统组件包括 DMAC、RTC、PWM 定时器、看门狗以及多核定时器(支持在断电模式下精确计时)等。

(6) 连接模块包括 4 个 SD/SDIO/HS-MMC、8 个 I2C、3 个 SPI、4 个异步通信口以及 USB 2.0 等。

2.2.2　内存映射

Exynos 4412 的内存映射如表 2.9 所示。

表 2.9　Exynos 4412 内存映射表

开始地址	终止地址	空间	描　　述
0x0000_0000	0x0001_0000	64KB	iROM(内置 ROM)
0x0200_0000	0x0201_0000	64KB	内置 ROM 镜像
0x0202_0000	0x0206_0000	256KB	iRAM(内置 RAM)
0x0300_0000	0x0302_0000	128KB	数据存储器或通用可重构处理器 SRP
0x0302_0000	0x0303_0000	64KB	I-cache 或通用 SRP
0x0303_0000	0x0303_9000	36KB	SRP 的配置存储器(仅写)
0x0381_0000	0x0383_0000	—	AudioSS 的 SFR
0x0400_0000	0x0500_0000	16MB	静态只读存储器控制器(SMC)的第 0 组(仅 16 位)
0x0500_0000	0x0600_0000	16MB	SMC 的第 1 组
0x0600_0000	0x0700_0000	16MB	SMC 的第 2 组
0x0700_0000	0x0800_0000	16MB	SMC 的第 3 组
0x0800_0000	0x0C00_0000	64MB	保留
0x0C00_0000	0x0CD0_0000	—	保留
0x0CE0_0000	0x0D00_0000	—	NAND Flash 控制器(NFCON)的 SFR
0x1000_0000	0x1400_0000	—	SFR
0x4000_0000	0xA000_0000	1.5GB	动态内存 DMC-0
0xA000_0000	0xA000_0000	1.5GB	DMC-1

Exynos 4412 内存映射主要分以下几部分。

（1）iROM：芯片内部 ROM，已经存放了三星公司预置的程序，又称 BL0。

（2）iRAM：芯片内部 RAM，通常用于存放引导程序 BL1。

（3）SMC：静态内存区（Static Read Only Memory Controller），通常用于映射外部总线设备，如网卡等，该区域被分为 4 个 bank，每个 bank 16MB。

（4）SFR：特殊功能寄存器区，通常用于映射 SoC 内部设备，如 GPIO 等。

（5）DMC：动态内存区，就是通常意义上的内存。

2.2.3 引导顺序

Exynos 4412 支持的启动方式包括 NAND Flash 启动、SD/MMC 卡启动、eMMC 启动、USB 启动。Exynos 4412 的启动流程如图 2.9 所示。

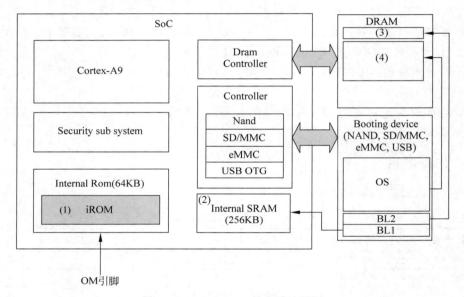

图 2.9　Exynos 4412 的启动流程图

（1）系统上电后，从 0x0000_0000 地址开始执行程序，该地址映射到 iROM 中。iROM 中存放有三星公司预置的程序，用于系统启动时的初始化。初始化完成后，读取 OM（Operating Mode）引脚的值，确定启动方式，将引导程序（Bootloader）第一阶段的程序（BL1）从引导设备中读出，复制到 iRAM。

（2）执行 iRAM 中的程序，即 BL1 程序。BL1 的功能是将引导程序的第二阶段程序（BL2）读出，复制到 DRAM，然后跳转到 DRAM 中的 BL2 开始位置。

（3）执行 DRAM 中的 BL2 程序，BL2 的功能是初始化操作系统运行需要的硬件和软件，并将操作系统程序复制到 DRAM 中，然后跳转到 DRAM 中的操作系统开始位置。

（4）启动操作系统。

2.2.4 GPIO 端口

GPIO（General Purpose I/O，通用 I/O 端口）为处理器提供可编程的输入、输出或者双向通信功能。所有嵌入式处理器都包含 GPIO 端口,只是端口数量不同。

1. GPIO 特性

Exynos 4412 的 GPIO 特性包括如下几方面。

(1) 146 个可中断通用控制 I/O。

(2) 172 个外部中断。

(3) 32 个外部可唤醒中断。

(4) 252 个多路复用 I/O 端口。

(5) 在睡眠模式下可以控制管脚状态(除 GPX0、GPX1、GPX2 和 GPX3 以外)。

2. GPIO 分组

Exynos 4412 包含 304 个多功能 I/O 端口引脚,有 37 个 GPIO 组。

(1) GPA0、GPA1:14 个 I/O 端口,复用了 3 个带流量控制的 UART、1 个不带流量控制的 UART 及两个 I2C。

(2) GPB:8 个 I/O 端口,复用了两个 SPI、两个 I2C 及 IEM。

(3) GPC0、GPC1:10 个 I/O 端口,复用了两个 I2S、两个 PCM、AC97、SPDIF、I2C 及 SPI。

(4) GPD0、GPD1:8 个 I/O 端口,复用了 PWM、两个 I2C、LCD I/F 及 MIPI。

(5) GPM0、GPM1、GPM2、GPM3、GPM4:35 个 I/O 端口,复用了 CAM I/F、TS I/F、HIS 及 Trace I/F。

(6) GPF0、GPF1、GPF2、GPF3:30 个 I/O 端口,复用了 LCD I/F。

(7) GPJ0、GPJ1:13 个输入输出端口,复用了 CAM I/F。

(8) GPK0、GPK1、GPK2、GPK3:28 个 I/O 端口,复用了 4 个 4 位 MMC、两个 8 位 MMC 及 GPS debugging I/F。

(9) GPL0、GPL1:11 个 I/O 端口,复用了 GPS I/F。

(10) GPL2:8 个 I/O 端口,复用了 GPS debugging I/F 及 Key pad I/F。

(11) GPX0、GPX1、GPX2、GPX3:32 个 I/O 端口,复用了 External wake-up 及 Key pad I/F。

3. GPIO 常用寄存器

1) 端口控制寄存器(GPA0CON～GPZCON)

在 Exynos 4412 中,大多数引脚都可复用,所以必须对每个引脚进行配置。端口控制寄存器(GPnCON)用于定义每个引脚的功能。

2) 端口数据寄存器(GPA0DAT～GPZDAT)

如果端口被配置成了输出端口,可以向 GPnDAT 的相应位写数据。如果端口被配置成了输入端口,可以从 GPnDAT 的相应位读出数据。

3) 端口上拉寄存器(GPA0PUD～GPZPUD)

端口上拉寄存器控制每个端口组的上拉/下拉电阻的使能和禁止,根据对应位的 0、1 组合,设置对应端口的上拉/下拉电阻功能是否使能。如果端口的上拉电阻被使能,无论在哪种状态(输入、输出、DATAn、EINTn 等)下,上拉电阻都起作用。

4) 驱动能力寄存器(GPA0DRV～GPZDRV)

驱动能力寄存器可以设置 GPIO 端口连接的外设电器特性,设置端口合适的驱动电流,达到既能满足正常驱动,又不浪费功耗的需求。

4. GPIO 寄存器详解

Exynos 4412 的 GPIO 寄存器很多,这里只介绍本书后文应用示例使用到的部分寄存器,如 GPD0、GPF3、GPX1 和 GPX2 端口组的寄存器。

1) 端口组寄存器的地址和初始值

端口组寄存器的地址和初始值如表 2.10 所示。

表 2.10　端口组寄存器的地址和初始值

寄 存 器	地 址	描 述	初 始 值
GPD0CON	0x1140_00A0	GPD0 控制寄存器	0x0000_0000
GPD0DAT	0x1140_00A4	GPD0 数据寄存器	0x00
GPD0PUD	0x1140_00A8	GPD0 上拉寄存器	0x5555
GPD0DRV	0x1140_00AC	GPD0 驱动寄存器	0x00_0000
GPF3CON	0x1140_01E0	GPF3 控制寄存器	0x0000_0000
GPF3DAT	0x1140_01E4	GPF3 数据寄存器	0x00
GPF3PUD	0x1140_01E8	GPF3 上拉寄存器	0x5555
GPF3DRV	0x1140_01EC	GPF3 驱动寄存器	0x00_0000
GPX1CON	0x1100_0C20	GPX1 控制寄存器	0x0000_0000
GPX1DAT	0x1100_0C24	GPX1 数据寄存器	0x00
GPX1PUD	0x1100_0C28	GPX1 上拉寄存器	0x5555
GPX1DRV	0x1100_0C2C	GPX1 驱动寄存器	0x00_0000
GPX2CON	0x1100_0C40	GPX2 控制寄存器	0x0000_0000
GPX2DAT	0x1100_0C44	GPX2 数据寄存器	0x00
GPX2PUD	0x1100_0C48	GPX2 上拉寄存器	0x5555
GPX2DRV	1100_0x0C4C	GPX2 驱动寄存器	0x00_0000

2) 控制寄存器引脚功能和初始值

GPD0CON 控制寄存器引脚功能描述如表 2.11 所示。

表 2.11　GPD0CON 寄存器引脚说明

名 称	位	描 述	初 始 值
GPD0CON[3]	[15:12]	0x0 = 输入; 0x1 = 输出; 0x2 = TOUT_3; 0x3 = I2C_7_SCL; 0x4 to 0xE = 保留; 0xF = EXT_INT6[3]	0x0
GPD0CON[2]	[11:8]	0x0 = 输入; 0x1 = 输出; 0x2 = TOUT_2; 0x3 = I2C_7_SDA; 0x4 to 0xE = 保留; 0xF = EXT_INT6[2]	0x0

名　称	位	描　述	初　始　值
GPD0CON[1]	[7:4]	0x0 = 输入； 0x1 = 输出； 0x2 = TOUT_1； 0x3 = LCD_PWM； 0x4 to 0xE = 保留； 0xF = EXT_INT6[1]	0x0
GPD0CON[0]	[3:0]	0x0 = 输入； 0x1 = 输出； 0x2 = TOUT_0； 0x3 = LCD_FRM； 0x4 to 0xE = 保留； 0xF = EXT_INT6[0]	0x0

GPF3CON 控制寄存器引脚功能描述如表 2.12 所示。

表 2.12　GPF3CON 寄存器引脚说明

名　称	位	描　述	初　始　值
GPF3CON[5]	[23:20]	0x0 = 输入； 0x1 = 输出； 0x2 = SYS_OE； 0x3 to 0xE = 保留； 0xF = EXT_INT16[5]	0x0
GPF3CON[4]	[19:16]	0x0 = 输入； 0x1 = 输出； 0x2 = VSYNC_LDI； 0x3 to 0xE = 保留； 0xF = EXT_INT16[4]	0x0
GPF3CON[3]	[15:12]	0x0 = 输入； 0x1 = 输出； 0x2 = LCD_VD[23]； 0x3 to 0xE = 保留； 0xF = EXT_INT16[3]	0x0
GPF3CON[2]	[11:8]	0x0 = 输入； 0x1 = 输出； 0x2 = LCD_VD[22]； 0x3 to 0xE = 保留； 0xF = EXT_INT16[2]	0x0
GPF3CON[1]	[7:4]	0x0 = 输入； 0x1 = 输出； 0x2 = LCD_VD[21]； 0x3 to 0xE = 保留； 0xF = EXT_INT16[1]	0x0

续表

名　称	位	描　述	初　始　值
GPF3CON[0]	[3:0]	0x0 ＝ 输入； 0x1 ＝ 输出； 0x2 ＝ LCD_VD[20]； 0x3 to 0xE ＝ 保留； 0xF ＝ EXT_INT16[0]	0x0

GPX1CON 控制寄存器引脚功能描述如表 2.13 所示。

表 2.13　GPX1CON 寄存器引脚说明

名　称	位	描　述	初　始　值
GPX1CON[7]	[31:28]	0x0 ＝ 输入； 0x1 ＝ 输出； 0x2 ＝ 保留； 0x3 ＝ KP_COL[7]； 0x4 ＝ 保留； 0x5 ＝ ALV_DBG[11]； 0x6 to 0xE ＝ 保留； 0xF ＝ WAKEUP_INT1[7]	0x0
GPX1CON[6]	[27:24]	0x0 ＝ 输入； 0x1 ＝ 输出； 0x2 ＝ 保留； 0x3 ＝ KP_COL[6]； 0x4 ＝ 保留； 0x5 ＝ ALV_DBG[10]； 0x6 to 0xE ＝ 保留； 0xF ＝ WAKEUP_INT1[6]	0x0
GPX1CON[5]	[23:20]	0x0 ＝ 输入； 0x1 ＝ 输出； 0x2 ＝ 保留； 0x3 ＝ KP_COL[5]； 0x4 ＝ 保留； 0x5 ＝ ALV_DBG[9]； 0x6 to 0xE ＝ 保留； 0xF ＝ WAKEUP_INT1[5]	0x0
GPX1CON[4]	[19:16]	0x0 ＝ 输入； 0x1 ＝ 输出； 0x2 ＝ 保留； 0x3 ＝ KP_COL[4]； 0x4 ＝ 保留； 0x5 ＝ ALV_DBG[8]； 0x6 to 0xE ＝ 保留； 0xF ＝ WAKEUP_INT1[4]	0x0

续表

名　　　称	位	描　　　述	初　始　值
GPX1CON[3]	[15:12]	0x0 = 输入； 0x1 = 输出； 0x2 = 保留； 0x3 = KP_COL[3]； 0x4 = 保留； 0x5 = ALV_DBG[7]； 0x6 to 0xE = 保留； 0xF = WAKEUP_INT1[3]	0x0
GPX1CON[2]	[11:8]	0x0 = 输入； 0x1 = 输出； 0x2 = 保留； 0x3 = KP_COL[2]； 0x4 = 保留； 0x5 = ALV_DBG[6]； 0x6 to 0xE = 保留； 0xF = WAKEUP_INT1[2]	0x0
GPX1CON[1]	[7:4]	0x0 = 输入； 0x1 = 输出； 0x2 = 保留； 0x3 = KP_COL[1]； 0x4 = 保留； 0x5 = ALV_DBG[5]； 0x6 to 0xE = 保留； 0xF = WAKEUP_INT1[1]	0x0
GPX1CON[0]	[3:0]	0x0 = 输入； 0x1 = 输出； 0x2 = 保留； 0x3 = KP_COL[0]； 0x4 = 保留； 0x5 = ALV_DBG[4]； 0x6 to 0xE = 保留； 0xF = WAKEUP_INT1[0]	0x0

GPX2CON 控制寄存器引脚功能描述如表 2.14 所示。

表 2.14　GPX2CON 寄存器引脚说明

名　　　称	位	描　　　述	初　始　值
GPX2CON[7]	[31:28]	0x0 = 输入； 0x1 = 输出； 0x2 = 保留； 0x3 = KP_ROW[7]； 0x4 = 保留； 0x5 = ALV_DBG[19]； 0x6 to 0xE = 保留； 0xF = WAKEUP_INT2[7]	0x0

续表

名　　称	位	描　　述	初　始　值
GPX2CON[6]	[27:24]	0x0 = 输入； 0x1 = 输出； 0x2 = 保留； 0x3 = KP_ROW[6]； 0x4 = 保留； 0x5 = ALV_DBG[18]； 0x6 to 0xE = 保留； 0xF = WAKEUP_INT2[6]	0x0
GPX2CON[5]	[23:20]	0x0 = 输入； 0x1 = 输出； 0x2 = 保留； 0x3 = KP_ROW[5]； 0x4 = 保留； 0x5 = ALV_DBG[17]； 0x6 to 0xE = 保留； 0xF = WAKEUP_INT2[5]	0x0
GPX2CON[4]	[19:16]	0x0 = 输入； 0x1 = 输出； 0x2 = 保留； 0x3 = KP_ROW[4]； 0x4 = 保留； 0x5 = ALV_DBG[16]； 0x6 to 0xE = 保留； 0xF = WAKEUP_INT2[4]	0x0
GPX2CON[3]	[15:12]	0x0 = 输入； 0x1 = 输出； 0x2 = 保留； 0x3 = KP_ROW[3]； 0x4 = 保留； 0x5 = ALV_DBG[15]； 0x6 to 0xE = 保留； 0xF = WAKEUP_INT2[3]	0x0
GPX2CON[2]	[11:8]	0x0 = 输入； 0x1 = 输出； 0x2 = 保留； 0x3 = KP_ROW[2]； 0x4 = 保留； 0x5 = ALV_DBG[14]； 0x6 to 0xE = 保留； 0xF = WAKEUP_INT2[2]	0x0

名　　称	位	描　　述	初　始　值
GPX2CON[1]	[7:4]	0x0 = 输入； 0x1 = 输出； 0x2 = 保留； 0x3 = KP_ROW[1]； 0x4 = 保留； 0x5 = ALV_DBG[13]； 0x6 to 0xE = 保留； 0xF = WAKEUP_INT2[1]	0x0
GPX2CON[0]	[3:0]	0x0 = 输入； 0x1 = 输出； 0x2 = 保留； 0x3 = KP_ROW[0]； 0x4 = 保留； 0x5 = ALV_DBG[12]； 0x6 to 0xE = 保留； 0xF = WAKEUP_INT2[0]	0x0

3）数据寄存器引脚功能和初始值

数据寄存器引脚功能描述及初始值如表 2.15 所示。

表 2.15　数据寄存器引脚说明

寄存器名称	位	类型	描　　述	初始值
GPF3DAT[5:0]	[5:0]	RWX	设定为输出功能：对应位决定引脚电平； 设定为输入功能：对应位反映引脚电平； 设定为其他功能：读的电平不确定	0x00
GPX1DAT[7:0]	[7:0]	RWX	设定为输出功能：对应位决定引脚电平； 设定为输入功能：对应位反映引脚电平； 设定为其他功能：读取的电平不确定	0x00
GPX2DAT[7:0]	[7:0]	RWX	设定为输出功能：对应位决定引脚电平； 设定为输入功能：对应位反映引脚电平； 设定为其他功能：读取的电平不确定	0x00

4）上拉寄存器引脚功能和初始值

上拉寄存器引脚功能描述及初始值如表 2.16 所示。

表 2.16　上拉寄存器引脚说明

寄存器名称	位	类型	描　　述	初始值
GPF3UPD[n]	[2n+1:2n] n = 0~5	RW	0x0 = 禁止上拉/下拉； 0x1 = 允许下拉； 0x2 = 保留； 0x3 = 允许上拉	0x0555

寄存器名称	位	类型	描　　述	初始值
GPX1PUD[n]	$[2n+1{:}2n]$ $n = 0 \sim 7$	RWX	0x0 = 禁止上拉/下拉； 0x1 = 允许下拉； 0x2 = 保留； 0x3 = 允许上拉	0x5555
GPX2PUD[n]	$[2n+1{:}2n]$ $n = 0 \sim 7$	RWX	0x0 = 禁止上拉/下拉； 0x1 = 允许下拉； 0x2 = 保留； 0x3 = 允许上拉	0x5555

2.2.5 RTC 定时器

RTC(Real-Time Clock,实时时钟)用于提供可靠的系统时间,包括时、分、秒和年、月、日等,而且要求在系统处于关机状态下它也能够正常工作(通常采用后备电池供电)。它的外围也不需要太多辅助电路,典型情况就是只需要一个高精度的 32.768kHz 晶体、电阻和电容。

1. 概述

Exynos 4412 的 RTC 的功能示意如图 2.10 所示,RTC 通过一个外部的 32.768kHz 晶体提供时钟;RTC 数据采用 BCD 编码,系统可以通过 STRB/LDRB 指令将 8 位 BCD 码数据读出或重置数据。

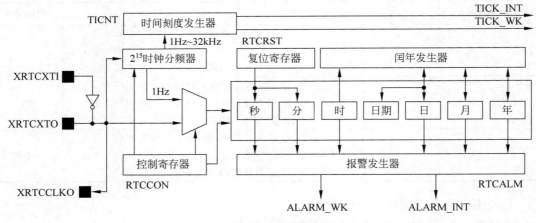

图 2.10 RTC 功能框图

2. 特点

Exynos 4412 的 RTC 主要包括如下特点。

(1) 时钟数据采用 BCD 编码。

(2) 能够对闰年的年、月、日进行自动处理。

(3) 具有告警功能,当系统处于关机状态时,能够产生告警中断。

(4) 具有独立的电源输入。

（5）提供毫秒级时钟中断,该中断可以用于作为嵌入式操作系统的内核时钟。

3. 寄存器

Exynos 4412 RTC 涉及的寄存器有很多,这里只简单介绍控制寄存器和时间值寄存器。

1）RTC 控制寄存器（RTCCON）

RTCCON 功能描述如表 2.17 所示。

表 2.17 RTCCON 寄存器说明

名 称	位	描 述	初始值
RSVD	[31:10]	保留	0
CLKOUTEN	[9]	RTC 时钟从 XRTCCLK0 引脚输出使能位:0=禁止,1=使能	0
TICEN	[8]	嘀嗒计时器使能位:0=禁止,1=使能	0
TICCKSEL	[7:4]	嘀嗒计时器子时钟源选择位: 4'b0000 = 32768Hz; 4'b0001 = 16384Hz; 4'b0010 = 8192Hz; 4'b0011 = 4096Hz; 4'b0100 = 2048Hz; 4'b0101 = 1024Hz; 4'b0110 = 512Hz; 4'b0111 = 256Hz; 4'b1000 = 128Hz; 4'b1001 = 64Hz; 4'b1010 = 32Hz; 4'b1011 = 16Hz; 4'b1100 = 8Hz; 4'b1101 = 4Hz; 4'b1110 = 2Hz; 4'b1111 = 1Hz	4'b0000
CLKRST	[3]	RTC 时钟计数复位:0=不复位,1=复位 注意:只有当 CTLEN 置位时,CLKRST 才影响 RTC	0
CNTSEL	[2]	BCD 计数选择: 0=合并 BCD 计数,1=保留	0
CLKSEL	[1]	BCD 时钟选择位: 0=使用 XTAL 引脚时钟 2 的 15 次幂分频后的时钟,当 XTAL 为 32.768 分频后正好为 1s 1=保留（XTAL 供频,仅测试用）	0
RTCEN	[0]	RTC 控制使能位:0=禁止,1=使能 注意:只有使能后才能改变 RTC 相关寄存器的值	0

2）RTC 时间值寄存器

RTC 时间值寄存器用于存放当前时间,包括年、月、日、时、分、秒、星期等,每个单位都对应一个寄存器,如时、分、秒分别对应 BCDHOUR、BCDMIN、BCDSEC。RTC 时间值寄存器结构比较简单,例如 BCDSEC 功能描述如表 2.18 所示。

表 2.18 BCDSEC 寄存器

名 称	位	描 述	初始值
保留	[31:7]	保留	—
SECDATA	[6:4]	秒的十位 BCD 值 0~5	—
	[3:0]	秒的个位 BCD 值 0~9	—

4. BCD 码

BCD(Binary Coded Decimal)码是一种以二进制数表示十进制数码的编码格式,通常用 4 位二进制码的组合代表十进制数的 0~9。最常用的 BCD 码为 8421BCD 码,编码与十进制数的对应关系如表 2.19 所示。

表 2.19   8421BCD 码表

十 进 制 数	8421BCD 编码	十 进 制 数	8421BCD 编码
0	0000	5	0101
1	0001	6	0110
2	0010	7	0111
3	0011	8	1000
4	0100	9	1001

2.2.6   中断控制器

Exynos 4412 中断控制器结构如图 2.11 所示。GIC(Generic Interrupt Controller,通用中断控制器)在系统中支持和管理中断的集中资源。GIC 管理的中断类型分为下述 3 种。

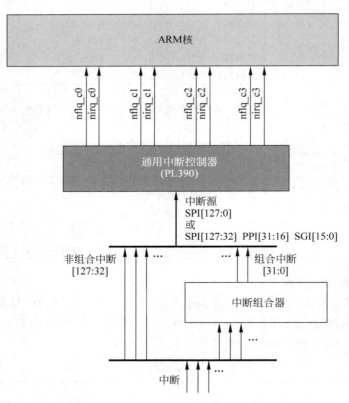

图 2.11   Exynos 4412 中断控制器结构

(1) 软中断(Software Generated Interrupt,SGI),即软件产生的中断,其产生通过软件写入一个专门的寄存器,即软中断产生中断寄存器(ICDSGIR)。

（2）专用外设中断(Private Peripheral Interrupt,PPI)，由外设产生，专由特定核心处理的中断，如每个核上的定时器中断源。

（3）共享外设中断(Shared Peripheral Interrupt,SPI)，是由外设产生的可以发送给一个或多个核心处理的中断源。

Exynos 4412 共支持 160 个中断源，其中包含 16 个 SGI 中断源、16 个 PPI 中断源、128个 SPI 中断源。

2.2.7　NAND Flash 控制器

1. 结构

Exynos 4412 内置的 NAND Flash 控制器结构如图 2.12 所示，由 AHB Slave 接口、特殊功能寄存器(Special Functional Register,SFR)、纠错码(Error Correcting Code,ECC)、控制状态机(Control & State Machine)和 NAND Flash 接口等几个模块组成。

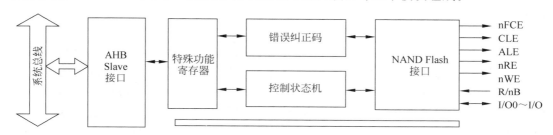

图 2.12　Exynos 4412 NAND Flash 控制器结构

2. 特点

NAND Flash 控制器的主要特点如下所述。

（1）自动启动：上电时，启动代码自动传输到内部 SRAM，然后在 SRAM 上执行。

（2）NAND Flash 接口：支持 512 字节、2KB、4KB 和 8KB 页面。

（3）软件模式：可以直接访问 NAND 闪存，例如此功能可用于读取、擦除、编程 NAND Flash。

（4）接口：支持 8 位 NAND Flash 接口总线。

（5）生成、检测并指示硬件 ECC(软件校正)。

（6）支持单级单元(Single-Level Cell,SLC)和多级单元(Multi-Level Cell,MLC) NAND Flash。

（7）ECC：支持 1 位、4 位、8 位、12 位和 16 位 ECC。

（8）SFR 接口：支持字节、半字、字访问数据和 ECC 寄存器。

2.2.8　PWM 定时器

1. 概述

PWM 定时器是指什么？PWM 定时器的本质就是一个计数器，只不过它记录的是时钟脉冲的个数。时钟脉冲是由处理器的时钟系统提供的。PWM 定时器既可以向上计数，也可以向下计数，当溢出时会触发中断。

PWM(Pulse Width Modulation,脉冲宽度调制)又简称脉宽调制，通过对一系列脉冲的宽度进行调制,等效出所需要的波形(包括形状和幅值)。它通过调节占空比的变化来调节信号、能量等的变化,占空比是指一个周期内信号处于高电平的时间占整个信号周期的百分比。例如图 2.13 所示为一个 PWM 信号,T 是信号周期,t_1 是低电平占用时间,t_2 是高电平占用时间,V 是高电平,V_s 是平均电压。占空比的计算见公式(2.1)。

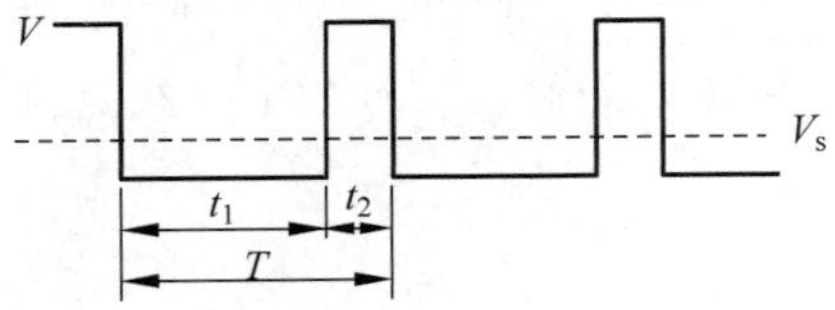

$$\begin{cases} \alpha = \dfrac{t_2}{T} \\ V_s = \alpha \times V \end{cases} \qquad (2.1)$$

图 2.13　PWM 信号占空比

其中,α 为占空比。

PWM 定时器应用非常广泛,例如应用到交流调光电路可以实现无级调节,当需要高电平多一点,可将占空比调大一点,灯光就会亮一点,反之就会暗一点。但前提是 PWM 的频率要大于人眼能识别的频率,否则会出现闪烁现象。另外,PWM 定时器还可以应用到蜂鸣器驱动、直流电机驱动等方面。

2. 结构

Exynos 4412 一共有 5 个 32 位定时器,如图 2.14 所示,定时器 0、1、2、3 有脉宽调制功能,并可以驱动其外部的 I/O 口;PWM 对定时器 0 有可选的死区(Dead-Zone)功能,可以支持大电流设备;定时器 4 有一个内部定时器,而没有输出引脚。其有两个 8 位 PCLK 分频器提供 1 级预分,有 5 个独立的 2 级分频器,可编程时钟选择 PWM 独立通道,独立的 PWM 通道,可以控制极性和占空比,静态配置 PWM 停止,动态配置 PWM 启动。Exynos 4412 支持自动重装模式及触发脉冲模式,两个 PWM 输出可以带死区发生器。

1) 分频器

定时器 0 和 1 共享一个 8 位预分频器,定时器 2、3 和 4 共享另一个 8 位预分频器。每一个定时器有 5 种不同值的 2 级分频器(1/2、1/4、1/8、1/16 和 TCLK),其中每一个定时器从对应的 2 级分频器接收时钟信号,而 2 级分频器又从对应的预分频器接收时钟信号。8 位预分频器是可编程的,它根据 TCFG0 和 TCFG1 中的数值分割 PCLK。

2) 自动加载和双缓冲模式

脉宽调制定时器有一个双缓冲功能,在这种情况下,改变下次加载值的同时不影响当前定时周期。因此,即使设置一个新的定时器值,当前定时器的操作也会继续完成而不受影响。

定时器的值可以写入定时器计数值缓冲寄存器(TCNTBn)中,当前计数器的值可以通过读定时器计数值观测寄存器(TCNTOn)得到。

当 TCNTn 的值为 0 时,自动加载操作复制 TCNTBn 的值到 TCNTn 中。但若自动加载模式没有使能,TCNT0 将不进行任何操作。

3) 定时器

PWM 定时器能在任何时间产生一个 DMA(Direct Memory Access)请求,定时器保持 DMA 请求信号(nDMA_REQ)为低直到定时器接收到 ACK 信号;当定时器接收到 ACK 信号时,定时器将使请求信号无效。产生 DMA 请求的定时器由设置 DMA 模式位(TCFG1)决定。如果一个定时器配置成 DMA 请求模式,则此定时器将不能产生中断请求,而其他定时器将正常产生中断请求。

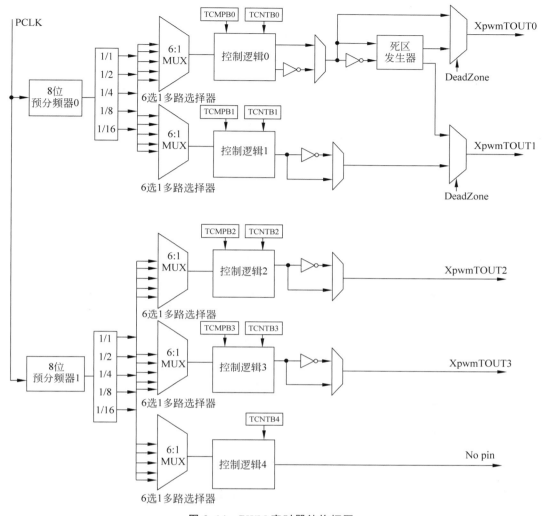

图 2.14　PWM 定时器结构框图

3. PWM 定时器寄存器

Exynos 4412 一共有 18 个 PWM 寄存器,寄存器的地址和初始值如表 2.20 所示。

表 2.20　PWM 寄存器的地址和初始值

寄存器	地址	类型	描　　述	初始值
TCFG0	0x139D_0000	R/W	配置两个 8 位预分频器	0x0000_0101
TCFG1	0x139D_0004	R/W	分割器和 DMA 模式选择寄存器	0x0000_0000
TCON	0x139D_0008	R/W	定时器控制寄存器	0x0000_0000
TCNTB0	0x139D_000C	R/W	定时器 0 的计数缓冲寄存器	0x0000_0000
TCMPB0	0x139D_0010	R/W	定时器 0 的比较缓冲寄存器	0x0000_0000
TCNTB1	0x139D_0018	R/W	定时器 1 的计数缓冲寄存器	0x0000_0000
TCMPB1	0x139D_001C	R/W	定时器 1 的比较缓冲寄存器	0x0000_0000
TCNTB2	0x139D_0024	R/W	定时器 2 的计数缓冲寄存器	0x0000_0000

寄存器	地址	类型	描　述	初始值
TCMPB2	0x139D_0028	R/W	定时器 2 的比较缓冲寄存器	0x0000_0000
TCNTB3	0x139D_0030	R/W	定时器 3 的计数缓冲寄存器	0x0000_0000
TCMPB3	0x139D_0034	R/W	定时器 3 的比较缓冲寄存器	0x0000_0000
TCNTB4	0x139D_003C	R/W	定时器 4 的计数缓冲寄存器	0x0000_0000
TCNTO0	0x139D_0014	R	定时器 0 的计数值观测寄存器	0x0000_0000
TCNTO1	0x139D_0020	R	定时器 1 的计数值观测寄存器	0x0000_0000
TCNTO2	0x139D_002C	R	定时器 2 的计数值观测寄存器	0x0000_0000
TCNTO3	0x139D_0038	R	定时器 3 的计数值观测寄存器	0x0000_0000
TCNTO4	0x139D_0040	R	定时器 4 的计数值观测寄存器	0x0000_0000
TINT_CSTAT	0x1216_0044	R	指定计时器中断控制和状态寄存器	0x0000_0000

1) TCON 定时器控制寄存器

TCON 定时器控制寄存器引脚功能描述，如表 2.21 所示。

表 2.21　TCON 寄存器引脚功能及初始值

名　　称	位	类型	描　述	初始值
RSVD	[31:23]	—	保留位	0x000
Timer 4 auto reload on/off	[22]	RW	0 = 单发 1 = 自动重载	0x5555
Timer 4 manual update	[21]	RW	0 = 无操作 1 = 更新 TCNTB4	0x0
Timer 4 start/stop	[20]	RW	0 = 定时器 4 停止 1 = 定时器 4 启动	0x0
Timer 3 auto reload on/off	[19]	RW	0 = 单发 1 = 自动重载	0x0
Timer 3 output inverter on/off	[18]	RW	0 = 关闭 1 = TOUT_3 输出翻转	0x0
Timer 3 manual update	[17]	RW	0 = 无操作 1 = 更新 TCNTB3	0x0
Timer 3 start/stop	[16]	RW	0 = 定时器 3 停止 1 = 定时器 3 启动	0x0
Timer 2 auto reload on/off	[15]	RW	0 = 单发 1 = 自动重载	0x0
Timer 2 output inverter on/off	[14]	RW	0 = 关闭 1 = TOUT_2 输出翻转	0x0
Timer 2 manual update	[13]	RW	0 = 无操作 1 = 更新 TCNTB2 和 TCMPB2	0x0
Timer 2 start/stop	[12]	RW	0 = 定时器 2 停止 1 = 定时器 2 启动	0x0
Timer 1 auto reload on/off	[11]	RW	0 = 单发 1 = 自动重载	0x0

名　　称	位	类型	描　　述	初始值
Timer 1 output inverter on/off	[10]	RW	0 ＝ 关闭 1 ＝ TOUT_1 输出翻转	0x0
Timer 1 manual update	[9]	RW	0 ＝ 无操作 1 ＝ 更新 TCNTB1 和 TCMPB1	0x0
Timer 1 start/stop	[8]	RW	0 ＝ 定时器 1 1 ＝ 定时器 1	0x0
Reserved	[7:5]	—	保留位	0x0
Dead zone enable/disable	[4]	RW	死区使能,0＝不使能,1＝使能	0x0
Timer 0 auto reload on/off	[3]	RW	0 ＝ 单发 1 ＝ 自动重载	0x0
Timer 0 output inverter on/off	[2]	RW	0 ＝ 关闭 1 ＝ TOUT_0 输出翻转	0x0
Timer 0 manual update	[1]	RW	0 ＝ 无操作 1 ＝ 更新 TCNTB0 和 TCMPB0	0x0
Timer 0 start/stop	[0]	RW	0 ＝ 定时器 0 停止 1 ＝ 定时器 0 启动	0x0

2) TCFG0 寄存器

TCFG0 寄存器引脚功能描述如表 2.22 所示。

表 2.22　TCFG0 寄存器引脚功能及初始值

名　　称	位	类型	描　　述	初始值
RSVD	[31:24]	—	保留位	0x00
Dead zone length	[23:16]	RW	死区长度	0x00
Prescaler 1	[15:8]	RW	预分频 1 定义了定时器 2、3、4 的预分频值	0x01
Prescaler 0	[7:0]	RW	预分频 0 定义了定时器 0 和 1 的预分频值	0x01

3) TCFG1 寄存器

TCFG1 寄存器引脚功能描述如表 2.23 所示。

表 2.23　TCFG1 寄存器引脚功能及初始值

名　　称	位	类型	描　　述	初始值
RSVD	[31:20]	—	保留	0x000
Divider MUX4	[19:16]	RW	PWM 定时器 4 多路输入选择 0000 ＝ 1/1; 0001 ＝ 1/2; 0010 ＝ 1/4; 0011 ＝ 1/8; 0100 ＝ 1/16	0x0
Divider MUX3	[15:12]	RW	PWM 定时器 3 多路输入选择 0000 ＝ 1/1; 0001 ＝ 1/2; 0010 ＝ 1/4; 0011 ＝ 1/8; 0100 ＝ 1/16	0x0
Divider MUX2	[11:8]	RW	PWM 定时器 2 多路输入选择 0000 ＝ 1/1; 0001 ＝ 1/2; 0010 ＝ 1/4; 0011 ＝ 1/8; 0100 ＝ 1/16	0x0

名　　称	位	类型	描　　述	初始值
Divider MUX1	[7:4]	RW	PWM 定时器 1 多路输入选择 0000 = 1/1; 0001 = 1/2; 0010 = 1/4; 0011 = 1/8; 0100 = 1/16	0x0
Divider MUX0	[3:0]	RW	PWM 定时器 0 多路输入选择 0000 = 1/1; 0001 = 1/2; 0010 = 1/4; 0011 = 1/8; 0100 = 1/16	0x0

4) TCNTB0 寄存器

TCNTB0 寄存器引脚功能描述如表 2.24 所示。

表 2.24　TCNTB0 寄存器引脚功能及初始值

名　　称	位	类型	描　　述	初始值
Timer 0 count buffer	[31:0]	RW	定时器 0 计数缓冲寄存器	0x0000_0000

5) TCMPB0 寄存器

TCMPB0 寄存器引脚功能描述如表 2.25 所示。

表 2.25　TCMPB0 寄存器引脚功能及初始值

名　　称	位	类型	描　　述	初始值
Timer 0 compare buffer	[31:0]	RW	定时器 0 比较缓冲寄存器	0x0000_0000

2.2.9　通用异步收发器

Exynos 4412 的通用异步收发器(Universal Asynchronous Receiver/Transmitler,UART)可支持 5 个独立的异步串行输入输出口,每个口都可支持中断模式及 DMA 模式,UART 可产生一个中断或者发出一个 DMA 请求来传送 CPU 与 UART 之间的数据,UART 的比特率最大可达到 4Mb/s。每一个 UART 通道包含两个 FIFO 用于数据的收发,其中通道 0 的 FIFO 大小为 256 字节,通道 1、4 的 FIFO 大小为 64 字节,通道 2、3 的 FIFO 大小为 16 字节。

1. UART 的特点

(1) 5 组收发通道同时支持中断模式及 DMA 操作。

(2) 通道 3 带红外功能。

(3) 通道 0 带 256 字节的 FIFO,通道 1、4 带 64 字节的 FIFO,通道 2、3 带 16 字节的 FIFO。

(4) 通道 0、1、2 支持自动流控功能。

(5) 支持握手模式的发送/接收。

Exynos 4412 的 UART 结构如图 2.15 所示,由发送器、接收器、控制单元和时钟源共 4 部分组成。发送器由发送 FIFO 寄存器、发送锁定寄存器、64 位缓冲区和发送移位器等 4 部分组成。接收器由接收 FIFO 寄存器、接收锁定寄存器、64 位缓冲区和接收移位器等

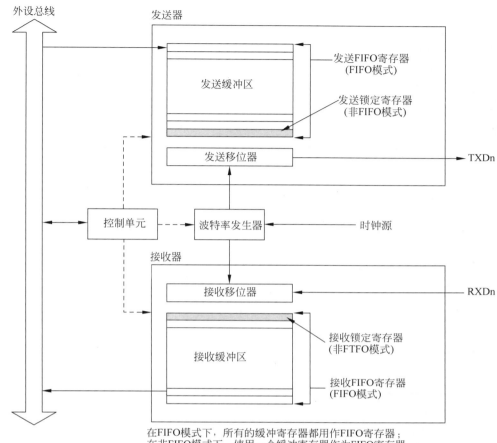

在FIFO模式下，所有的缓冲寄存器都用作FIFO寄存器；
在非FIFO模式下，使用一个缓冲寄存器作为FIFO寄存器

图 2.15　UART 结构框图

4 部分组成。

2. 常用操作

Exynos 4412 的 UART 常用操作有数据发送、数据接收、中断产生、波特率产生、轮流检测模式、红外模式和自动流控制等。

UART 使用的主要寄存器包括行控制寄存器 ULCONn、控制寄存器 UCONn、FIFO控制寄存器 UFCONn、MODEM 控制寄存器 UMCONn、发送寄存器 UTXHn 和接收寄存器 URXHn、比特率分频寄存器 UBRDIVn、串口状态寄存器 UTRSTATn。

2.2.10　模数转换器

Exynos 4412 内置一个 4 个通道 10 位或 12 位模数转换器（ADC）。ADC 具有样本保持的功能，同时也支持低功耗模式。

1. ADC 特性

ADC 接口主要包括如下特性。

• 10bit/12bit 输出位可选。

• 微分误差±2.0LSB。

- 积分误差±4.0LSB。
- 最大转换速率 1Mbit/s。
- 功耗少,电压输入 3.3V。
- 模拟量输入范围:0~3.3V。
- 支持片上样本保持功能。
- 通用转换模式。

2. ADC 结构

Exynos 4412 处理器内置的 ADC 结构如图 2.16 所示。

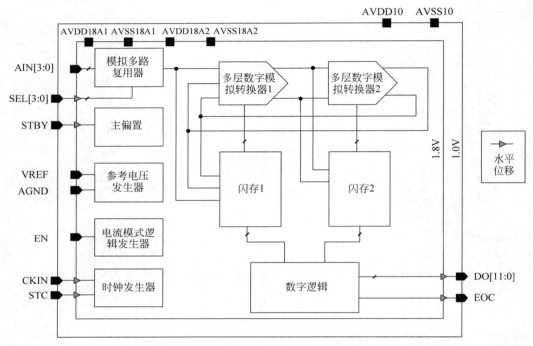

图 2.16   ADC 结构框图

Exynos 4412 有两个 ADC 模块,一个是通用 ADC,另一个是 MTCADC_ISP。用户可以通过设置 ADC_CFG 寄存器的第 16 位的值来选择模块。ADC 模块选择如图 2.17 所示。

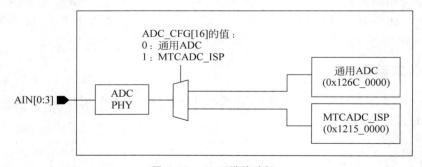

图 2.17   ADC 模块选择

3. A/D 转换时间

A/D 转换需要花费一定的时间,称为 A/D 转换时间。下面介绍转换时间的计算方法。

假设 PCLK 频率是 50MHz,预分频器的值是 49,完成一次 A/D 转换需要 5 个时钟周期,则转换时间计算公式为

$$\begin{cases} f = \dfrac{PCLK}{PRSCVL+1} = \dfrac{50}{49+1} = 1(MHz) \\ t = \dfrac{1}{f} \times 5 = 5(\mu s) \end{cases} \tag{2.2}$$

其中,PRSCVL 表示预分频值;f 表示转换频率;t 表示转换时间。

Exynos 4412 自带 ADC 的最大工作时钟为 5MHz,所以最大的采样率可以达到 1Mbit/s。

4. ADC 端口相关寄存器

ADC 端口相关寄存器的地址、引脚功能、初始值等信息如表 2.26～表 2.29 所示。

表 2.26　ADC 端口相关寄存器

寄 存 器	地　　址	描　　述	初始值
ADCCON	0x126C_0000	ADC 控制寄存器	0x0000_3FC4
ADCDLY	0x126C_0008	ADC 启动或延时寄存器	0x0000_00FF
ADCDAT	0x126C_000C	ADC 数据寄存器	未定义
CLRINTADC	0x126C_0018	清除 ADC 中断	未定义
ADCMUX	0x126C_001C	模拟输入通道的选择	0x0000_0000

表 2.27　ADC 控制寄存器 ADCCON

名　　称	位	描　　述	初始值
RES	[16]	0＝10bit 输出;1＝12bit 输出	0
ECFLG	[15]	0＝模数转换进行中;1＝模数转换结束	0
PRSCEN	[14]	ADC 预分频器使能: 0＝禁止;1＝使能	0
PRSCVL	[13:6]	ADC 预分频器值,数据值为 1～255。 注意:当预分频器的值为 N 时,除数实际上是 $N+1$	0xFF
Reserved	[5:3]	保留	0
STANDBY	[2]	待机模式选择: 0＝正常模式;1＝待机模式	1
READ_START	[1]	ADC 读-启动选择位: 0＝禁止读;1＝允许读	0
ENABLE_START	[0]	ADC 启动: 0＝ADC 不工作;1＝ADC 开始工作	0

表 2.28　ADCDAT 寄存器

名　　称	位	描　　述	初始值
DATA	[11:0]	X 坐标转换数据值(包括正常的 ADC 转换数值)	—

表 2.29　ADCMUX 寄存器

名　　称	位	描　　述	初始值
SEL_MUX	[3:0]	模拟输入通道的选择: 0000 = AIN0; 0001 = AIN1; 0010 = AIN2; 0011 = AIN3	0

2.3　Exynos 4412 外围硬件电路

Exynos 4412 外围硬件电路通常设计成核心板和扩展驱动板两部分,核心板主要由处理器、存储器等核心部件组成,扩展驱动板主要由电源和接口电路组成。核心板通过扩展接口与扩展驱动板相连,这种设计主要是为了方便用户进行二次开发。

2.3.1　核心板电路

核心板通常设计成一个结构紧凑、体积很小的电路板,方便用户根据应用需求进行扩展。它通常由微处理器、内存、eMMC 存储、电源管理、USB HUB 和扩展接口等单元组成。内存和 eMMC 存储接口电路简述如下。

1. 内存接口电路

嵌入式系统中的内存主要用作程序的运行空间、数据及堆栈区。常用的 SDRAM 芯片有 8 位和 16 位的数据宽度,工作电压一般为 1.8～3.3V。

以 K4B4G1646B 为例,K4B4G1646B 是一块 16 位的 SDRAM 存储芯片,而 Exynos 4412 是一块 32 位的微处理器,即微处理器的数据宽度为 32 位,所以要使用两块 K4B4G1646B 芯片来构成 32 位的数据存储系统,接口电路如图 2.18 所示,U2 连接到数据总线上的 Xm1DATA[31～24,15～8]数据位,U3 连接到数据总线上的 Xm1DATA[23～16,7～0]数据位。

2. eMMC 接口电路

eMMC(embedded Multi Media Card)为 MMC 协会所制定的、主要针对手机或平板电脑等产品的内嵌式存储器标准规格。eMMC 的一个明显优势是在封装中集成了一个控制器,它提供标准接口并管理内存,可以让厂商专注于产品开发的其他部分,并缩短向市场推出产品的时间。以 KLMxGxFEJA-x001 为例,KLMxGxFEJA-x001 是一块容量为 4GB 的 Flash 芯片,其接口电路如图 2.19 所示(本书电路图中,电阻的阻值省略了单位 Ω,只保留了数值)。KLMxGxFEJA-x001 引脚 DAT7～DAT0 直接与 Exynos 4412 内置的 MMC 控制器 SD_4_DATA7～SD_4_DATA0 连接。

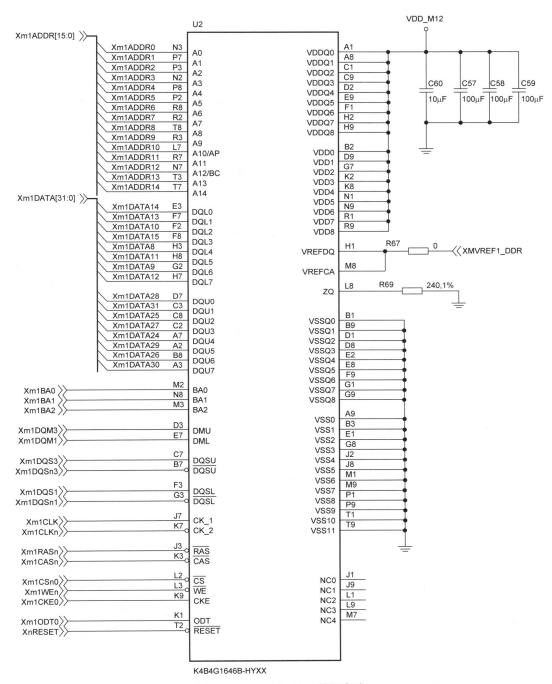

图 2.18　K4B4G1646B 接口电路

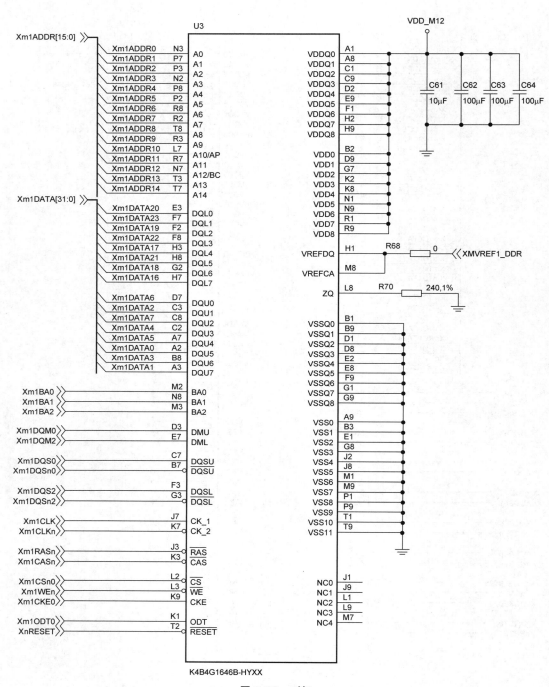

图 2.18 （续）

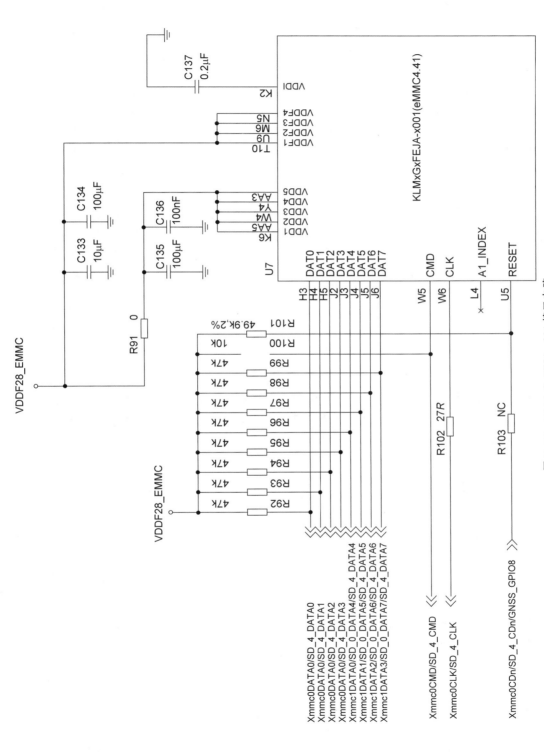

图 2.19　KLMxGxFEJA-x001 接口电路

2.3.2　扩展驱动板电路

扩展驱动板要根据实际应用来确定需要的接口电路,不同的应用需要的接口也不同,这里只介绍本书涉及的部分接口电路。

1. 电源电路

电源电路的输入电压 VSYS 是 5V,而开发板需要的电压有 3.3V 和 1.8V 两种。电源电路如图 2.20 所示。输入电压 VSYS 经 AMS1084CM-3.3 芯片降压后,得到输出电压 DC33V(3.3V),DC33V 再经 CAT6219-180TD-GT3 芯片降压,得到输出电压 VDD1V8_EXT(1.8V),LED1 是电源指示灯。

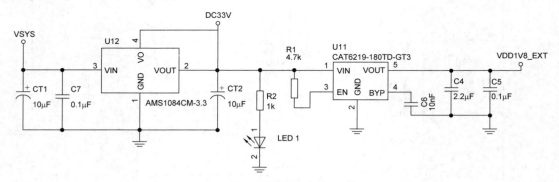

图 2.20　电源电路

2. 复位电路

硬件复位电路比较简单,它由一个按键构成,主要实现手动复位操作。复位电路如图 2.21 所示,K7 是一个按键,当按下 K7 时,复位信号 PWRON 为高电平;释放 K7 时,PWRON 为低电平,由高电平到低电平的变化形成一个复位信号。

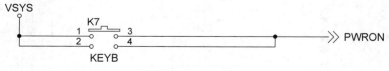

图 2.21　复位电路

3. 串口电路

串行通信是指计算机与 I/O 设备之间的数据传输是各位按顺序逐位依次进行传送。通常数据在一根数据线或一对差分线上传输。

异步串行通信是指数据传送以字符为单位,字符与字符间的传送是完全异步的,位与位之间的传送基本上是同步的。

1) 异步串行通信的特点

异步串行通信的特点可以概括如下。

(1) 以字符为单位传送信息。

(2) 相邻两字符间的间隔是任意长。

(3) 因为一个字符中的比特位长度有限,所以需要的接收时钟和发送时钟只要相近就可以。

（4）异步方式的特点是字符间异步，字符内部各位同步。

2）异步串行通信的数据格式

异步串行通信的数据格式如图 2.22 所示，每个字符（每帧信息）由如下 4 个部分组成。

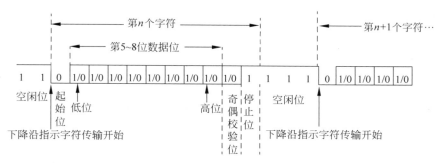

图 2.22　异步串行通信的数据格式

（1）1 位起始位，规定为低电 0。

（2）5～8 位数据位，即要传送的有效信息。

（3）1 位奇偶校验位。

（4）1～2 位停止位，规定为高电平 1。

3）异步串行电路

Exynos 4412 芯片内部集成了 5 个通道的 UART，这些 UART 要与外界通信，还需要将电平转换为 RS-232C 的电平。因为 Exynos 4412 芯片的逻辑 1 的电压是 3.3V，逻辑 0 的电压是 0V。而 RS-232C 采用负逻辑，电压在－15V～－3V 范围时表示逻辑 1，电压在＋3V ～＋15V 范围时表示逻辑 0。Exynos 4412 的 UART 的任务就是把 Exynos 4412 的电平转变成 RS-232C 的电平，具体电路如图 2.23 所示。接口电路选用 SP3232EEA 芯片，它能够将 TTL 串口信号转换成 RS-232 串口信号，串口设计成 9 芯插座、3 线连接的方式。

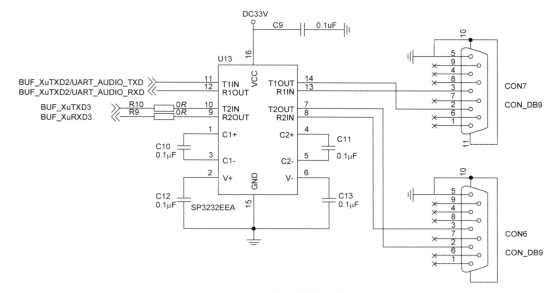

图 2.23　异步通信接口电路

4. SD 卡接口电路

SD 卡标准是 SD 卡协会针对可移动存储设备设计的一种标准,它指定了卡的外形尺寸、电气接口和通信协议。Exynos 4412 芯片内部集成了 SD 卡控制模块,接口电路只要将信号引出到 PCB 板上的 SD 卡插座上即可,具体电路如图 2.24 所示,SD 卡插座信号与 Exynos 4412 芯片内部 MMC2 通道信号相连。

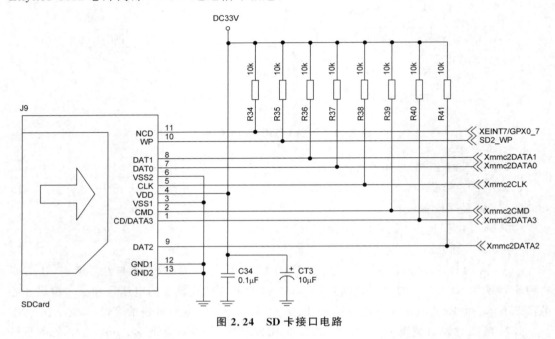

图 2.24　SD 卡接口电路

2.4　练 习 题

1. 选择题

(1) ARM 公司主要依靠(　　)获得利润。
　　A. 生产芯片　　　　　　　　　　　　B. 销售芯片
　　C. 制定标准　　　　　　　　　　　　D. 出售芯片技术授权

(2) Thumb 指令集是(　　)位指令集。
　　A. 64　　　　　　B. 32　　　　　　C. 16　　　　　　D. 8

(3) ARM 指令集是(　　)位指令集。
　　A. 64　　　　　　B. 32　　　　　　C. 16　　　　　　D. 8

(4) 到 2020 年 1 月为止,ARM 体系结构共定义了(　　)个版本。
　　A. 6　　　　　　　B. 7　　　　　　　C. 8　　　　　　D. 9

(5) ARM 体系结构中的 V3 到 V5 版本都具有(　　)位寻址能力。
　　A. 64　　　　　　B. 32　　　　　　C. 16　　　　　　D. 8

(6) ARM9 处理器属于(　　)体系结构。
　　A. V3　　　　　　B. V4T　　　　　　C. V5TE　　　　　D. V6

（7）Cortex-A 处理器属于（　　）体系结构。

  A. V4T   B. V5TE   C. V6   D. V7

（8）ARM7 处理器具有（　　）级流水线结构。

  A. 3   B. 4   C. 5   D. 6

（9）ARM9 处理器具有（　　）级流水线结构。

  A. 3   B. 4   C. 5   D. 6

（10）ARM11 处理器具有（　　）级流水线结构。

  A. 5   B. 6   C. 7   D. 8

（11）Cortex 微处理器共分 3 类，但（　　）不是。

  A. Cortex-H   B. Cortex-M   C. Cortex-R   D. Cortex-A

（12）Exynos 4412 是（　　）公司生产的嵌入式处理器。

  A. ARM   B. Sony   C. Samsung   D. Motorola

（13）Exynos 4412 采用的内核是（　　）。

  A. ARM9   B. Cortex-M3   C. Cortex-R   D. Cortex-A9

（14）在 ARM 体系结构中，字的长度为（　　）位。

  A. 8   B. 16   C. 32   D. 64

（15）Cortex-A9 微处理器支持（　　）种工作模式。

  A. 7   B. 8   C. 9   D. 10

（16）Cortex-A9 微处理器共有（　　）个 32 位寄存器。

  A. 37   B. 38   C. 39   D. 40

（17）Exynos 4412 处理器的 0x0000_0000 开始地址映射的是（　　）。

  A. iROM   B. iRAM   C. SMC   D. SDRAM

（18）Exynos 4412 处理器内置（　　）KB ROM。

  A. 32   B. 64   C. 128   D. 256

（19）Exynos 4412 处理器内置（　　）KB RAM。

  A. 32   B. 64   C. 128   D. 256

（20）Exynos 4412 不支持（　　）启动。

  A. NAND Flash B. SD 卡   C. eMMC   D. CDROM

（21）GPA0CON 是（　　）寄存器。

  A. 控制   B. 数据   C. 状态   D. 上拉

（22）十进制数 8 的 8421BCD 编码是（　　）。

  A. 0110   B. 0111   C. 1000   D. 1001

（23）Exynos 4412 一共有（　　）个 32 位定时器。

  A. 3   B. 4   C. 5   D. 6

（24）K4B4G1646B 是（　　）位的 SDRAM。

  A. 8   B. 16   C. 32   D. 64

（25）核心板由（　　）块 K4B4G1646B 芯片构成 32 位存储系统。

  A. 1   B. 2   C. 4   D. 8

(26) KLMxGxFEJA-x001 是一块容量为(　　)GB 的 Flash 芯片。

  A. 1   B. 2   C. 4   D. 8

(27) 本书所涉及的硬件平台电源电路只提供 3 组电源,不提供(　　)。

  A. 1.5V   B. 1.8V   C. 3.3V   D. 5V

(28) 异步串行通信是指数据传送以(　　)为单位。

  A. 字节   B. 半字   C. 字   D. 字符

(29) Exynos 4412 提供了(　　)个通道的 UART。

  A. 2   B. 3   C. 4   D. 5

(30) SD 卡标准规定了 SD 卡的许多特性,但没有包括(　　)。

  A. 颜色   B. 外形尺寸   C. 电气接口   D. 通信协议

2. 填空题

(1) ARM 是一个_____的名字,又成了一类_____的统称,同时也可以认为是一种_____的名字。

(2) RISC 的意思是_____,CISC 的意思是_____。

(3) ARM7 提供 0.9MIPS/MHz _____体系结构,ARM9 提供 1.1MIPS/MHz _____体系结构。

(4) Exynos 4212 是一款_____核处理器,Exynos 4412 是一款_____核处理器。

(5) ARM 处理器支持的基本数据类型有 3 种,即_____、_____和_____。

(6) ARM 数据存储器格式有_____和_____两种。

(7) ARM 微处理器的工作状态一般有两种,即_____和_____。

(8) 3 级流水线指令可以分解为_____、_____和_____。

(9) 5 级流水线指令可以分解为_____、_____、_____、_____和_____。

(10) ARM 处理器程序状态寄存器包括_____和_____。

(11) GIC 中断控制器的中断类型分为_____、_____和_____ 3 种。

(12) Exynos 4412 的 ADC 精度可以是_____位或_____位。

(13) Exynos 4412 是_____公司生产的嵌入式处理器,采用_____公司的_____内核。

3. 简答题

(1) ARM 微处理器内核系列主要有哪些?

(2) ARM 处理器工作模式有哪 8 种?

(3) 简述 RISC 和 CISC 的区别。

(4) ARM 体系结构支持的数据类型有哪些? 有哪些寄存器? 如何组织?

(5) 分析程序状态寄存器各位的功能描述,并说明 C、Z、N、V 在什么情况下进行置 1 和清零。

(6) ARM 指令可分为哪几类? 哪几条指令是无条件执行的?

(7) 如何实现两个 64 位数的加法操作? 如何实现两个 64 位数的减法操作? 如何求一个 64 位数的负数?

(8) 分析下列每条语句的功能,并说明程序所实现的功能。

```
CMP R0,#0
MOVEQ R1,#0
MOVGT R1,#1
```

（9）简述 Exynos 4412 启动过程。

（10）ARM 和 Exynos 4412 有什么关系？

4．计算题

（1）有一个 PWM 信号如下图，请计算它的占空比。

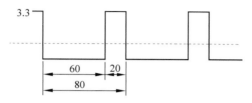

（2）ADC 的 PCLK 频率为 100MHz，预分频器的值（PRESCALER）为 99，完成一次 A/D 转换需要 5 个时钟周期。请计算完成一次模数转换的时间。

（3）某设备的接口电路如下图，请计算出该设备的设备地址。

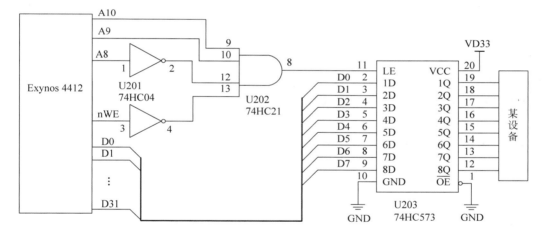

第3章 Linux 系统编程基础

本章首先介绍 GCC 编译器的编译过程及常用选项的使用,通过实例介绍 GDB 调试器的使用方法,然后介绍 Make 工具的使用,最后介绍文件操作、时间获取和多线程等任务的编程方法。

3.1 GCC 编译器

3.1.1 GCC 概述

GCC(GNU C Compiler)是 GUN 项目的 C 编译套件,也是 GNU 软件家族中的代表产品之一。GCC 目前支持的体系结构有四十余种,如 X86、ARM、PowerPC 等系列处理器;能运行在不同的操作系统上,如 Linux、Android、Solaris、Windows CE 等操作系统;可完成 C、C++、Objective C 等源文件向运行在特定 CPU 硬件上的目标代码的转换。GCC 的执行效率与一般的编译器相比平均效率要高 20%～30%。GCC 是 Linux 平台下最常用的编译器之一,它也是 Linux 平台编译器事实上的标准。同时,在使用 Linux 操作系统的嵌入式开发领域,GCC 也是使用最普遍的编译器之一。

GCC 编译器与 GUN Binutils 工具包是紧密集成的,如果没有 Binutils 工具,GCC 也不能正常工作。Binutils 是一系列开发工具,包括连接器、汇编器和其他用于目标文件和档案的工具。Binutils 工具集里主要包括一系列程序,如 addr2line、ar、as、C++、gprof、ld、nm、objcopy、objdump、ranlib、readelf、size、strings 和 strip 等,它包括的库文件有 libiberty.a、libbfd.a、libbfd.so、libopcodes.a 和 libopcodes.so 等。

在 Linux 操作系统中,文件名的扩展名不代表文件的类型,但为了提高工作效率,通常会给每种文件定义一个扩展名。GCC 支持的文件类型比较多,具体如表 3.1 所示。

表 3.1　GCC 支持的文件类型

扩展名	说　明	扩展名	说　明
.c	C 源程序	.ii	经过预处理的 C++程序
.a	由目标文件构成的档案文件(库文件)	.m	Objective C 源程序
.C、.cc	C++源程序	.o	编译后的目标程序
.h	头文件	.s	汇编语言源程序
.i	经过预处理的 C 程序	.S	经过预编译的汇编程序

3.1.2 GCC 编译过程

1. 编译示例

这里通过一个常用的例子来说明 GCC 的编译过程。

（1）利用文本编辑器创建 hello.c 文件，程序内容如下。

```
#include<stdio.h>
void main()
{
    char msg[80]="Hello,world!";
    printf("%s\n",msg);
}
```

（2）编写完后，执行编译指令。

```
#gcc hello.c
```

因为编译时没有加任何选项，所以会默认生成一个名为 a.out 的可执行文件。执行该文件的命令及结果如下。

```
#./a.out
    Hello,world!
```

注意：在 Linux 系统中，./表示在当前目标下执行程序。

2. 编译过程

使用 GCC 由 C 语言源代码程序生成可执行文件要经历四个过程，如图 3.1 所示。

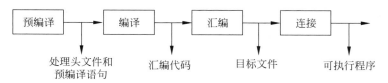

图 3.1 GCC 编译过程

1）预编译

预编译（Preprocessing）过程的主要功能是读取源程序，并对头文件（include）、预编译语句（如 define 等）和一些特殊符号进行分析和处理。如把头文件复制到源文件中，并将输出的内容送到系统的标准输出。源代码中的预编译指示以"#"为前缀。通过在 gcc 后加上-E 选项完成对代码的预编译。预编译命令如下。

```
# gcc -E hello.c
```

执行命令时，控制台上会有数千行的输出，其中大多数来自 stdio.h 头文件，也有部分是声明。预编译主要完成 3 个具体任务，包括把 include 中的头文件复制到要编译的源文件中、用实际值替代 define 文本、在调用宏的地方进行宏替换。

下面通过实例 test.c 理解预编译完成的工作任务，test.c 的代码如下。

```
#define number 1+2
int main()
{
    int n;
    n=number * 3;
    return 0;
}
```

对 test.c 文件进行预编译,需要输入以下命令。

```
# gcc -E test.c
```

执行命令后会显示如下内容。

```
# 1 "test.c"
# 1 "< built-in >"
# 1 "< command line >"
# 1 "test.c"

int main( )
{
 int n;
 n=1+2 * 3;
 return 0;
}
```

如果要将预编译结果保存在 test.i 文件中,可以输入以下命令。

```
# gcc -E test.c -o test.i
```

2) 编译

编译(Compilation)的主要功能包括两部分,第一部分是检查代码的语法,如果出现语法错误,则给出错误提示代码,并结束编译,只有在代码无语法错误的情况下才能进入第二部分;第二部分是将预编译后的文件转换成汇编语言,并自动生成扩展名为.s 的文件。编译的命令如下。

```
# gcc -S test.c
```

执行命令后会生成一个名为 test.s 的汇编程序,文件内容如下。

```
    .file   "test.c"
    .text
.globl main
    .typemain, @function
main:
.LFB0:
    .cfi_startproc
    pushq   %rbp
    .cfi_def_cfa_offset 16
    movq   %rsp, %rbp
    .cfi_offset 6, -16
    .cfi_def_cfa_register 6
    movl   $7, -4(%rbp)
    movl   $0, %eax
    leave
    ret
    .cfi_endproc
.LFE0:
    .sizemain, .-main
```

```
    .ident    "GCC:(Ubuntu/Linaro 4.4.7-1ubuntu2) 4.4.7"
    .section  .note.GNU-stack,"",@progbits
```

3）汇编

汇编（Assembly）的主要功能是将汇编语言代码变成目标代码（机器代码）。汇编只是将汇编语言代码转换成目标代码，但不进行连接，目标代码不能在 CPU 上运行。汇编使用选项为-c，它会自动生成一个扩展名为.o 的目标程序。汇编的命令如下。

```
# gcc -c test.c
```

执行命令后会生成一个名为 test.o 的目标文件，目标文件是一个二进制文件，所以不能用文本编辑器来查看它的内容。

4）连接

连接（Linking）的主要功能是连接目标代码，并生成可执行文件。连接的命令如下。

```
# gcc test.o -o test
```

也可以利用如下命令执行连接过程。

```
# gcc test.c -o test
```

执行命令后会生成一个名为 test 的可执行文件。通过执行./test 命令，就可以运行指定的程序。

3.1.3　GCC 选项

GCC 编译器提供了较多的选项，选项必须以"-"开始，常用的选项如表 3.2 所示。

表 3.2　GCC 常用选项

选　　　项	说　　　明
-c	只编译生成目标文件，扩展名为.o
-E	只进行预编译，不做其他处理
-g	在执行程序中包括标准调试信息
-I DirName	将 DirName 加入头文件的搜索目录列表中
-L DirName	将 DirName 加入库文件的搜索目录列表中，在默认情况下 gcc 只链接共享库
-l FOO	链接名为 libFOO 的函数库
-O	整个源代码会在编译、连接过程中进行优化处理，可执行文件的执行效率可以提高，但是编译、连接的速度就相应慢些
-O2	比-O 更好的优化，但编译链接速度更慢
-o FileName	指定输出文件名，如果没有指定，默认文件名是 a.out
-pipe	在编译过程的不同阶段间使用管道
-S	只编译不汇编，生成汇编代码
-static	链接静态库
-Wall	指定产生全部的警告信息

1. 输出文件选项

如果不使用任何选项进行编译，生成的可执行文件都是 a.out。如果要指定输出的文件名,可以使用选项-o。例如将源文件 hello. c 编译成可执行文件 hello,命令格式如下。

```
# gcc hello. c -o hello
```

2. 链接库文件选项

Linux 操作系统下的库文件包括两种格式:一种是动态链接库;另一种是静态链接库。动态链接库的扩展名为. so,静态链接库的扩展名为. a。动态链接库是在程序运行过程中进行动态加载,静态链接库是在编译过程中完成静态加载。

使用 GCC 编译时,编译器会自动调用 C 标准库文件,但当要使用标准库以外的库文件时,一定要使用选项-l 来指定具体库的文件名,否则会报编译错误,如报 undefined reference to 'xxxx'错误。Linux 操作系统下的库文件都是以 lib 开头,因此在使用-l 选项指定链接的库文件名时可以省去 lib。

例如一个多线程程序 pthread. c,代码如下。

```
# include < stdio. h >
# include "pthread. h"
void * producer(void * data)
{
 printf("producer end!\n");
  return NULL;
}
int main(void)
{
    pthread_t th_a;
    void * retval;
    pthread_create(&th_a, NULL, producer, 0);
    pthread_join(th_a, &retval);
    return 0;
}
```

将 pthread. c 编译成名为 pthread 的可执行程序,如果输入以下命令,则会出错。

```
# gcc pthread. c -o pthread
/tmp/ccQEeIpc. o: In function 'main':
pthread. c:(. text+0x3c): undefined reference to 'pthread_create'
pthread. c:(. text+0x4f): undefined reference to 'pthread_join'
collect2: ld 返回 1
```

以上编译提示信息的意思是在主函数中有 pthread_create 和 pthread_join 两个函数,但在进行链接时,函数库中没有找到这两个函数。因为在标准库文件中的确没有这两个函数,它们在多线程 libpthread. a 或 libpthread. so 库文件中,库文件保存在/usr/lib 目录下。如果只生成目标文件,而不链接生成可执行文件,则不需要指定库文件名,如输入以下命令。

```
# gcc pthread. c -c -o pthread. o
```

如果要链接生成可执行程序,必须指定库文件名,正确命令如下。

```
# gcc pthread. c -lpthread -o pthread
```

GCC 在默认情况下优先使用动态链接库,当需要强制使用静态链接库时,需要加上-static 选项。使用静态链接库编译生成一个名为 pthread-s 的可执行程序的命令如下。

```
#gcc pthread.c -static -lpthread -o pthread-s
```

可以使用 ls -l 命令比较文件的大小,会发现 pthread-s 比 pthread 文件大很多。

```
-rwxrwxr-x 1 linux linux 8546 3 月 15 16:56 pthread
-rwxrwxr-x 1 linux linux 1141448 3 月 15 16:56 pthread-s
```

3. 指定库文件目录选项

编译时,编译器会自动到默认目录(一般为/usr/lib)寻找库文件,但当编译时所用的库文件不在默认目录时,就需要使用-L 选项来指定库文件所在的目录。 如果不指定库文件所在目录,编译时会报 cannot find lxxx 错误。

下面通过一个实例来帮助读者理解。首先编写一个 chang 函数实现字符大小写转换功能,把该函数加入 libnew.so 库文件,将库文件保存到/home/test/lib 目录,最后编写一个程序 my.c 来调用 libnew.so 库文件中的 chang 函数,具体步骤如下。

(1) 新建 chang.c 文件,该文件只有 chang 函数,内容如下。

```
char chang(char ch)
{
    if(ch>= 'A' && ch<= 'Z')
        ch=ch+32;
    else if(ch>= 'a' && ch<= 'z')
        ch=ch-32;
    return ch;
}
```

(2) 将源文件生成目标文件,然后将目标文件添加到库文件中,命令如下。

```
#gcc -c chang.c -o chang.o
#ar rcs libnew.so chang.o
```

执行完以上命令,会生成 libnew.so 库文件,将库文件复制到/home/test/lib 目录。

(3) 新建程序 my.c,在程序中调用 chang 函数,程序内容如下。

```
#include<stdio.h>
#include<string.h>
char chang(char ch);          //它是 libnew.so 库文件中的函数
main()
{
    char s[]="abCD12";
    int i,n;
    printf("1-%s\n",s);
    n=strlen(s);
    for(i=0;i<n;i++)
        s[i]=chang(s[i]);    //调用 libnew.so 库文件中的函数
    printf("2-%s\n",s);
}
```

将程序 my.c 编译成可执行程序 my,命令如下。

```
#gcc my.c -L /home/test/lib -lnew -o my
```

4. 指定头文件目录选项

编译时,编译器会自动到默认目录(一般为/usr/include)寻找头文件,但当文件中的头文件不在默认目录下时,就需要使用-I 选项来指定头文件所在的目录。如果不指定头文件所在目录,编译时会报 xxx.h：No such file or directory 错误。

例如程序 someapp.c,代码如下。

```
# include < stdio.h >
# include < someapp.h >
main()
{
    float s,r=3;
    s=PI * r * r;
    printf("s=%6.2f\n",s);
}
```

程序中的头文件 someapp.h 保存在/home/test/include 目录下,someapp.h 内容如下。

```
# define PI 3.14
```

将 someapp.c 编译成可执行程序 someapp,命令如下。

```
# gcc someapp.c -I /home/test/include -o someapp
```

5. 警告选项

在编译过程中,编译器的警告信息对于程序员来说是非常重要的,GCC 包含完整的警告提示功能,以便确定代码是否正确,尽可能实现可移植性。GCC 的编译器警告信息选项如表 3.3 所示。

表 3.3　GCC 的警告选项

类　　型	说　　明
-Wall	启用所有警告信息
-Werror	在发生警告时取消编译操作,即将警告看作是错误
-w	禁用所有警告信息

下面通过实例介绍如何在编译时产生警告信息,代码如下。

```
# include < stdio.h >
int main ()
{
    int x,y;
    for(x=1;x<=5;x++)
    {
        printf("x=%d\n",x);
    }
}
```

使用以下命令进行编译。

```
# gcc example.c
```

编译过程中没有任何提示信息,直接生成一个 a.out 可执行文件。如果加入-Wall 选项进行编译,命令如下。

```
# gcc -Wall example.c -o example
```

编译过程将会出现下面的警告信息。

```
example.c : In function 'main'
example.c : 4 : warning : unused variable 'y'
example.c: 7 : warning : control reaches end of non-void function
```

第 1 条警告信息的意思是在 main 函数有警告信息。

第 2 条警告信息的意思是变量 y 在程序中未使用。

第 3 条警告信息的意思是 main 函数返回类型为 int,但在程序中没有 return 语句。

GCC 给出的警告从严格意义上不算错误,但是可能会成为错误的栖息之地。所以在进行嵌入式软件开发时,需要重视警告信息,最好根据警告信息对源程序进行修改,直至编译时没有任何警告信息。

-Werror 选项会要求 GCC 将所有警告信息当成错误进行处理,需要将所有警告信息都修改消除后才能生成可执行文件,命令如下。

```
# gcc -Wall -Werror example.c -o example
```

当需要忽略警告信息时,可以使用-w 选项,命令如下。

```
# gcc -w example.c -o example
```

6. 调试选项

代码通过编译并不代表能正常工作了,还应通过调试器检查代码,以便更好地找到程序中的问题。Linux 操作系统下主要采用 GDB 调试器,在使用 GDB 之前,执行程序中要包括标准调试信息,加入的方法是采用调试选项-g,具体命令如下。

```
# gcc -g hello.c -o hello
```

7. 优化选项

优化选项的作用在于缩减代码规模和提高代码执行效率,常用的选项如下所述。

(1) -O、-O1:整个源代码会在编译、连接过程中进行优化处理,可执行文件的执行效率可以提高,但是编译、连接的速度会相应慢些。对于复杂函数,优化编译占用较多的时间和相当大的内存。在-O1 下,编译会尽量减少代码体积和代码运行时间,但是并不执行会花费大量时间的优化操作。

(2) -O2:除了不涉及空间和速度交换的优化选项,执行几乎所有优化工作。比-O 有更好的优化效果,但编译连接速度更慢。-O2 将会花费更多的编译时间,同时也会生成性能更好的代码,但并不执行循环展开和函数"内联"优化操作。

(3) -O3:在-O2 的基础上加入函数内联、循环展开和其他一些与处理器特性相关的优化工作。

下面通过 optimize.c 程序对比优化前后的效果。

```
# include < stdio. h >
int main(void)
{
    double counter;
    double result;
    double temp;
    for (counter = 0; counter < 2000 * 2000 * 2000 / 20.0 + 2020; counter += (5 - 1) / 4)
        {
            temp = counter / 1979;
            result = counter;
        }
    printf("Result is %lf\\n", result);
    return 0;
}
```

不加优化选项进行编译,程序执行耗时如下。

```
# gcc optimize. c -o optimize
# time ./optimize
Result is 400002019.000000\n
real      0m4.203s
user      0m4.190s
sys       0m0.020s
```

增加优化选项进行编译,程序执行耗时如下。

```
# gcc -O1 optimize. c -o optimize1
# time ./optimize1
Result is 400002019.000000\n
real      0m1.064s
user      0m1.060s
sys       0m0.010s
```

3.2　GDB 调试器

应用程序的调试是开发过程中必不可少的环节之一。Linux 操作系统下,GNU 的调试器称为 GDB(GUN Debugger),该软件最早由 Richard Stallman 编写,是一个用来调试 C 和 C++语言程序的调试器,它能使开发者在程序运行时观察程序的内部结构和内存的使用情况。GDB 主要可以完成如下 4 个方面的功能。

(1) 启动程序,按照程序员自定义的要求运行程序。

(2) 单步执行、设置断点,可以让被调试的程序在所指定的断点处停住。

(3) 监视程序中变量的值。

(4) 动态地改变程序的执行环境。

3.2.1　GDB 基本使用方法

下面通过一个实例 test_g.c 介绍 GDB 的基本使用方法，test_g.c 文件的代码如下。

```
#include<stdio.h>
int sum(int n);
main()
{
    int s=0;
    int i,n;
    for(i=0;i<=50;i++)
    {
        s=i+s;
    }
    s=s+sum(20);
    printf("the result is %d\n",s);
}
int sum(int n)
{
    int total=0;
    int i;
    for(i=0;i<=n;i++)
        total=total+i;
    return (total);
}
```

使用 GDB 调试器，必须在编译时加入调试选项-g，命令如下。

```
#gcc test_g.c -g -o test_g
```

生成可执行文件 test_g 后，启动 GDB 调试环境，命令如下。

```
#gdb test_g
GNU gdb (GDB) 7.5.91.20130417-cvs-ubuntu
Copyright (C) 2013 Free Software Foundation, Inc.
License GPLv3+: GNU GPL version 3 or later <http://gnu.org/licenses/gpl.html>
This is free software: you are free to change and redistribute it.
There is NO WARRANTY, to the extent permitted by law.   Type "show copying"
and "show warranty" for details.
This GDB was configured as "x86_64-linux-gnu".
For bug reporting instructions, please see:
<http://www.gnu.org/software/gdb/bugs/>...
Reading symbols from /home/test/test_g...done.
(gdb) l                    //相当于 list,查看源代码
1     #include<stdio.h>
2     int sum(int n);
3     main()
4     {
5         int   s=0;
6         int i,n;
7         for(i=0;i<=50;i++)
```

```
8        {
9            s=i+s;
10       }
(gdb) l
11       s=s+sum(20);
12       printf("the result is  %d\n",s);
13    }
14    int sum(int n)
15    {
16       int total=0;
17       int i;
18       for(i=0;i<=n;i++)
19           total=total+i;
20    return (total);
(gdb) l
21    }
(gdb) break 7          //在源代码第 7 行设置断点
Breakpoint 1 at 0x400523: file test_g.c,line 7.
(gdb) break sum        //在源代码 sum 函数处设置断点
Breakpoint 2 at 0x400569: file test_g.c,line 16.
(gdb) info break       //显示断点信息
Num     Type           Disp Enb Address              What
1       breakpoint     keep y   0x0000000000400523 in main at test_g.c:7
2       breakpoint     keep y   0x0000000000400569 in sum at test_g.c:16
(gdb)  r               //运行程序
Starting program: /home/test/test_g
Breakpoint 1,main () at test_g.c:7
7            for(i=0;i<=50;i++)
(gdb) n                //在第一个断点处停止,n 相当于 next,单步执行
9                    s=i+s;
(gdb) n
7                for(i=0;i<=50;i++)
(gdb) print s          //输出变量 s 的值
$1 = 0
(gdb) c                //相当于 continue,继续执行
Continuing.
Breakpoin 2 ,sum(n=20) at test_g.c:16
16           int total=0;
(gdb) c
Continuing.
the result is  1485
[Inferior 1 (process 2868) exited with code 024]
(gdb) q                //退出 gdb
```

3.2.2　GDB 基本命令

　　GDB 命令很多,可以通过 help 命令来帮助查看了解,方法是启动 GDB 后输入 help 命令。

```
(gdb)help
List of classes of commands:
aliases -- Aliases of other commands
breakpoints -- Making program stop at certain points
data -- Examining data
files -- Specifying and examining files
internals -- Maintenance commands
obscure -- Obscure features
running -- Running the program
stack -- Examining the stack
status -- Status inquiries
support -- Support facilities
tracepoints -- Tracing of program execution without stopping the program
user-defined -- User-defined commands

Type "help" followed by a class name for a list of commands in that class.
Type "help all" for the list of all commands.
Type "help" followed by command name for full documentation.
Type "apropos word" to search for commands related to "word".
Command name abbreviations are allowed if unambiguous.
```

GDB 命令有很多,所以将它们分成了许多类。help 命令只列出了 GDB 的命令种类,如果要查看某一种类别下的具体命令,可以在 help 命令后加类名,具体格式如下。

```
help < class >
```

例如想了解 running 类下的具体命令,可以输入如下命令。

```
help running
```

常用的 GDB 命令如表 3.4 所示。

表 3.4　常用的 GDB 命令

命　　令	描　　述
backtrace	显示程序中的当前位置和表示如何到达当前位置的栈跟踪
break	设置断点
cd	改变当前工作目录
clear	清除停止处的断点
continue	从断点处开始继续执行
delete	删除一个断点或监视点
display	程序停止时显示变量或表达式
file	装入要调试的可执行文件
info	查看程序的各种信息
kill	终止正在调试的程序
list	列出源文件内容
make	使用户不退出 GDB 就可以重新产生可执行文件
next	执行一行代码,从而执行一个整体的函数
print	显示变量或表达式的值

命　　令	描　　述
pwd	显示当前工作目录
quit	退出 GDB
run	执行当前被调试的程序
set	给变量赋值
shell	不离开 GDB 就执行 UNIX Shell 命令
step	执行一行代码并进入函数内部
watch	设置监视点,使用户能监视一个变量或表达式的值而不管它何时被变化

3.2.3　GDB 典型实例

例如如下程序,植入了错误,这里通过这个存在错误的程序介绍如何利用 GDB 进行程序调试。

bug.c 程序的功能是将输入的字符串逆序显示在屏幕上,源代码如下。

```
#include<stdio.h>
#include<string.h>
int main(void)
{
    int i,len;
    char str[]="hello";
    char * rev_string;
    len=strlen(str);
    rev_string=(char * )malloc(len+1);
    printf("%s\n",str);
    for(i=0;i<len;i++)
        rev_string[len-i]=str[i];
    rev_string[len+1]='\0';
    printf("the reverse string is%s\n",rev_string);
}
```

程序的编译和运行结果如下。

```
# gcc bug.c -o bug
# ./bug
hello
the reverse string is
```

以上运行的结果是错误的,正确结果如下。

```
hello
the reverse string is olleh
```

这时可以使用 GDB 调试器来查看问题出在哪儿,具体步骤是编译时加上-g 调试选项,然后再对可执行程序进行调试,主要通过单步执行,并同步查看 rev_string 字符数组中每个元素的值来寻找问题,具体命令如下。

```
# gcc bug.c -g -o bug
# gdb bug
```

执行命令后,进入调试环境,代码显示如下。

```
(gdb) l                          //列出源文件内容
1         #include <stdio.h>
2         #include <string.h>
3         int main(void)
4         {
5                 int i,len;
6                 char str[]="hello";
7                 char * rev_string;
8                 len=strlen(str);
9                 rev_string=(char *)malloc(len+1);
10                printf("%s\n",str);
(gdb) l
11                for(i=0;i<len;i++)
12                        rev_string[len-i]=str[i];
13                rev_string[len+1]='\0';
14                printf("the reverse string is%s\n",rev_string);
15        }
(gdb) break 8                    //在源代码第 8 行设置断点
Breakpoint 1 at 0x4005f9: file bug.c, line 8.
(gdb) r                          //运行程序
Starting program: /home/test/bug
Breakpoint 1, main () at bug.c:8
8         len=strlen(str);
(gdb) n                          //在第一个断点处停止,n 相当于 next,单步执行
9                 rev_string=(char *)malloc(len+1);
(gdb) print len                  //输出变量 len 的值
$1 = 5
(gdb) n                          //单步执行
10                printf("%s\n",str);
(gdb) n
hello
11                for(i=0;i<len;i++)
(gdb) n
12                        rev_string[len-i]=str[i];
(gdb) n
11                for(i=0;i<len;i++)
(gdb) n
12                        rev_string[len-i]=str[i];
(gdb) n
11                for(i=0;i<len;i++)
(gdb) print rev_string[5]        //输出 rev_string[5]的值
$2 = 104 'h'
(gdb) print rev_string[4]        //输出 rev_string[4]的值
$3 = 101 'e'
(gdb) n
```

```
12                      rev_string[len-i]＝str[i];
(gdb) n
11                  for(i＝0;i＜len;i++)
(gdb) print rev_string[3]
$ 4 ＝ 108 'l'
(gdb) n
12                      rev_string[len-i]＝str[i];
(gdb) n
11                  for(i＝0;i＜len;i++)
(gdb) print rev_string[2]
$ 5 ＝ 108 'l'
(gdb) n
12                      rev_string[len-i]＝str[i];
(gdb) n
11                  for(i＝0;i＜len;i++)
(gdb) print rev_string[1]
$ 6 ＝ 111 'o'
(gdb) n
13                  rev_string[len＋1]＝'\0';
(gdb) n
14                  printf("the reverse string is％s\n",rev_string);
(gdb) print rev_string[0]            //输出 rev_string[0]的值
$ 7 ＝ 0 '\000'
(gdb) c                              //相当于 continue,继续执行
Continuing.
the reverse string is
```

通过以上调试过程可见,错误的根源在于没有给 rev_string[0]赋值,所以 rev_string[0]为 '\0',导致字符串输出为空。将 rev_string[len-i]改成 rev_string[len-1-i],程序运行结果就是期待的结果。

3.3 Make 工具的使用

在大型软件项目的开发过程中,通常有成百上千个源文件,如 Linux 内核源文件。如果每次都通过手工键入 GCC 命令进行编译,非常不方便,Make 工具的引入解决了这个问题。Make 工具可以将大型的开发项目分解成为多个更易于管理的模块,简洁明快地理顺各个源文件之间纷繁复杂的相互依赖关系,最后自动完成编译工作。

Make 又叫工程管理器,即管理较多的工程文件。它最主要的功能是通过 Makefile 文件来描述源程序之间的相互依赖关系,并自动完成维护编译工作。Make 工具能够根据文件的时间戳自动发现更新过的文件,可以减少编译工作量。

Makefile 文件需要严格按照语法进行编写,文件中需要说明如何编译各个源文件并连接生成可执行文件,并定义源文件之间的依赖关系等。

3.3.1　Makefile

1. Makefile 基本结构

Makefile 可定义文件依赖关系,它由若干规则组成,格式如下。

```
target: dependency
<tab 键>  command
```

其中,target(目标体)是指 Make 工具最终需要创建的东西,通常是目标文件或可执行文件。另外,目标体也可以是一个 Make 工具执行的动作名称,如目标体 clean,可以称这样的目标体是"伪目标"。

dependency(依赖关系)是编译目标体要依赖的一个或多个文件列表。

command(命令)是指为了从指定的依赖关系中创建出目标体所需执行的命令。

一个规则可以有多个命令行,每一条命令占一行。注意,每一个命令的第一个字符必须是制表符 Tab,如果使用空格会导致错误,Make 工具会在执行过程中显示 Missing Separator(缺少分隔符)并停止。

本书 3.1 节中创建了一个名为 hello.c 的文件,并使用命令 gcc hello.c -o hello 生成了可执行文件 hello。如果要利用 Make 工具生成可执行程序,则首先要在 hello.c 所在的目录下编写一个 Makefile 文件,文件内容如下。

```
all: hello.o
    gcc  hello.o -o hello
hello.o:hello.c
    gcc -c hello.c -o hello.o
clean:
    rm *.o hello
```

上述 Makefile 文件共由 3 个规则组成,第一个规则的目标体名称是 all,依赖文件是 hello.o,命令的功能是生成 hello 文件;第二个规则的目标体名称是 hello.o,依赖文件是 hello.c,命令功能是生成 hello.o 目标文件;第三个规则的目标体名称是 clean,没有依赖文件,命令的功能是删除 *.o 和 hello 文件。

2. Make 工具的使用

Makefile 文件编写完成以后,需要通过 Make 工具来执行,使用 make 命令,格式如下。

```
make [target]
```

参数 target 是指要处理的目标体名,它是一个可选参数。make 命会自动查找当前目录下的 Makefile 或 makefile 文件,如果文件存在就执行,否则报错。如果 make 后面没有 target 参数,则执行 Makefile 文件的第一个目标体。

例如,如果使用上述编写好的 Makefile 文件,执行 make all 命令或 make 命令,都表示执行第一个目标体 all,即生成可执行文件 hello;执行 make clean 命令,表示执行第三个目标体 clean,即删除 hello 和扩展名为.o 的文件。

GUN Make 工具在当前工作目录中按照 GNUmakefile、makefile、Makefile 的顺序搜索 Makefile 文件,也可以通过-f 参数指定描述文件。如果编写的 Makefile 文件名为 zhs,则通过 make -f zhs 命令即可执行。Make 工具的选项很多,读者可以到 Make 工具参考书中查阅。

3. Makefile 变量

嵌入式项目开发中经常使用交叉编译器,本书采用的交叉编译器是 arm-none-linux-gnueabi-gcc。如果要交叉编译 hello.c 程序,就要将 Makefile 文件中所有 gcc 替换成 arm-none-linux-gnueabi-gcc,如果一个一个修改会非常麻烦,所以可在 Makefile 中引进变量来解决。

为了简化编辑和维护 Makefile 文件,允许在文件中创建和使用变量,变量是指在 Makefile 文件中定义的名字,用来代替一个文本字符串,该文本字符串称为该变量的值。

Makefile 中的变量分为用户自定义变量、预定义变量和自动变量,用户自定义变量由用户自行设定,预定义变量和自动变量为在 Makefile 文件中经常使用的变量,其中部分有默认值,也就是常见的设定值,当然用户也可以对其进行修改。

使用变量将前文编写的 Makefile 文件改写成如下形式。

```
CC=gcc
OBJECT=hello.o
all: $(OBJECT)
    $(CC) $(OBJECT) -o hello
$(OBJECT):hello.c
    $(CC) -c hello.c -o $(OBJECT)
clean:
    rm *.o hello
```

在 Makefile 文件中,OBJECT 是用户自定义变量,它的值为 hello.o。CC 是预定义变量,它有默认值,但用户不想使用默认值,因此把 CC 的值修改为为 gcc。

变量的引用方法是把变量用括号括起来,并在前面加上 $。例如引用变量 CC,就可以写成 $(CC)。

变量一般都在 Makefile 文件的头部进行定义,按照惯例,变量名一般使用大写字母。变量的内容可以是命令、文件、目录、变量、文件列表、参数列表、常量或目标名等。

如果要对 3.1 节创建的 hello.c 进行交叉编译,可以将 Makefile 文件改写为如下形式。

```
CROSS= arm-none-linux-gnueabi-
CC= $(CROSS)gcc
OBJECT=hello.o
all: $(OBJECT)
    $(CC) $(OBJECT) -o hello
$(OBJECT):hello.c
    $(CC) -c hello.c -o $(OBJECT)
clean:
    rm *.o hello
```

预定义变量是 Make 工具预先定义好的变量,可以在 Makefile 文件中直接使用。引入预定义变量的目的是方便 Makefile 文件编写。预定义变量包括常见编译器、汇编器的名称及其编译选项等。常见预定义变量及其部分默认值如表 3.5 所示。

表 3.5　Makefile 中常见的预定义变量

变　　量	含　　义
AR	库文件维护程序的名称,默认值为 ar
AS	汇编程序的名称,默认值为 as
CC	C 编译器的名称,默认值为 cc
CPP	C 预编译器的名称,默认值为 $(CC) -E
CXX	C++编译器的名称,默认值为 g++
FC	FORTRAN 编译器的名称,默认值为 f77
RM	文件删除命令的名称,默认值为 rm -f
ARFLAGS	库文件维护程序的名称,无默认值
ASFLAGS	汇编程序的选项,无默认值
CFLAGS	C 编译器的选项,无默认值
CPPFLAGS	C 预编译的选项,无默认值
CXXFLAGS	C++编译器的选项,无默认值
FFLAGS	FORTRAN 编译器的选项,无默认值

自动变量是指可以表示编译语句中已出现的目标文件、依赖文件等信息的变量。引入自动变量的目的是进一步简化 Makefile 文件的编写。常见的自动变量如表 3.6 所示。

表 3.6　Makefile 中常见的自动变量

变　　量	说　　明
$@	规则的目标所对应的文件名称
$*	不包含扩展名的目标文件名称
$+	所有依赖文件,以空格分开,并以出现的先后为序,可能包含重复的依赖文件
$%	如果目标是归档成员,则该变量表示目标的归档成员名称
$<	规则中的第一个依赖文件名称
$^	规则中所有依赖的列表,以空格为分隔符
$?	规则中日期新于目标的所有依赖文件的列表,以空格为分隔符
$(@D)	目标文件的目录部分(如果目标在子目录中)
$(@F)	目标文件的文件名称部分(如果目标在子目录中)

3.3.2　Makefile 的应用

这里将通过实例来详细介绍 Makefile 的应用。

1. 所有文件均在一个目录下的 Makefile 文件

例如现有 7 个文件,分别是 m.c、m.h、study.c、listen.c、visit.c、play.c 及 watch.c,各自内容如下。

m.c 文件内容如下。

```
#include<stdio.h>
main()
{
        int i;
        printf("please input the value of i from 1 to 5:\n");
```

```
        scanf("%d", &i);
        if(i==1)
                visit();
        else   if(i==2)
                study();
        else   if(i==3)
                play();
        else   if(i==4)
                watch();
        else   if(i==5)
                listen();
        else
                printf("nothing to do\n");
        printf("This is a woderful day\n");
}
```

study. c 文件内容如下。

```
#include <stdio.h>
void study()
{
        printf("study embedded system today\n");
}
```

listen. c 文件内容如下。

```
#include <stdio.h>
void listen()
{
    printf("listen english today\n");
}
```

play. c 文件内容如下。

```
#include <stdio.h>
void play()
{
    printf("play football today\n");
}
```

visit. c 文件内容如下。

```
#include <stdio.h>
void visit()
{
    printf("visit friend today\n");
}
```

watch. c 文件内容如下。

```
#include <stdio.h>
void watch()
{
```

```
        printf("watch TV today\n");
}
```

m. h 文件内容如下。

```
void visit();
void listen();
void watch();
void study();
void play();
```

从上述 7 个文件的代码可以看出它们之间的相互依赖关系,如图 3.2 所示。

图 3.2　文件之间的依赖关系

现在利用这 7 个程序生成一个名为 m 的可执行程序,则 Makefile 文件可编写如下。

```
CC=gcc
TARGET=All
OBJECTS= m.o visit.o listen.o watch.o study.o play.o
$(TARGET):$(OBJECTS)
    $(CC)   $(OBJECTS) -o m
m.o:m.c m.h
    $(CC) -c m.c -o m.o
visit.o:visit.c
    $(CC) -c visit.c -o visit.o
listen.o:listen.c
    $(CC) -c listen.c -o listen.o
watch.o:watch.c
    $(CC) -c watch.c -o watch.o
study.o:study.c
    $(CC) -c study.c -o study.o
play.o:play.c
    $(CC) -c play.c -o play.o
clean:
    rm *.o
```

这个 Makefile 文件可以通过使用自动变量得以简化,现用 $@、$<、$^ 来改写上述
Makefile 文件如下。

```
CC=gcc
TARGET=All
OBJECTS= m.o visit.o listen.o watch.o study.o play.o
$(TARGET):$(OBJECTS)
    $(CC) $^-o m
m.o:m.c m.h
    $(CC) -c $<-o $@
```

```
visit.o:visit.c
    $(CC) -c $< -o $@
listen.o:listen.c
    $(CC) -c $< -o $@
watch.o:watch.c
    $(CC) -c $< -o $@
study.o:study.c
    $(CC) -c $< -o $@
play.o:play.c
    $(CC) -c $< -o $@
clean:
    rm *.o
```

从修改后的 Makefile 文件可以看出,各个文件的编译命令几乎没有区别,所以可进一步用%和 * 两个通配符来简化如下。

```
CC=gcc
TARGET=All
OBJECTS= m.o visit.o listen.o watch.o study.o play.o
$(TARGET):$(OBJECTS)
    $(CC) $^ -o m
*.o:*.c
    $(CC) -c $< -o $@
clean:
    rm *.o
```

2. 文件在不同目录下的 Makefile 文件

假设程序的目录结构为源文件、可执行文件和 Makefile 在 src 目录中,头文件在 include 文件夹中, * .o 目标文件保存在 obj 目录中,如图 3.3 所示。

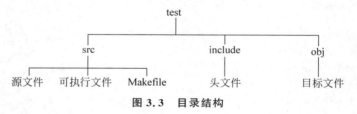

图 3.3　目录结构

程序文件分别保存在不同的目录下,所以在 Makefile 中需要指定目标文件和头文件的路径。仍以上述 7 个程序文件为例,Makefile 文件编写如下。

```
CC=gcc
SRC_DIR=./
OBJ_DIR=../obj/
INC_DIR=../include/
TARGET=all
$(TARGET):$(OBJ_DIR)m.o $(OBJ_DIR)visit.o $(OBJ_DIR)listen.o\
          $(OBJ_DIR)watch.o $(OBJ_DIR)study.o $(OBJ_DIR)play.o
    $(CC) $^ -o $(SRC_DIR)m
$(OBJ_DIR)m.o:$(SRC_DIR)m.c  $(INC_DIR)m.h
    $(CC) -I$(INC_DIR) -c -o $@ $<
```

```
$(OBJ_DIR)visit.o: $(SRC_DIR)visit.c
        $(CC) -c $< -o $@
$(OBJ_DIR)listen.o: $(SRC_DIR)listen.c
        $(CC) -c $< -o $@
$(OBJ_DIR)watch.o: $(SRC_DIR)watch.c
        $(CC) -c $< -o $@
$(OBJ_DIR)study.o: $(SRC_DIR)study.c
        $(CC) -c $< -o $@
$(OBJ_DIR)play.o: $(SRC_DIR)play.c
        $(CC) -c $< -o $@
clean:
        rm $(OBJ_DIR)*.o
```

注意：在 Linux 操作系统下，../表示上一级目录。

3.3.3　自动生成 Makefile 文件

编写 Makefile 文件确实不是一件轻松的事，尤其对于一个较大的项目而言更是如此。autoTools 系列工具正是为编写 Makefile 文件而设的，它只需用户输入简单的目标文件、依赖文件、文件目录等就可以轻松地生成 Makefile 文件。另外，这些工具还可以完成系统配置信息的收集，用户可以方便地处理各种移植性的问题。

autoTools 包括 aclocal、autoscan、autoconf、autoheader 和 automake 工具等，使用 autoTools 主要就是利用各个工具的脚本文件来生成最后的 Makefile 文件，总体流程如图 3.4 所示。

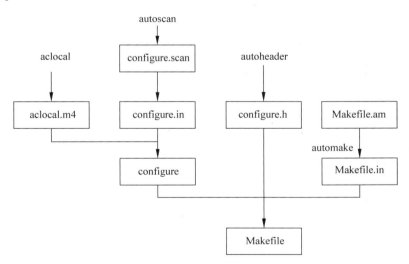

图 3.4　自动生成 Makefile 的流程图

以前文创建的 hello.c 为例，自动生成 Makefile 的过程如下所述。

1. autoscan

```
# ls
hello.c
```

```
# autoscan
# ls
autoscan.log   configure.scan   hello.c
```

2. 创建 configure.in 文件

configure.in 是 autoconf 的脚本配置文件,是在 configure.scan 的基础上修改而来的,代码如下。

```
# vi configure.scan
# - * - Autoconf - * -                      //以 # 开头的行为注释
AC_PREREQ(2.59)                             //本文件要求的 autoconf 版本
AC_INIT(hello,1.0)                          //AC_INIT 宏用来定义软件的名称和版本等信息
AM_INIT_AUTOMAKE(hello,1.0)                 //automake 所必备的宏、软件名称和版本号
AC_CONFIG_SRCDIR([hello.c])                 //用来侦测所指定的源码文件是否存在
AC_CONFIG_HEADER([config.h])                //用于生成 config.h 文件,以便 autoheader 使用
AC_PROG_CC
AC_CONFIG_FILES([Makefile])                 //用于生成相应的 Makefile 文件
AC_OUTPUT
```

最后用命令 mv configure.scan configure.in 将 configure.scan 改成 configure.in。

3. 运行 aclocal 生成 aclocal.m4 文件

```
# aclocal
# ls
aclocal.m4   autoscan.log   configure.in   hello.c
```

4. 运行 autoconf 生成 configure 可执行文件

```
# autoconf
# ls
aclocal.m4   autom4te.cache   autoscan.log   configure   configure.in   hello.c
```

5. 使用 autoheader 生成 config.h.in

```
# autoheader
```

6. 创建 Makefile.am 文件

automake 用的脚本配置文件是 Makefile.am,需要先创建相应的文件。

```
# vi Makefile.am
```

内容如下。

```
AUTOMAKE_OPTIONS=foreign
bin_PROGRAMS= hello
hello_SOURCES= hello.c
```

接下来用 automake 生成 Makefile.in,使用选项 adding-missing 可以让 automake 自动添加一些必需的脚本文件,命令如下。

```
# automake --add-missing
configure.in: installing './install-sh'
```

```
configure.in: installing './missing'
Makefile.am: installing 'depcomp
# ls
aclocal.m4  autoscan.log  configure  depcomp  install-sh  Makefile.in
autom4te.cache  config.h.in  configure.in  hello.c  Makefile.am  missing
```

7. configure

通过运行自动配置设置文件 configure，Makefile.in 即变成了最终的 Makefile 文件。

```
# ./configure
checking for a BSD-compatible install... /usr/bin/install -c
checking whether build environment is sane... yes
checking for gawk... gawk
checking whether make sets $(MAKE)... yes
checking for gcc... gcc
checking for C compiler default output... a.out
checking whether the C compiler works... yes
checking whether we are cross compiling... no
checking for suffix of executables...
checking for suffix of object files... o
checking whether we are using the GNU C compiler... yes
checking whether gcc accepts -g... yes
checking for gcc option to accept ANSI C... none needed
checking for style of include used by make... GNU
checking dependency style of gcc... gcc3
configure: creating ./config.status
config.status: creating Makefile
config.status: creating config.h
config.status: executing depfiles commands
```

8. 执行 make 命令生成可执行文件 hello

```
# make
cd . && /bin/sh ./config.status config.h
config.status: creating config.h
config.status: config.h is unchanged
make  all-am
make[1]: Entering directory '/lvli/12'
source='hello.c' object='hello.o' libtool=no \
depfile='.deps/hello.Po' tmpdepfile='.deps/hello.TPo' \
depmode=gcc3 /bin/sh ./depcomp \
gcc -DHAVE_CONFIG_H -I. -I. -I.     -g -O2 -c 'test -f 'hello.c' || echo './''hello.c
gcc  -g -O2   -o hello  hello.o
cd . && /bin/sh ./config.status config.h
config.status: creating config.h
config.status: config.h is unchanged
make[1]: Leaving directory '/lvli/12'
```

9. 运行 hello

```
# ./hello
hello, world!
```

3.4   Linux 应用程序设计

虽然 Linux 操作系统下的 C 语言编程与 Windows 操作系统下的 C 语言编程方法基本相同,但是也有细微的差别。这里通过文件操作、时间获取和多线程等任务介绍 Linux 应用程序设计。

3.4.1   文件操作编程

在 Linux 操作系统下,实现文件操作可以采用两种方法,一种是通过 C 语言库函数调用来实现,另一种是通过 Linux 系统调用来实现。前者独立于具体操作系统,即在任何操作系统下,使用 C 语言库函数操作文件的方法都相同,后者则依赖于 Linux 操作系统。

1. C 语言库函数

C 语言库提供了一系列用来操作文件的函数,这些函数的说明都包含在 stdio.h 头文件中。

1) 打开和关闭文件函数

打开文件可通过 fopen 函数来完成,关闭文件可通过 fclose 函数来完成,格式如下。

```
FILE * fopen(const char * filename, const char * mode);
int fclose(FILE * stream);
```

其中,参数 filename 表示打开的文件名(包括路径,默认为当前路径)。mode 为文件打开模式,常见模式如表 3.7 所示。若成功打开文件,fopen 函数返回值是文件指针;若文件打开失败,则返回 NULL,并把错误代码存在 errno 中。

表 3.7   常见文件打开模式

模　　式	含　　义
r,rb	只读方式打开文件,该文件必须存在
r+,rb+	读写方式打开文件,若文件不存在则自动创建
w,wb	只写方式打开文件,若文件不存在则自动创建
w+,wb+	读写方式打开文件,若文件不存在则自动创建
a,ab	追加方式打开文件,若文件不存在则自动创建
a+,ab+	读和追加方式打开文件,若文件不存在则自动创建

模式名称中的 b 用于区分文本文件和二进制文件。在 Windows 操作系统下有区分,但在 Linux 下不需要区分。

2) 读取文件数据函数

读取文件数据可通过 fread、fgetc 和 fgets 等函数实现,格式如下。

```
size_t fread(void * ptr, size_t size, size_t n, FILE * stream);
int fgetc(FILE * stream);
char * fgets(char * s, int size, FILE * stream);
```

fread 函数的功能是从 stream 指向的文件中读取长度为 $n \times size$ 字节的字符串,并将读取的数据保存到 ptr 缓存中,返回值是实际读出数据的字节数。fgetc 函数的功能是从 stream 指向的文件中读取一个字符,若读到文件尾,则返回 EOF。fgets 函数的功能是从 stream 指向的文件中读取一串字符,并存到 s 缓存中,直到出现换行字符、文件尾或已读了 size-1 个字符时结束,最后会加上 NULL 作为字符串结束符。

3) 向文件写数据函数

向文件写数据可通过 fwrite、fputc 和 fputs 等函数实现,格式如下。

```
size_t fwrite(const void * ptr, size_t size, size_t n, FILE * stream);
int fputc(int c, FILE * stream);
int fputs(const char * s, FILE * stream);
```

fwrite 函数的功能是将 ptr 缓存中的数据写到 stream 指向的文件中,写入长度为 $n \times$ size 字节,返回值是实际写入的字节数。fputc 函数的功能是向 stream 指向的文件中写入一个字符。fputs 函数的功能是将 s 缓存中的字符串写入 stream 指向的文件中。

【程序 3.1】 文件复制程序 file_copy.c。

```
#include < stdio.h >
#include < stdlib.h >
#define BUFFER_SIZE 1024
int main(int argc, char * * argv)
{
    FILE * fileFrom, * fileTo;
    char buffer[BUFFER_SIZE] = {0};
    int length = 0;
    /* 检查输入命令格式是否正确 */
    if(argc! = 3)
        {
            printf("Usage:%s fileFrom fileTo\n", argv[0]);
            exit(0);
        }
    /* 打开源文件 */
    fileFrom = fopen(argv[1], "rb+");
    if(fileFrom = = NULL)
        {
            printf(" Open File %s Failed\n", argv[1]);
            exit(0);
        }
    /* 打开或创建目标文件 */
    fileTo = fopen(argv[2], "wb+");
    if(fileTo = = NULL)
        {
            printf(" Open File %s Failed\n", argv[2]);
            exit(0);
        }
    /* 复制文件内容 */
    while ((length = fread(buffer, 1, BUFFER_SIZE, fileFrom)) > 0)
        {
            fwrite(buffer, 1, length, fileTo);
        }
```

```
    /* 关闭文件 */
    fclose(fileFrom);
    fclose(fileTo);
    return 0;
}
```

编译源程序 file_copy.c,生成可执行程序 file_copy,然后执行 file_copy 程序将 hello.c 复制成 zhs.c,编译和运行命令如下。

```
#gcc  file_copy.c  -o  file_copy
#./file_copy  hello.c  zhs.c
```

2. 利用 Linux 系统调用函数完成文件操作

C 语言库中的 fopen、fclose、fwrite、fread 等函数其实是由操作系统的 API 函数封装而来的,如 fopen 内部其实调用的是 open 函数,fwrite 内部调用的是 write 函数。用户也可以直接利用 Linux 操作系统的 API 函数来完成文件操作编程,常用的有 open、close、write、read 等。

【程序 3.2】 文件创建程序 file_create.c。

```
#include<stdio.h>
#include<string.h>
#include<fcntl.h>
#define MAX 40
main()
{
    int fd,n,ret;
    char writebuf[MAX]="This is a test data!";
    /* 打开文件,如果文件不存在,则创建文件 */
    fd = open("a.txt",O_RDWR | O_CREAT);
    if (fd<0)
    {
        perror("Open File Error!");
        return 1;
    }
    /* 向文件写入字符串 */
    ret = write(fd,writebuf,strlen(writebuf));
    if (ret<0)
    {
        perror("Write Error!");
        return 1;
    }
    else
    {
        printf("write %d characters!\n",ret);
    }
    /* 关闭时,会自动保存文件 */
    close(fd);
}
```

编译源程序 file_create.c,生成可执行程序 file_create,然后执行如下命令,执行完成后就会创建一个名为 a. txt 的文本文件,文件内容为 This is a test data!。

```
# gcc file_create.c -o file_create
# ./file_create
write 20 characters!
```

3.4.2　时间编程

在编程中经常要使用到时间,如获取系统时间、计算事件耗时等。这时需要用到时间函数,这些函数的说明包含在 time.h 头文件中。

1. time 函数

函数格式:

```
time_t time(time_t * tloc);
```

函数功能:获取日历时间,即从 1970 年 1 月 1 日 0 点到现在所经历的秒数,结果保存在 tloc 中,如果操作成功,则返回值为经历的秒数;若操作失败,则返回值为((time_t)—1),错误原因存于 errno 中。

2. gmtime 函数

函数格式:

```
struct tm * gmtime(const time_t * timep);
```

函数功能:将日历时间转化为格林威治标准时间,并将数据保存在 tm 结构中。tm 结构的定义如下。

```
struct tm
{
int tm_sec;              //秒
int tm_min;              //分
int tm_hour;             //时
int tm_mday;             //日
int tm_mon;              //月
int tm_year;             //年
int tm_wday;             //本周第几日
int tm_yday;             //本年第几日
int tm_isdst;            //日光节约时间
};
```

3. gettimeofday 函数

函数格式:

```
int gettimeofday(struct timeval * tv, struct timezone * tz);
```

函数功能:获取从今日凌晨到现在的时间差,并存放在 tv 结构中,然后将当地时区的信息存放到 tz 结构中。tv 和 tz 两个结构的定义如下。

```
strut timeval {
long tv_sec;             //秒数
long tv_usec;            //微秒数
```

```
};
struct timezone{
int tz_minuteswest;          //和 GMT 的时间差
int tz_dsttime;
};
```

4. sleep 和 usleep 函数

函数格式：

```
unsigned int sleep(unsigned int sec);
void usleep(unsigned long usec);
```

函数功能：sleep 函数的功能是使程序睡眠 sec 秒，usleep 函数的功能是使程序睡眠 usec 微秒。

【程序 3.3】 算法分析程序 test_time.c

```c
#include <sys/time.h>
#include <stdio.h>
#include <stdlib.h>
#include <math.h>

/* 算法 */
void function()
{
    unsigned int i,j;
    double y;
    for(i=0;i<100;i++)
        for(j=0;j<100;j++)
            {usleep(10);y++;}
}

main()
{
    struct timeval tpstart,tpend;
    float timeuse;

    gettimeofday(&tpstart,NULL);          //开始时间
    function();
    gettimeofday(&tpend,NULL);            //结束时间
    /* 计算算法执行时间 */
    timeuse=1000000 * (tpend.tv_sec-tpstart.tv_sec)+tpend.tv_usec-tpstart.tv_usec;
    timeuse/=1000000;
    printf("Used Time:%f sec.\n",timeuse);
    exit(0);
}
```

程序编译及运行结果如下。

```
#gcc  test_time.c  -o  test_time
#./test_time
Used Time : 39.432861 sec.
```

3.4.3 多线程编程

1. 线程编程基础

进程是系统分配资源的最小单位,线程是系统调度的最小单位。线程是进程中的某一个能独立运行的程序片段。在 Linux 系统下,启动一个新进程必须分配给它独立的地址空间,建立众多的数据表来维护它的代码段、堆栈段和数据段,这是一种"昂贵"的多任务工作方式。而启动一个新线程则不需要这些操作,所以线程是一个非常"节俭"的多任务操作方式。另外,线程之间的通信非常方便,因为线程是在同一进程中,一个线程可以直接访问另一个线程的数据。目前,实际应用中比较普遍采用多线程编程,因为可以提高程序的运行效率。

目前,绝大多数嵌入式操作系统和中间件都支持多线程。Linux 操作系统的多线程遵循 POSIX 线程接口,称为 pthread。在 Linux 操作系统下进行多线程编程时,需要使用 pthread.h 头文件以及 libpthread.so 和 libpthread.a 库文件。库文件中有许多与线程相关的文件,下面介绍 3 个常用的线程函数。

1) pthread_create 函数

函数格式:

```
int pthread_create(pthread_t * tid,const pthread_attr_t * attr,void * ( * start_rtn)(void),void * arg)
```

函数功能:创建一个新的线程。参数 tid 为线程 id;attr 为线程属性,通常设置为 NULL;start_rtn 是线程要执行的函数;arg 是执行函数 start_rtn 的参数。当创建线程成功后,函数返回值为 0;若返回值为 EAGAIN,则表示系统限制创建新的线程,例如线程数目过多了;若返回值为 EINVAL,则表示第二个参数代表的线程属性值非法。创建线程成功后,新创建的线程则运行第三个参数和第四个参数确定的函数,原来的线程则继续运行下一行代码。

2) pthread_exit 函数

函数格式:

```
int pthread_exit(void * rval_ptr)
```

函数功能:退出当前线程,返回值保存在 rval_ptr 中。

3) pthread_join 函数

函数格式:

```
int pthread_join(pthread_t tid,void ** rval_ptr);
```

函数功能:阻塞调用线程,直到指定的线程终止。参数 tid 是指定的线程,rval_ptr 是线程退出的返回值。

【程序 3.4】 创建一个线程程序,程序文件名为 p-1.c。

```
#include<pthread.h>
#include<unistd.h>
#include<stdio.h>
/* 子线程执行的函数 */
```

```
void  * thread(void  * str)
{
    int i;
    for (i = 0; i < 6; ++i)
    {
        sleep(2);
        printf( "This in the thread: %d\n" ,i );
    }
    return NULL;
}

int main()
{
    pthread_t pth;
    int i;
    int ret;
    / * 创建一个子线程 pth,子线程执行 thread 函数中的程序 * /
    ret=pthread_create(&pth, NULL, thread, (void  * )(i));
    if(ret)
    {
        printf("Create pthread error!\n");
        return 1;
    }
    printf("Test start\n");
    for (i = 0; i < 6; ++i)
    {
        sleep(1);
        printf( "This in the main: %d\n" ,i );
    }

    pthread_join(pth, NULL);                    //等待线程结束
    return 0;
}
```

程序编译及运行结果如下:

```
# gcc p-1.c -lpthread -o p-1
# ./p-1
Test start
This in the main: 0      //主线程上的输出
This in the thread: 0    //子线程上的输出
This in the main: 1      //主线程上的输出
This in the main: 2      //主线程上的输出
This in the thread: 1    //子线程上的输出
This in the main: 3      //主线程上的输出
This in the main: 4      //主线程上的输出
This in the thread: 2    //子线程上的输出
This in the main: 5      //主线程上的输出
This in the thread: 3    //子线程上的输出
This in the thread: 4    //子线程上的输出
This in the thread: 5    //子线程上的输出
```

2. 互斥锁编程

因为多线程经常需要共享进程中的资源和地址空间,因此在对这些资源进行操作时,必须考虑到线程间资源访问的同步与互斥问题。在 POSIX 中有两种线程同步机制,分别为互斥锁和信号量,这两个同步机制可以互相通过调用对方来实现,但互斥锁更适用于同时可用的资源唯一的情况,而信号量更适用于同时可用的资源为多个的情况。

互斥锁是用一种简单的加锁方法来控制对共享资源的原子操作。这个互斥锁只有两种状态,也就是上锁和解锁。有时可以把互斥锁看作某种意义上的全局变量,在同一时刻只能有一个线程掌握互斥锁,拥有上锁状态的线程能够对共享资源进行操作。若其他线程希望上锁一个已经被上锁的互斥锁,则该线程就会挂起,直到上锁的线程释放互斥锁为止。因此,互斥锁可以保证让每个线程对共享资源按顺序进行原子操作。

1) pthread_mutex_init 函数

函数格式:

```
int pthread_mutex_init(pthread_mutex_t * mutex, const pthread_mutexattr_t * mutexattr)
```

函数功能:互斥锁初始化。参数 mutex 是互斥锁(又称互斥变量),mutexattr 是互斥锁的属性。如果参数 mutexattr 为 NULL,则使用默认的互斥锁属性,默认属性为快速互斥锁。当互斥锁初始化成功后,函数返回值为 0,否则其他任何返回值都表示出现了错误。

2) pthread_mutex_lock 函数

函数格式:

```
int pthread_mutex_lock(pthread_mutex_t * mutex)
```

函数功能:互斥锁上锁,如果该互斥锁已被另一个线程锁定和拥有,则调用该线程时将阻塞,直到该互斥锁变为可用为止。当互斥锁上锁成功后,函数返回值为 0,否则其他任何返回值都表示出现了错误。

3) pthread_mutex_unlock 函数

函数格式:

```
int pthread_mutex_unlock(pthread_mutex_t * mutex)
```

函数功能:互斥锁解锁(或称释放)。当互斥锁解锁成功后,函数返回值为 0,否则其他任何返回值都表示出现了错误。

【程序 3.5】　多个线程共享资源程序(不加互斥锁),程序名为 p-2.c。

```c
#include < stdio.h >
#include < stdlib.h >
#include < pthread.h >
 /* 多线程共享的全局变量 */
int sharei = 0;
void increase_num(void);

int main()
{
   int ret;
```

```
    pthread_t thread1,thread2,thread3;
    ret = pthread_create(&thread1,NULL,(void *)&increase_num,NULL);
    ret = pthread_create(&thread2,NULL,(void *)&increase_num,NULL);
    ret = pthread_create(&thread3,NULL,(void *)&increase_num,NULL);

    pthread_join(thread1,NULL);
    pthread_join(thread2,NULL);
    pthread_join(thread3,NULL);

    printf("sharei = %d\n",sharei);

    return 0;
}


void increase_num(void)
{
  long i,tmp;
  for(i =0;i < 10000;i++)
  {
    tmp = sharei;
    tmp = tmp + 1;
    sharei = tmp;
  }
}
```

程序编译及运行结果如下。

```
# gcc p-2.c -lpthread -o p-2
# ./p-2
sharei = 30000        //第 1 次运行结果
# ./p-2
sharei = 24514        //第 2 次运行结果
# ./p-2
sharei = 23688        //第 3 次运行结果
```

该程序有 3 个线程,全局变量 sharei 是 3 个线程的共享资源,每个线程都通过调用 increase_num 函数来修改全局变量 sharei 的值,每个线程都将 sharei 的值增加 10000,而全局变量 sharei 的初始值为 0,所以程序运行结束后,全局变量 sharei 的值应该为 30000。但该程序实际运行时,每次运行结果都不一样。产生这种现象的原因是没有对全局变量赋值过程进行锁定,导致程序运行结果不确定。

【程序 3.6】 多个线程共享资源程序(带互斥锁),程序名为 p-3.c。

```
# include < stdio.h >
# include < stdlib.h >
# include < pthread.h >
 /* 多线程共享全局变量 */
int sharei = 0;
void increase_num(void);
 /* 互斥锁 */
```

```
pthread_mutex_t mutex = PTHREAD_MUTEX_INITIALIZER;

int main()
{
  int ret;
  pthread_t thread1, thread2, thread3;
  ret = pthread_create(&thread1, NULL, (void *)&increase_num, NULL);
  ret = pthread_create(&thread2, NULL, (void *)&increase_num, NULL);
  ret = pthread_create(&thread3, NULL, (void *)&increase_num, NULL);

  pthread_join(thread1, NULL);
  pthread_join(thread2, NULL);
  pthread_join(thread3, NULL);

  printf("sharei = %d\n", sharei);

  return 0;
}
void increase_num(void)
{
  long i, tmp;
  for(i = 0; i < 10000; i++)
  {
    /* 加锁 */
    if(pthread_mutex_lock(&mutex) != 0)
    {
      perror("pthread_mutex_lock");
      exit(EXIT_FAILURE);
    }
    tmp = sharei;
    tmp = tmp + 1;
    sharei = tmp;
    /* 解锁 */
    if(pthread_mutex_unlock(&mutex) != 0)
    {
      perror("pthread_mutex_unlock");
      exit(EXIT_FAILURE);
    }
  }
}
```

程序编译及运行结果如下。

```
# gcc p-3.c -lpthread -o p-3
# ./p-3
sharei = 30000    //第 1 次运行结果
# ./p-3
sharei = 30000    //第 2 次运行结果
```

添加互斥锁后,多次运行的结果都是一样的。

3.5　练　习　题

1. 选择题

(1) GCC 软件是(　　)。

    A. 调试器　　　　　　B. 编译器　　　　　　C. 文本编辑器　　　　D. 连接器

(2) GCC 支持的文件类型比较多,但不包括(　　)。

    A. .c　　　　　　　　B. .o　　　　　　　　C. .h　　　　　　　　D. .t

(3) 在 Linux 系统中,./表示(　　)。

    A. 当前目标　　　　　B. 上一级目录　　　　C. 根目录　　　　　　D. 用户目录

(4) 在 Linux 系统中,../表示(　　)。

    A. 当前目标　　　　　B. 上一级目录　　　　C. 根目录　　　　　　D. 用户目录

(5) GCC 编译 4 个过程中,汇编的主要功能是(　　)。

    A. 将文件转换成汇编语言　　　　　　　　B. 将汇编语言代码转换成目标代码

    C. 将汇编语言代码转换成可执行程序　　　D. 连接目标代码转换成可执程序

(6) Linux 操作系统下的库文件都是以(　　)字母开头。

    A. inc　　　　　　　B. lin　　　　　　　C. src　　　　　　　D. lib

(7) GCC 用于指定头文件目录的选项是(　　)。

    A. -o　　　　　　　　B. -L　　　　　　　C. -g　　　　　　　D. -I

(8) 若要用 GDB 调试,则用 GCC 编译时要加入调试选项(　　)。

    A. -o　　　　　　　　B. -L　　　　　　　C. -g　　　　　　　D. -I

(9) GDB 软件是(　　)。

    A. 调试器　　　　　　B. 编译器　　　　　　C. 文本编辑器　　　　D. 连接器

(10) 若要生成计算机上(Linux 操作系统)能够执行的程序,则使用的 C 编译是(　　)。

    A. TC　　　　　　　　　　　　　　　　　B. VC

    C. GCC　　　　　　　　　　　　　　　　D. arm-none-linux-gnueabi-gcc

(11) Make 工具能够根据(　　)自动发现更新过的文件,从而减少编译工作量。

    A. 文件的时间戳　　B. 文件创建时间　　C. 系统时间　　　　D. 当前时间

(12) Make 工具也可以通过(　　)参数指定描述文件。

    A. -f　　　　　　　　B. -g　　　　　　　C. -l　　　　　　　D. -o

(13) Makefile 中的变量分为 3 类,(　　)不属于其中。

    A. 用户自定义变量　B. 系统定义　　　　C. 预定义变量　　　D. 自动变量

(14) CC 是(　　)。

    A. 用户自定义变量　B. 系统定义　　　　C. 预定义变量　　　D. 自动变量

(15) 变量的引用方法是把变量用括号括起来,并在前面加上(　　)。

    A. $　　　　　　　　B. ♯　　　　　　　C. *　　　　　　　D. "

(16) Makefile 有许多自动变量,表示目标名称的是(　　)。

　　　　A. ＄@　　　　　　　B. ＄^　　　　　　C. ＄<　　　　　D. ＄>
（17）Makefile 有许多自动变量，表示第一个依赖文件的是（　　）。
　　　　A. ＄@　　　　　　　B. ＄^　　　　　　C. ＄<　　　　　D. ＄>
（18）Makefile 有许多自动变量，表示所有依赖文件的是（　　）。
　　　　A. ＄@　　　　　　　B. ＄^　　　　　　C. ＄<　　　　　D. ＄>
（19）sleep 函数功能是（　　）。
　　　　A. 唤醒程序　　　　B. 获取时间　　　C. 创建线程　　　D. 程序睡眠
（20）在 Linux 操作系统下进行多线程编程要使用的库文件是（　　）。
　　　　A. libpthread. h　　B. pthread_join　　C. libpthread. a　　D. pthread_exit

2. 填空题

（1）GCC 编译 C 语言生成可执行文件要经历_____、_____、_____和_____
4 个过程。

（2）Linux 操作系统下，动态链接库文件以_____结尾，静态链接库文件以_____
结尾。动态链接库是在_____动态加载的，静态链接库是在_____静态加载的。

（3）GDB 是一个用来调试_____和_____语言程序的调试器。

（4）GDB 中，列出源文件内容的命令是_____，设置断点的命令是_____，运行程
序的命令是_____，单步执行的命令是_____。

（5）在编辑 Makefile 时，引用变量只需在变量前面加上_____符号。

（6）Makefile 中的变量分为 3 类，即_____、_____和_____。

（7）Makefile 文件中 OBJ 是自定义变量，＄@是_____变量，CFLAGS 是_____
变量。

（8）Makefile 文件中的预定义变量 CC 表示_____，CPP 表示_____，AR 表示
_____，AS 表示_____。

3. 简答题

（1）简述 GCC 编译 4 个过程中预编译的主要功能。
（2）简述 GCC 编译 4 个过程中编译的主要功能。
（3）简述 GCC 编译 4 个过程中连接的主要功能。
（4）简述 GDB 主要完成的功能。
（5）简述 Makefile 的基本结构。
（6）简述用 C 语言实现文件操作可以采用那两种方法。
（7）简述 fwrite、fputc 和 fputs 函数的功能。
（8）简述 gmtime 函数和 gettimeofday 函数的功能。
（9）简述 pthread_create 函数和 pthread_join 函数的功能。
（10）简述进程和线程之间的区别。
（11）简述在 POSIX 中有哪几种线程同步机制，它们之间有什么区别？

4. 编程及调试题

（1）根据要求编写 Makefile 文件。有 5 个文件分别是 main. c、visit. h、study. h、visit.
c、study. c，具体代码如下。

main. c 文件：

```
#include <stdio.h>
main()
{
        int i;
        printf("please input the value of i from 1 to    5:\n");
        scanf("%d", &i);
        if(i==1)
                visit();
        if(i==2)
                study();
}
```

visit. h 文件：

```
void visit();
```

study. h 文件：

```
void study();
```

visit. c 文件：

```
#include "visit.h"
void visit()
{
    printf("visit friend today\n");
}
```

study. c 文件：

```
#include "study.h"
void study()
{
        printf("study embedded system today\n");
}
```

① 如果上述 5 个文件在同一目录下，请编写 Makefile 文件。
② 如果按照下面的目录结构存放文件，请编写 Makefile 文件。
---bin：存放生成的可执行文件。
---obj：存放.o 文件。
---include：存放 visit. h、study. h。
---src：存放 main. c、visit. c、study. c 和 Makefile。
③ 如果按照下面的目录结构存放文件，请编写 Makefile 文件。
---bin：存放生成的可执行文件。
---obj：存放.o 文件。
---include：存放 visit. h、study. h。
---src：存放 main. c 和 Makefile。

---src1：存放 visit. c。

---src2：存放 study. c。

（2）按照要求完成以下操作。

① 用 vi 编辑一文件 test. c,其内容如下。

```
# include < stdio. h >
int main( )
{
    int s=0,i;
    for(i=1;i<=15;i++)
    {
        s=s+i;
        printf("the value of s is %d \n",s);
    }
    return 0;
}
```

② 使用 gcc test. c -o test. o 编译,生成 test. o。

③ 使用 gcc test. c -g -o test1. o 编译,生成 test1. o。

④ 比较 test. o 和 test1. o 文件的大小,思考为什么?

（3）使用 GDB 调试（2）题中的程序。

① 带调试参数-g 进行编译。

```
# gcc test. c -g -o test
```

② 启动 GDB 调试,开始调试。

```
# gdb    test
```

③ 使用 GDB 命令进行调试。

（4）编写一个程序,将系统时间以"year-month-day hour：minute：second"格式保存在 time. txt 文件中。

第4章 嵌入式交叉开发环境及系统移植

本章将总结归纳嵌入式软件的常用调试方法,详细介绍嵌入式交叉开发环境的构建、串口通信软件的配置和目标机运行环境的构建,最后重点介绍引导程序 Uboot、Linux 内核、设备树和根文件系统的移植、裁剪和编译。

4.1 嵌入式交叉开发环境构建

嵌入式交叉开发环境主要包括调试方法、交叉编译环境和目标机运行环境等。在进行嵌入式软件开发时,首先根据实际应用选择一种调试方法,然后根据调试方法构建交叉编译环境和目标机运行环境。

因为嵌入式系统中没有足够的硬件资源支持开发工具和调试工具,所以嵌入式软件开发一般采用交叉编译方式。通常安装了交叉编译环境的主机称为宿主机,宿主机一般是普通的计算机;软件实际运行的硬件平台称为目标机,目标机一般是指嵌入式系统。

嵌入式软件的编译方法与一般应用软件的编译方法差不多,就是在宿主机上交叉编译出可以在目标机上运行的代码。但嵌入式软件的调试方法与一般应用软件的调试方法有较大的差异,一般应用软件的调试器和被调试的程序都运行在同一台计算机上,操作系统也相同,调试器进程可以通过操作系统提供的调用接口来控制被调试的进程;但在嵌入式软件开发时,调试器和被调试的程序分别运行在不同的硬件平台上,增加了程序调试的难度。

4.1.1 嵌入式软件调试方法

嵌入式软件调试方法有很多,常用的调试方法包括实时在线仿真、模拟调试、软件调试和片上调试等。

1. 实时在线仿真

实时在线仿真(In-Circuit Emulator, ICE)是目前最为有效的调试嵌入式软件的方法。它是一种用于替代目标机上 CPU 的设备,可以执行目标机上的 CPU 指令,能够将内部的信号输出到被控的目标机,内存也可以被映射到用户的程序空间。这样,即使目标机不存在,也可以进行代码调试。

嵌入式软件和硬件紧密相关,不同的嵌入式软件,它的硬件电路组成也不尽相同,这样势必造成调试的不便。在不同的嵌入式硬件系统中,总会存在各种变异和事先未知的变化,因此处理器的指令执行也会带来不确定性,换句话说,完全一样的程序可能会生产不同的结果,只有通过实时在线仿真才能发现这种不确定性,最典型的就是时序问题。使用传统的断点设置和单步执行代码技术会改变时序和系统的行为,但有时会发生这样的问题,使用断点进行调试没有发现任何问题,但取消断点后又出现问题。这时就需要借助实时在线仿真,因为它能实时追踪数千条指令和硬件信号。

实时在线仿真优点是功能非常强大,软硬件均可做到完全实时在线调试;缺点是价格昂贵。

2. 模拟调试

采用模拟调试方法时,调试工具和待调试的嵌入式软件都在宿主机上运行,由宿主机提供一个模拟的目标机运行环境,可以进行语法和逻辑上的调试。模拟调试的优点是简单方便,不需要目标机,成本低;缺点是功能非常有限,无法实时调试。

3. 软件调试

采用软件调试方法时,宿主机和目标机通过某种接口(通常是串口)连接,宿主机上提供调试界面,待调试软件下载到目标机上运行实现软件调试。这种方式的先决条件是宿主机和目标机之间建立起通信联系(目标机上需要固化监控程序)。软件调试的优点是纯软件,价格较低,简单,软件调试能力较强;缺点是需要事先在目标机上烧写监控程序(往往需多次试验才能成功),且目标机能正常工作,功能有限,特别是硬件调试能力较差。

4. 片上调试

片上调试(On-Chip Debugging,OCD)是把实时在线仿真提供的实时跟踪和运行控制两个模块分开,然后将很少使用的实时跟踪功能放弃,而将大量使用的运行控制功能放到目标机的 CPU 核内,由一个专门的调试控制逻辑模块来实现运行控制,并用一个专用的串行信号接口开放给用户。这样,OCD 可以提供实时在线仿真 80% 的功能,但成本不到实时在线仿真的 20%。

由于历史原因,OCD 有许多不同的实现方式,标准并不统一,比较典型的有 IBM 和 TI公司提出的连接测试存取组(Joint Test Action Group,JTAG)及 Motorola 公司提出的后台调试模式(Background Debugging Method,BDM)。

JTAG 调试方法主要通过 ARM 芯片的 JTAG 边界扫描口进行调试。JTAG 仿真器比较便宜,连接比较方便,通过现有的 JTAG 边界扫描口与 ARM 处理器核通信,属于完全非插入式(即不使用片上资源)调试,它不需要目标存储器,不占用目标系统的任何端口,而这些是主流监控软件所必需的。另外,由于 JTAG 调试的目标程序是在目标机上执行,仿真更接近于目标硬件,因此,许多接口问题,如高频操作限制、AC 和 DC 参数不匹配、电线长度的限制等都被最小化了。使用集成开发环境配合 JTAG 仿真器进行开发是目前采用最多的一种调试方式,优点是方便、简单,无须制作监控程序,软硬件均可调试;缺点是需要目标机,且目标机工作基本正常(至少 MCU 工作正常),仅适用于有调试接口的芯片。

BDM 是 Motorola 公司的专用调试接口,它开创了片上集成调试资源的优势,硬件设计仅仅需要把处理器的调试引脚连接到专用连接器与调试工具上,如 Wiggler,优点是连接简单,与目标机上的微处理器一起运行,与微处理器的变化无关,成本低,简化了设计工具;缺点是大多数只提供运行控制,特性受限于芯片厂商,速度较慢,不支持覆盖内存,不能访问其他总线。

本书案例选用软件调试方式,需要先在宿主机上安装好交叉编译环境,然后交叉编译出目标机上需要的引导程序映像文件、Linux 内核映像文件、根文件映像文件和设备树映像文件,再通过 SD 卡启动方式将这些映像文件烧写到目标机的 Flash 中,从而构建好目标机上的运行环境,最后可以通过串口通信软件进行调试。

4.1.2 交叉编译环境构建

交叉编译是指在宿主机上完成软件的编辑、编译与连接,生成能够在目标机上运行的可执行程序的过程。要完成交叉编译,必须要构建出交叉编译的硬件和软件环境。

交叉编译的硬件环境通常如图 4.1 所示,由宿主机(Host)和目标机(Target)两部分组成,两部分通常通过 JTAG 仿真器、串口线和网线相连,当然也可以选择其他方式。

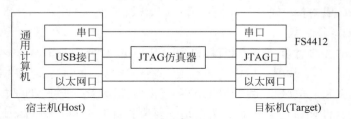

图 4.1 　交叉编译环境硬件连接

嵌入式软件开发又可分为无操作系统的软件开发和有操作系统的软件开发,它们的交叉编译软件环境也有区别,例如无操作系统的软件开发可以选用 Eclipse for ARM 工具来构建交叉编译软件环境,基于 Linux 系统的软件开发则可以选用 toolchain-4.6.4 交叉工具链来构建交叉编译软件环境。

1. 交叉编译硬件环境

本书案例构建的交叉编译硬件环境如图 4.2 所示,因为选用的是软件调试方式,所以不需要 JTAG 仿真器,宿主机与目标机通过串口和 RJ-45 口相连。串口用来监视和操作目标机,RJ-45 口用于数据传输,也可以通过 SD 卡完成数据传输。宿主机需要安装的软件比较多,因此其性能要求比较高,建议其 CPU 主频高于 2GHz、双核、支持 EM64T(Intel)或 X86_64(AMD)指令、支持 Intel Virtualization Technology(32 位操作系统)、内存大于 4GB、硬盘大于 80GB、配有 USB 和 RS-232 串口(也可以使用 USB 转串口替代)及至少一路以太网卡接口(RJ-45)等。

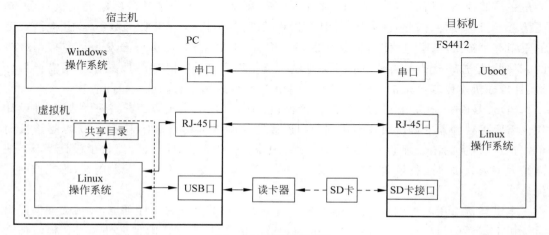

图 4.2 　交叉编译环境

2. 交叉编译软件环境

在宿主机上构建交叉编译软件环境,主要任务是安装操作系统和交叉工具链。

1) 安装操作系统

在宿主机上要安装两个操作系统,即 Windows 和 Linux,在 Windows 操作系统下使用超级终端软件监视和操作目标机;在 Linux 操作系统下完成软件编写、调试和交叉编译。安装操作系统的具体步骤如下所述。

第 1 步:安装 Windows 操作系统。

第 2 步:在 Windows 系统中安装虚拟机软件。可以选择 VMware Player 虚拟机软件,安装过程在这里不介绍。

第 3 步:在虚拟机上安装 Ubuntu 12.04 LTS 64-bit 操作系统。如果宿主机上安装的 Windows 是 32 位操作系统,那么宿主机 CPU 必须支持英特尔虚拟化技术(Intel Virtualization Technology)才可以通过 VMware Player 使用 64 位 Linux 操作系统。安装操作系统时,建议用定制方式进行完全安装,然后配置好以太网卡、TFTP 服务和 NFS 服务等网络环境。

第 4 步:在虚拟机上添加共享目录,目的是方便 Windows 系统与 Linux 系统之间的文件传送。

2) 安装交叉工具链

首先根据目标机处理器的型号选择正确的交叉工具链版本。在 GUN 系统中,每种目标机都有一个明确的格式,这些信息用于在构建过程中识别要使用的不同工具的正确版本。因此,当在一个特定目标机下运行 GCC 时,GCC 会在目录路径中查找包含该目标规范的应用程序路径。GCC 的目标规范格式为 CPU-PLATFROM-OS。

其次是匹配 GCC、glibc 和 Binutils 的版本。通常情况下,越新的版本功能越强大,但是最新版本有可能存在 BUG,需要不断地测试修正。对于 GCC 的版本,2.95.x 曾经统治了 Linux 2.4 内核时代,表现得极为稳定。Linux 2.6 内核需要更高的工具链版本支持,因此,Linux 2.6 内核最好使用 GCC 3.3 以上版本。glibc 的版本也要跟 Linux 内核的版本匹配。在编译 glibc 时,要用到 Linux 内核头文件,它在内核源码的 include 目录下。如果发现有变量没有定义而导致编译失败,需要改变内核版本号。如果没有绝对把握保证内核修改完全,就不要修改内核,而应该把 Linux 内核的版本号降低或升高,以适应 glibc 版本。如果选择的 glibc 的版本低于 2.2,还要下载一个 glibc-crypt 软件包,例如 glibc-crypt-2.1.tar.gz,然后解压到 glibc 源码树中。Binutils 可以尽量使用新的版本,新版本中的很多工具是辅助 GCC 编译功能的,问题相对较少。

通常安装交叉工具链的方法有 3 种,第一种是分步编译和安装交叉工具链所需要的库和源代码,最终生成交叉工具链,该方法相对比较困难,不适合初学者,适合想深入学习交叉工具链的读者;第二种是通过 Crosstools 脚本工具来实现一次编译生成交叉工具链,相对于第一种方法要简单许多,并且出错的概率也非常小;第三种是使用开发平台供应商提供的安装套件建立交叉工具链,这是最常用的方法,不同开发平台安装的具体步骤可以参考供应商的操作说明书,相关安装步骤会有所不同。以 FS4412 开发板为例,FS4412 交叉工具链选择的版本号是 toolchain-4.6.4,它保存在随机的 U 盘上,采用第三种方法安装和配置交叉工具链的具体过程如下。

（1）安装软件包。

把 U 盘上的 toolchain-4.6.4.tar.bz2 文件复制到/usr/local/toolchain/目录下，并将其解压，命令如下。

```
# tar xvf toolchain-4.6.4.tar.bz2
```

解压后，生成 toolchain-4.6.4 子目录，交叉工具链都保存在该目录。

（2）配置交叉编译器运行环境。

为了方便使用，将/usr/local/toolchain/toolchain-4.6.4/bin/路径添加到系统变量 PATH 中。实现方法是修改/etc/bash.bashrc 文件中 PATH 变量，即在文件最后面新增加一行代码，内容如下。

```
export PATH= $ PATH:/usr/local/toolchain/toolchain-4.6.4/bin/
```

重启配置文件，让环境变量立即生效，命令如下。

```
$ source /etc/bash.bashrc
```

3. 测试交叉工具链

检测交叉工具链是否安装成功，命令如下。

```
$ arm-none-linux-gnueabi-gcc -v
```

如果没有报错，并能够显示编译器的相关信息，则说明交叉工具链安装成功。

4.1.3   串口通信软件配置

嵌入式软件调试时，需要使用工具充当目标机的信息输出监视器，这个工具通常是串口通信软件。如果在 Windows 操作系统下监视和操作目标机，则可以选择 Windows 系统自带的超级终端串口通信软件，也可以使用第三方提供的其他串口通信软件，如华清远见公司的 putty.exe。如果在 Linux 操作系统下监视和操作目标机，则可以选择 minicom 串口通信软件。

超级终端是 Windows 操作系统下的串口通信软件，它在嵌入式软件开发中可以充当目标机的显示器和键盘，能够实时显示目标机上的操作内容。超级终端在使用之前要进行配置，具体的配置步骤如下所述。

（1）在 Windows 系统桌面，选择"开始"→"所有程序"→"附件"→"通信"→"超级终端"命令，弹出"连接描述"对话框，如图 4.3 所示。

（2）在"连接描述"对话框中输入连接名称，如 FS4412。单击"确定"按钮，弹出"连接到"对话框，如图 4.4 所示。

（3）通常使用宿主机的第一个串口（即 COM1）与目标机连接，所以"连接到"对话框的"连接时使用"下拉列表中选择 COM1 选项。然后单击"确定"按钮，弹出"COM1 属性"对话框，

图 4.3   "连接描述"对话框

如图 4.5 所示。

　　(4) 串口的属性主要包括波特率、数据位、奇偶校验位、停止位和数据流控制等。这些参数必须与目标机的串口参数一致。FS4412 开发平台的串口参数是波特率 115200,每次传 8 位数据,没有奇偶校验位,停止位为 1,没有数据流控制。设置好参数后单击"确定"按钮,弹出"FS4412-超级终端"窗口,如图 4.6 所示。

图 4.4　"连接到"对话框

图 4.5　"COM 属性"对话框

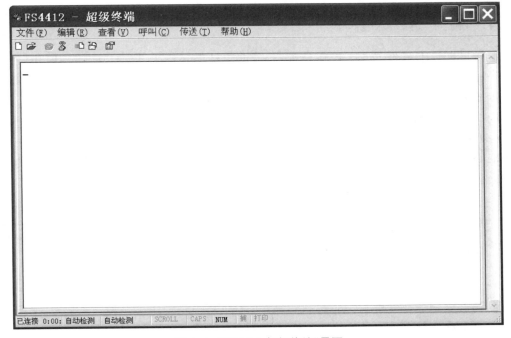

图 4.6　"FS4412-超级终端"界面

进入"超级终端"窗口后,宿主机与目标机之间就可以进行通信了,用户可以在该窗口中监视目标机的运行状态,也可以控制目标机的运行。串口线一端连接到宿主机的 COM1口,另一端连接到目标机的串口(通常是 COM1),连接好目标机的电源线后打开目标机的电源开关,如果目标机上有引导程序(如 Uboot),"FS4412-超级终端"窗口中就会接收到目标机的启动信息,如图 4.7 所示。建立连接后,对该窗口的操作就是对目标机的操作。

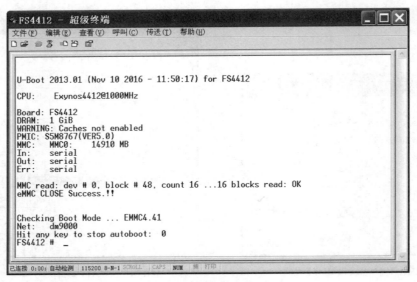

图 4.7　目标机的启动信息

4.1.4　目标机运行环境构建

要在目标机上运行 Linux 操作系统,必须准备好引导程序(BootLoader)、Linux 内核、根文件和设备树等映像文件。通常目标机有多种启动方式,针对不同的启动方式,映像文件烧写方法也有区别。

FS4412 目标机支持 eMMC、SD 卡和 NFS 挂载等启动方式。如果 FS4412 目标机上没有烧写任何软件,则只能选择 SD 卡启动方式。在 SD 卡方式启动后,可以将引导程序烧写到 Flash 上。当目标机上有了引导程序后,则可以使用 eMMC 或 NFS 挂载等启动方式。FS4412 的启动方式由 3 个拨码开关决定,如表 4.1 所示。

表 4.1　FS4412 启动方式

拨 码 开 关			启 动 方 式
OM2	OM3	OM5	
OFF	ON	ON	eMMC 和 NFS 挂载
ON	OFF	OFF	TF/SD

1. 目标机运行环境需要的映像文件

在 FS4412 目标机上运行 Linux 操作系统需要如下映像文件。

(1) u-boot-fs4412.bin:Uboot 映像文件。

（2）uImage：Linux 内核映像文件。

（3）Exynos 4412-fs4412.dtb：设备树文件。

（4）ramdisk.img：根文件系统映像文件。

2. SD 卡启动

只有在目标机上没有任何程序时，才可以选择 SD 卡启动，启动后可将引导程序烧写到 Flash 存储器上，具体步骤如下。

（1）准备好 SD 卡启动盘（SD 卡启动盘制件方法请参考目标机的使用说明书），并将 Uboot 映像文件 u-boot-fs4412.bin 复制到 SD 卡启动盘，然后将 SD 卡插入目标机 SD 卡槽内。

（2）将目标机的拨码开关设置为 TF/SD 启动方式，用串口线将宿主机与目标机相连。

（3）在宿主机的 Windows 操作系统下打开超级终端，弹出如图 4.6 所示的窗口。

（4）打开目标机的电源开关，如果窗口中出现目标机的启动信息，在倒计时结束前，按任意键停止在 Uboot 处，如果提示信息如图 4.8 所示，则表示 SD 卡启动成功。FS4412♯是 Uboot 的提示符。

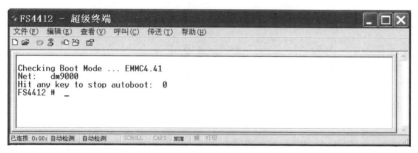

图 4.8　SD 卡启动信息

（5）将 Uboot 映像文件烧写到目标机的 Flash 存储器中，执行命令如下。

```
# sdfuse flashall
```

命令运行结果如图 4.9 所示。

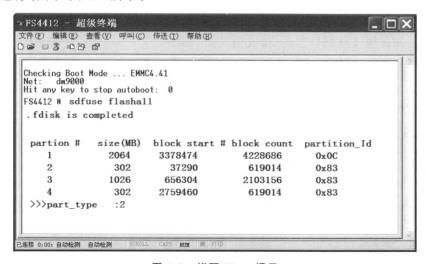

图 4.9　烧写 Uboot 提示

完成以上操作后,引导程序烧写到 Flash 存储器中,以后就可以选择其他启动方式。

3. eMMC 方式启动

将引导程序烧写到目标机的 Flash 存储器后,如果要运行 Linux 操作系统,还要将内核映像(uImage)、设备树(Exynos 4412-fs4412. dtb)和根文件系统映像(ramdisk. img)等烧写到目标机的 Flash 存储器中。因为引导程序已经启动了网卡,所以可以使用虚拟机上 Linux 操作系统的 TFTP 服务来完成这些烧写工作。假设 TFTP 服务的 IP 地址为192.168.100.192,根目录为/tftpboot,要烧写的映像文件都保存在该目录。目标机的 IP 地址为 192.168.100.191,则烧写步骤如下。

(1) 将目标机的拨码开关拨到 eMMC 启动方式。

(2) 添加一根网线,用网线将宿主机与目标机相连。因为目标机需要通过网络访问宿主机上 TFTP 服务器,并从服务器上下载映像文件。

(3) 在宿主机的 Windows 操作系统下,打开超级终端窗口。

(4) 打开目标机的电源开关,这时,超级终端窗口中会出现目标机的启动信息,在倒计时结束前,按任意键停止在 Uboot 下载模式,超级终端窗口中的显示信息如图 4.8 所示。

(5) 修改环境变量值,输入命令如下。

```
# setenv serverip 192.168.100.192    //设置服务器 IP 地址变量
# setenv ipaddr 192.168.100.191      //设置目标机 IP 地址变量
# saveenv                            //保存环境变量
```

用 print 命令检查 serverip 和 ipaddr 两个环境变量的值是否正确? 如果不正确,需要重新修改。

(6) 烧写 Uboot 映像文件到目标机 Flash 上,命令如下(如不更新 Uboot,可以跳过该步骤,直接进入下一步)。

```
# tftp   40008000   u-boot-fs4412.bin    //从 TFTP 服务器上下载文件到内存
# movi   write   u-boot   40008000        //将内存中的程序写入 Uboot 分区
```

(7) 烧写内核映像到目标机 Flash 上,命令如下。

```
# tftp   41000000   uImage
# movi   write   kernel   41000000
```

(8) 烧写设备树文件到目标机 Flash 上,命令如下。

```
# tftp   41000000   exynos4412-fs4412.dtb
# movi   write   dtb   41000000
```

(9) 烧写根文件系统映像到目标机 Flash 上,命令如下。

```
# tftp   41000000   ramdisk.img
# movi   write   rootfs   41000000   300000          //最后面的参数是烧写大小
```

(10) 设置启动参数,命令如下。

```
# setenv bootcmd movi read kernel 41000000\;movi read dtb 42000000\;movi read rootfs 43000000
300000\;bootm 41000000 43000000 42000000
# setenv bootargs
# saveenv
```

（11）用 print 命令检查 bootcmd 环境变量的值，以确保正确。

（12）经过以上操作后，重新启动目标机，等待一段时间后，如果会自动进入 Linux 操作系统，则表示目标机运行环境安装成功。

4.2　引导程序移植

4.2.1　引导程序

1. BootLoader 概述

BootLoader（引导程序）是系统加电后运行的第一段代码，一般它只在系统启动时运行非常短的时间，但对于嵌入式系统来说，这是一个非常重要的系统组成部分。当使用单片机时，一般只需要在初始化 CPU 和其他硬件设备后直接加载程序即可，不需要单独构建引导程序。但构建一个引导程序，是构建嵌入式 Linux 系统的一个最普通的任务。在计算机中，引导程序一般由 BIOS 和位于硬盘 MBR 中的操作系统引导程序（如 GRUB 和 LILO）一起组成。BIOS 在完成硬件检测和资源分配后，将硬盘 MBR 中的引导程序读到系统的 RAM 中，然后将控制权交给操作系统引导程序。计算机的引导程序的主要任务是将内核映像文件从硬盘上读到 RAM 中，然后跳到内核的入口点去运行，即开始启动操作系统。

在嵌入式系统中，通常没有像 BIOS 那样的固件程序，因此在一般的典型系统中，整个系统的加载启动任务完全由 BootLoader 来完成。在一个基于 ARM 的嵌入式系统中，系统在上电或复位时通常都从地址 0x00000000 开始执行，而在这个地址处安排的通常就是系统的 BootLoader 程序。

简单地说，BootLoader 是在操作系统内核或用户应用程序运行之前运行的一段小程序。通过运行这段小程序，可以初始化硬件设备、建立内存空间的映射图，从而将系统的软硬件环境带到一个合适的状态，以便为最终调用操作系统内核或用户应用程序准备好合适的环境。嵌入式系统的运行过程如图 4.10 所示。

嵌入式 Linux 操作系统从软件的角度看通常可以分为引导加载程序、Linux 内核、根文件系统和应用程序 4 个层次。有时在应用程序和内核之间可能还会包括一个嵌入式图形用户界面（Graphical User Interface，GUI）软件。

2. 工作模式

大多数 BootLoader 都包含两种不同的操作模式，即启动加载模式和下载模式。BootLoader 包含两种模式对于开发人员来说意义比较大，但对于最终用户来说意义不大。

（1）启动加载模式。这种模式也称为"自主"模式，即 BootLoader 从目标机的某个固体存储设备上直接将操作系统加载到 RAM 中运行，整个过程没有用户的干

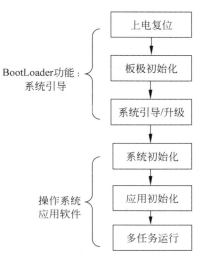

图 4.10　嵌入式系统的运行过程

预。这种模式是 BootLoader 的正常工作模式。

（2）下载模式。在这种模式下，目标机上的 BootLoader 程序将通过串口或者网络连接或者其他通信通道从主机下载文件，如下载内核映像和根文件系统映像等。从主机下载的文件通常首先被 BootLoader 程序保存到目标机的 RAM 中，然后被 BootLoader 程序写到目标机上的 Flash 类固态存储设备中。工作于这种模式下的 BootLoader 程序通常都会向它的中断用户提供一个简单的命令行接口。

目前流行的一些功能强大的 BootLoader 程序通常都同时支持这两种工作模式，并且允许用户在两种工作模式之间自由切换。BootLoader 程序在启动时可以处于正常的启动加载模式，但在此过程之前会延时 10s 等待用户按任意键将 BootLoader 程序切换到下载模式；如果在 10s 内用户没有按键，则 BootLoader 程序将继续加载并启动 Linux 内核。这种工作模式提高了 BootLoader 应用程序的灵活性，方便开发的同时也适应了产品发布的要求。

3. 启动过程

BootLoader 程序的结构框架一般分为 stage1 和 stage2 两部分。依赖 CPU 体系结构的代码，比如设备初始化代码等，通常都放在 stage1 中，且用汇编语言来实现，这部分直接在 Flash 中执行，可以提高工作效率。而 stage2 则通常用 C 语言来实现，这样可以实现更复杂的功能，而且代码会具有更好的可读性和可移植性。

BootLoader 程序启动的第一阶段（stage1）通常包括如下步骤（执行的先后顺序）。

（1）硬件设备初始化。

（2）为加载 BootLoader 程序的 stage2 准备 RAM 空间。

（3）复制 BootLoader 程序的 stage2 到 RAM 空间。

（4）设置好堆栈，堆栈指针的设置目的是为执行 C 语言代码做好准备。

（5）跳转到 stage2 的 C 入口点。

BootLoader 程序启动的第二阶段（stage2）通常包括如下步骤（执行的先后顺序）。

（1）初始化本阶段要使用到的硬件设备。

（2）检测系统内存映射（memory map）。

（3）将内核映像和根文件系统映像文件从 Flash 上读到 RAM 空间中。

（4）为内核设置启动参数。

（5）调用内核。

BootLoader 程序两阶段启动的整个过程和需要执行的主要任务在具体的设计中还要根据相应处理器和系统加以优化。

4. 常用的 Linux BootLoader 程序

1）Uboot

Uboot 全称为 Universal BootLoader，是由德国登克斯（DENX）小组开发的，遵循 GPL 条款的开放源码项目。Uboot 不仅仅支持嵌入式 Linux 系统的引导，当前它还支持 NetBSD、VxWorks、QNX、RTEMS、ARTOS 及 LynxOS 等嵌入式操作系统。Uboot 除了支持 ARM 系列的微处理器外，还能支持 MIPS、x86、PowerPC、NIOS、XScale 等诸多常用系列的微处理器。就目前来看，Uboot 对 PowerPC 系列微处理器的支持最为丰富，对 Linux 操作系统的支持最完善，源码可以在 http://uboot.sourceforge.net 网站下载。

2）Blob

Blob 是 BootLoader Object 的缩写，是一款功能强大的 BootLoader 程序。它遵循 GPL 条款，源代码完全开放。Blob 既可以用来进行简单调试，也可以启动 Linux 内核。Blob 最初是杨·德克·巴克（Jan-Derk Bakker）和埃里克·穆（Erik Mouw）为一块名为 LART（Linux Advanced Radio Terminal）的开发板编写的，该板使用的处理器是 StrongARM SA-1100。现在 Blob 已经被移植到了许多 CPU 上，包括 S3C44B0。Blob 源码可以在 http://sourceforge. net/projects/blob 网站下载。

3）ARMBoot

ARMBoot 是基于 ARM 或者 StrongARM CPU 的嵌入式系统所设计的，是一个 ARM 平台的开源项目。它支持多种类型的 Flash，允许映像文件经由 BOOTP、TFTP 通过网络传输，支持从串口线下载 S-record 或者 binary 文件，允许内存的显示及修改，支持 JFFS2 文件系统等。ARMBoot 源码公开，可以在 http://www. sourceforg. net/projects/armboot 网站下载。

4. Redboot

Redboot（RedHat Embedded Debug and Bootstrap）是 RedHat 公司开发的一款独立运行在嵌入式系统上的 BootLoader 程序，是目前比较流行的一个功能强、可移植性好的 BootLoader。Redboot 是一个采用 ECOS 开发环境开发的应用程序，采用了 ECOS 的硬件抽象层作为基础，但它完全可以摆脱 ECOS 环境运行，可以用来引导任何其他嵌入式操作系统，如 Linux、Windows CE。Redboot 除了具有一般 BootLoader 的硬件初始化和引导内核功能外，还支持引导脚本，可方便启动应用程序或嵌入式操作系统内核；提供完整的命令行接口，方便用户进行各种系统操作；支持串行通信协议和网络通信协议；支持 GDB 调试，内嵌 GDB stub；支持 Flash 映像文件系统；通过 BOOTP 协议支持网络引导，也可以配置静态 IP 地址。Redboot 源码可以在 http://sourceware. org/rdboot 网站下载。

5）vivi

vivi 是韩国 mizi 公司开发的 BootLoader 程序，适用于 ARM9 微处理器。vivi 有两种工作模式，即启动加载模式和下载模式。启动加载模式可以在一段时间后（这个时间可更改）自行启动 Linux 内核，是 vivi 的默认模式。在下载模式下，vivi 为用户提供一个命令行接口，并提供许多命令，用户利用这些命令可以完成从网络下载数据、向 Flash 写数据、设置环境变量、启动操作系统等操作。vivi 源码可以在 http://www. mizi. com 网站下载。

4.2.2　Uboot

Uboot 是从 FADSROM、8xxROM、PPCBOOT 逐步发展演化而来的。其源码目录、编译形式与 Linux 内核很相似。实际上，很多 Uboot 源代码是由相应 Linux 内核源代码简化而来的，尤其是一些设备的驱动程序，Uboot 源码中的注释可以体现这一点。

1. Uboot 的特点

Uboot 的特点如下所述。

（1）开放源码。

（2）支持多种嵌入式操作系统内核，如 Linux、NetBSD、VxWorks、QNX、RTEMS、ARTOS 及 LynxOS。

（3）支持多个处理器系列，如 ARM、PowerPC、x86、MIPS、XScale。

（4）具有较高的可靠性和稳定性。

（5）具有高度灵活的功能设置。

（6）具有丰富的设备驱动源码，如串口、以太网、SDRAM、Flash、LCD、NVRAM、EEPROM、RTC 及键盘等。

（7）具有较为丰富的开发调试文档与强大的网络技术支持。

2．Uboot 可支持的主要功能

（1）系统引导：支持 NFS 挂载、RAMDISK 形式的根文件系统。

（2）基本辅助功能：强大的操作系统接口功能；可灵活设置、传递多个关键参数给操作系统，适合系统在不同开发阶段的调试要求与产品发布，尤其对 Linux 支持最为强劲；支持目标机环境参数的多种存储方式，如 Flash、NVRAM、EEPROM；支持 CRC32 校验，可校验 Flash 中的内核、RAMDISK 映像文件是否完好。

（3）上电自检功能：SDRAM、Flash 大小自动检测，SDRAM 故障检测，CPU 型号，等等。

（4）特殊功能：XIP 内核引导。

3．Uboot 命令

Uboot 通常支持几十个常用命令，通过这些命令，可以对目标机进行调试，也可以引导 Linux 内核，还可以擦写 Flash 完成系统部署等功能，掌握这些命令的使用，才能够顺利地进行嵌入式系统的开发。

用户可以利用 help 命令了解当前 Uboot 的所有命令。在 Uboot 提示符下输入 help 即可，结果显示如下。

```
FS4412 # help

?        - alias for 'help'
base     - print or set address offset
bdinfo   - print Board Info structure
boot     - boot default, i.e., run 'bootcmd'
bootd    - boot default, i.e., run 'bootcmd'
bootelf  - Boot from an ELF image in memory
bootm    - boot application image from memory
bootp    - boot image via network using BOOTP/TFTP protocol
bootvx   - Boot vxWorks from an ELF image
cmp      - memory compare
coninfo  - print console devices and information
cp       - memory copy
crc32    - checksum calculation
dhcp     - boot image via network using DHCP/TFTP protocol
echo     - echo args to console
editenv  - edit environment variable
emmc     - Open/Close eMMC boot Partition
env      - environment handling commands
erase    - erase FLASH memory
exit     - exit script
```

```
false      - do nothing, unsuccessfully
fatinfo    - print information about filesystem
fatload    - load binary file from a dos filesystem
fatls      - list files in a directory (default /)
fdisk      - fdisk - fdisk for sd/mmc.
fdt        - flattened device tree utility commands
flinfo     - print FLASH memory information
go         - start application at address 'addr'
help       - print command description/usage
iminfo     - print header information for application image
imextract  - extract a part of a multi-image
itest      - return true/false on integer compare
loadb      - load binary file over serial line (kermit mode)
loads      - load S-Record file over serial line
loady      - load binary file over serial line (ymodem mode)
loop       - infinite loop on address range
md         - memory display
mm         - memory modify (auto-incrementing address)
mmc        - MMC sub system
mmcinfo    - display MMC info
movi       - movi   - sd/mmc r/w sub system for SMDK board
mtest      - simple RAM read/write test
mw         - memory write (fill)
nm         - memory modify (constant address)
ping       - send ICMP ECHO_REQUEST to network host
printenv   - print environment variables
protect    - enable or disable FLASH write protection
reset      - Perform RESET of the CPU
run        - run commands in an environment variable
saveenv    - save environment variables to persistent storage
setenv     - set environment variables
showvar    - print local hushshell variables
sleep      - delay execution for some time
source     - run script from memory
test       - minimal test like /bin/sh
tftpboot   - boot image via network using TFTP protocol
true       - do nothing, successfully
version    - print monitor, compiler and linker version
```

在上述提示列表中,每一行表示一条命令及功能说明,例如 movi 是一条命令,它的功能是实现 sd/mmc 操作,命令如下。

```
movi      -movi  -sd/mmc r/w sub system for SMDK board
```

如果想进一步了解某个命令的使用方法,则可以输入以下命令获取提示信息。

```
FS4412 # movi help
```

```
Usage:
movi    - sd/mmc r/w sub system for SMDK board
movi - movi    - sd/mmc r/w sub system for SMDK board
```

Usage:

movi init - Initialize moviNAND and show card info

movi read　{u-boot｜kernel}{addr} - Read data from sd/mmc

movi write {fwbl1｜u-boot｜kernel}{addr} - Write data to sd/mmc

movi read　rootfs {addr}［bytes(hex)] - Read rootfs data from sd/mmc by size

movi write rootfs {addr}［bytes(hex)] - Write rootfs data to sd/mmc by size

movi read　{sector#}{bytes(hex)}{addr} - instead of this, you can use "mmc read"

movi write {sector#}{bytes(hex)}{addr} - instead of this, you can use "mmc write"

这些提示信息说明了 movi 命令的功能，及其具体的使用方法。

4. Uboot 源代码结构

Uboot 源代码可以在 ftp://ftp.denx.de/pub/u-boot/ 服务器上下载，服务器上有发行的各种版本，本书下载了 u-boot-2013.01.tar.bz2 文件。

Uboot 源代码内容比较多，为了方便软件开发，源代码按目录树的结构进行组织，顶层是主要目录及其存放的代码内容，如表 4.2 所示。

表 4.2　Uboot 顶层目录及存放的内容

目　　录	目录存放代码内容
arch	体系结构相关代码，一个子目录代表一种架构，如 arm、x86
board	已有开发板的文件。每一种开发板都以一个子目录的形式出现在当前目录中，比如 samsung 子目录的形式中存放与 samsung 开发板相关的配置文件
common	Uboot 命令行下支持的命令，每一条命令都对应一个文件。例如 bootm 命令对应就是 cmd_bootm.c
disk	对磁盘的支持
doc	文档目录。Uboot 有非常完善的文档，可供用户参考阅读
driver	驱动程序，每一个子目录代表一类驱动程序，Uboot 支持的设备驱动程序都放在该目录下，如支持的网卡、串口和 USB 等
fs	支持的文件系统，一个目录存放一个文件系统代码，如 cramfs、fat、fdos 和 jffs2 等
include	头文件，还有支持各种硬件平台的汇编文件、系统的配置文件和文件系统文件
lib	与体系结构相关的库文件
net	网络协议栈相关代码，如 BOOTP 协议、TFTP 协议、RARP 协议和 NFS 文件系统等
tools	生成 Uboot 工具，如 mkimage

5. Uboot 启动

Uboot 的启动过程分为两个阶段，第一阶段主要是对处理器进行初始化，用汇编语言来实现；第二阶段主要是对目标机进行初始化，通常用 C 语言来实现。

以 u-boot-2013.01.tar.bz2 应用到 ARM Cortex-A9 微处理器上的启动流程为例，Uboot 源码中有一个 arch/arm/cpu/u-boot.lds 文件，这个文件是 ARM 处理器链接脚本文件，指定 Uboot 的入口。从该文件中可以看到 Uboot 的入口为 start.S 文件中的起始代码段_start。start.S 程序主要完成与处理器体系架构有关的初始化，存放在 arch/arm/cpu/armv7 目录下。

Uboot 启动流程如下所述。

（1）执行 start.S 文件，完成如下主要功能。

① 指定 Uboot 的入口。

② 设置异常向量（exception vector）。

③ 关闭 IRQ、FIQ，设置 SVC 模式。

④ 关闭 L1 cache，设置 L2 cache，关闭 MMU。

⑤ 根据 OM 引脚确定启动方式。

⑥ 在 SoC 内部的 SRAM 中设置栈。

⑦ 执行 lowlevel_init 函数（主要初始化系统时钟、SDRAM 初始化、串口初始化等）。

⑧ 设置开发板供电锁存。

⑨ 设置 SDRAM 中的栈。

（2）执行完 start.S 文件后，程序跳转到 arch/arm/lib/crt0.S 文件的_main 函数继续执行，实现如下主要功能。

① 将 Uboot 从存储介质复制到 SDRAM 中（将 BL2 加载到 RAM 进行了跳转）。

② 设置并开启 MMU。

③ 通过对 SDRAM 整体使用规划，在 SDRAM 中合适的地方设置栈。

④ 清除 bss 段，BL1 阶段执行完毕。

（3）（1）和（2）两步是 Uboot 的第一阶段程序，执行完后，程序跳转到 arch/arm/lib/board.c 文件中的 board_init_r 函数并执行，这时 Uboot 进入了第二阶段。执行完 board.c 文件后，程序会跳转到目标机目录，开始执行目标机目录中的初始化程序。如果目标机的名称是 origen，则会跳转到 board/samsung/origen/目录，并执行该目录下的 origen.c 文件。第二阶段完成的主要功能如下。

① 规划 Uboot 的内存使用。

② 遍历调用函数指针数组 init_sequence 中的初始化函数。

③ 初始化 Uboot 的堆管理器 mem_malloc_init。

④ 初始化开发板的 SD/MMC 控制器。

⑤ 环境变量重定位。

⑥ 将环境变量中的网卡地址赋值给全局变量的开发板变量。

⑦ 目标机硬件设备的初始化。

⑧ 控制台初始化。

⑨ 网卡芯片初始化。

⑩ Uboot 进入主循环 main_loop。

执行完成后，就会出现 Uboot 提示符，在提示符下使用 Uboot 的命令就可以完成相应的操作。

4.2.3　Uboot 移植

Uboot 移植是指根据目标机的处理器以及具体的硬件电路在源代码中选择一款硬件配置与该目标机最接近的参考目标机，然后将参考目标机的源代码复制过来，对其进行修改得到本目标机的源代码，最后编译出映像文件的过程。选择参考目标机的原则是首先选择 MCU 相同的目标机，如果没有，则选择 MPU 相同的目标机。

以将 u-boot-2013.01.tar.bz2 移植到 FS4412 目标机为例,具体移植过程如下所述。

1. 选择参考目标机

Uboot 源代码中有一款名为 origen 的目标机,该目标机使用了 Exynos 4412 微控制器,FS4412 目标机也是使用 Exynos 4412 微控制器。根据选择参考目标机的原则,可以选择 origen 目标机作为移植的参考目标机,需要先将 Uboot 源码生成 origen 目标机映像文件,具体步骤如下。

(1) 解压。将 Uboot 压缩文件复制到 Linux 系统下的某一目录,然后解压,命令如下。

```
# tar  xvf  u-boot-2013.01.tar.bz2
```

执行命令解压后,会在当前目录下新建 u-boot-2013.01 目录,源代码都在该目录。

与目标机相关的源码主要涉及两部分,一部分是与 CPU 体系结构相关的代码,另一部分是与板级设备配置相关的代码。Exynos 4412 微控制器内置的是 ARM Cortex-A9 内核,该内核属于 v7 体系架构,根据 Uboot 源代码的目录结构规则,与 Exynos 4412 体系结构相关的代码保存在 arch/arm/cpu/armv7/exynos 目录下,与 origen 目标机设备配置相关的代码保存在 board/samsung/origen 目录下。

(2) 指定交叉编译工具链。对 Uboot 编译前要指定编译工具,这里使用的交叉编译工具链是 arm-none-linux-gnueabi-,可以通过修改 Uboot 源代码顶层目录下的 Makefile 文件来指定交叉编译工具链。打开 Makefile 文件,找到如下内容。

```
ifeq( $ (HOSTARCH), $ (ARCH))
    CROSS_COMPILE ?=
endif
```

将找到的内容修改如下。

```
ifeq(arm, $ (ARCH))
    CROSS_COMPILE ?= arm-none-linux-gnueabi-
endif
```

其中,arm 是指 CPU 架构;CROSS_COMPILE 是交叉编译工具链变量。

(3) 配置目标机。在编译之前,要对目标机进行配置,命令如下。

```
# make distclean      //清除以前编译过程生成的文件
# make origen_config  //为 origen 目标机配置编译环境
```

(4) 编译。编译源码生成映像文件,命令如下。

```
# make
```

编译完成后,会生成名为 u-boot.bin 的映像文件,该映像文件就是 origen 目标机上的 Uboot 映像文件。

2. Uboot 移植到 FS4412 目标机

参考 origen 目标机的源码,将 Uboot 移植到 FS4412 目标机,具体步骤如下。

(1) 在 board 目录下为 FS4412 目标机新建一个目录。在 board/samsung 目录下新建一个名为 fs4412 的目录,用于存放 FS4412 目标机源码。然后将 origen 目标机的源码复制到 fs4412 目录下,命令如下。

```
#cp  -rf  board/samsung/origen/  board/samsung/fs4412
```

（2）为 FS4412 目标机准备启动文件。目标机的启动文件通常与目标机的名称相同,所以 FS4412 目标机的启动文件名应该为 fs4412.c,可以把 board/samsung/fs4412/目录下的 origen.c 文件直接改名为 fs4412.c,命令如下。

```
#mv  board/samsung/fs4412/origen.c  board/samsung/fs4412/fs4412.c
```

（3）为 FS4412 目标机指定编译目标名。FS4412 目标机的编译目标名为 fs4412.o,编译目标名都保存在目标机源代码所在的 Makefile 文件中。因为该文件是从参考目标机源代码中复制过来的,所以要修改 board/samsung/fs4412/Makefile 文件,将文件中的 origen.o 修改为 fs4412.o。

（4）为 FS4412 目标机准备头文件。每个目标机都有一个头文件,头文件用于保存目标机软硬件资源的宏定义。头文件名与目标机名相同,FS4412 目标机的头文件名为 fs4412.h,可以将 origen 目标机的头文件直接复制过来,然后对内容进行修改,首先执行如下命令。

```
#cp  include/configs/origen.h  include/configs/fs4412.h
```

打开 include/configs/fs4412.h 文件,找到如下内容。

```
#define   CONFIG_SYS_PROMPT "ORIGEN # "
#define CONFIG_IDENT_STRING   "for ORIGEN"
```

将找到的内容修改如下。

```
#define   CONFIG_SYS_PROMPT "fs4412 # "
#define CONFIG_IDENT_STRING   "for  fs4412"
```

（5）添加 FS4412 目标机信息。Uboot 源代码支持的目标机信息都保存在顶层目录下的 boards.cfg 文件中,文件中的每一行分别表示一块目标机的信息,用户可以参考 origen 目标机的信息添加 FS4412 目标机的信息。方法是在 boards.cfg 文件中找到 origen 目标机的信息,内容如下。

```
origen   arm  armv7   origen   samsung  exynos
```

其中,第 1 个 origen 是目标机的名称;arm 是指 CPU 架构;armv7 是指体系架构;第 2 个 origen 是目标机源码保存的目录名;samsung 是程序开发者;exynos 是微控制器类型。

在 origen 目标机的信息下方添加一行信息,即可完成添加 FS4412 目标机信息,具体内容如下。

```
fs4412   arm  armv7   fs4412   samsung  exynos
```

（6）为 FS4412 目标机生成映像文件,命令如下。

```
# make distclean
# make fs4412_config   //为 FS4412 目标机配置编译环境
# make
```

编译完成后,会生成映像文件 u-boot. bin,将其更名为 u-boot-fs4412. bin,该文件就是 FS4412 目标机的 Uboot 映像文件。

3. 为 FS4412 目标机的 Uboot 添加功能

在实际应用中,还必须根据目标机的硬件电路在 Uboot 源代码中添加相应的功能。对初学者来说,在 Uboot 源代码中添加功能程序有一定的难度。所以这里只简单介绍为 FS4412 目标机添加功能程序的方法,不具体分析功能程序代码。

(1) 添加点亮 LED2 灯功能程序。为了方便观察目标机 Uboot 的启动情况,可以在 Uboot 执行第一阶段程序时点亮 FS4412 目标机上的 LED2 指示灯。方法是将点灯程序添加到 Uboot 源代码的 arch/arm/cpu/armv7/start. S 文件中。首先打开 start. S 文件,找到以下内容。

```
reset:
    bl      save_boot_params
    / *
     * set the cpu to SVC32 mode
     * /
    mrs     r0,cpsr
    bic     r0,r0,♯0x1f
    orr     r0,r0,♯0xd3
    msr     cpsr,r0
```

这是启动时执行的第一段程序,在这之后添加如下程序。

```
ldr r0, = 0x11000c40
ldr r1, [r0]
bic r1, r1, ♯0xf0000000
orr r1, r1, ♯0x10000000
str r1, [r0]
ldr r0, = 0x11000c44
mov r1, ♯0xff
str r1, [r0]
```

添加完成后执行 Uboot,目标机上 LED2 灯应该就会亮。如果不亮,则说明 Uboot 没有执行。

(2) 添加串口输出程序。这里将实现串口输出程序代码添加到 board/Samsung/ fs4412/lowlevel_init. S 文件中。串口输出程序主要包括临时栈代码、关闭看门狗代码以及串口初始化代码等。具体代码可以查阅 FS4412 实验指导书。

(3) 添加网卡通信功能程序。将网络初始化代码添加到 board/samsung/fs4412/ fs4412. c 文件中,并将网络相关配置添加到 include/configs/fs4412. h 头文件中,具体代码请参考 FS4412 实验指导书。

完成功能添加后,再对 Uboot 源代码进行编译,生成 Uboot 映像文件。

4.3　Linux 内核移植和编译

若想在嵌入式系统上使用操作系统,必须为它定制一个适合目标机运行的内核。通常的做法是从网络下载一个版本合适的内核后对其进行移植、裁剪,再对其进行交叉编译生成内核映像文件,然后将映像文件烧写到目标机上。嵌入式系统存储单元十分有限,所以精简内核显得尤为重要。内核移植主要是根据处理器和外围电路对源码进行修改。内核裁剪主要是去除掉多余模块,增加必须模块,使之更符合目标机。

4.3.1　Linux 内核简介

Linux 内核是 Linux 操作系统的核心,是用 C 语言编写的,符合 POSIX 标准。Linux 内核主要功能包括进程管理、内存管理、文件管理、设备管理、网络管理等。

1. 进程管理

进程是计算机系统中资源分配的最小单元。内核负责创建和销毁进程,由调度程序采取合适的调度策略,实现进程之间的合理且实时的处理器资源共享,从而实现多个进程在一个或多个处理器之上的抽象。内核还负责实现不同进程之间、进程和其他部件之间的通信。

2. 内存管理

内存是计算机系统中最主要的资源。内核使得多个进程安全而合理地共享内存资源,为每个进程在有限的物理资源上建立一个虚拟地址空间。内存管理部分代码可以分为硬件无关部分和硬件有关部分,硬件无关部分实现进程和内存之间的地址映射等功能;硬件有关部分实现不同体系结构上的内存管理相关功能,并为内存管理提供硬件无关的虚拟接口。

3. 文件管理

在 Linux 系统中的任何一个概念几乎都可以看作一个文件,内核在非结构化的硬件之上建立了一个结构化的虚拟文件系统,隐藏了各种硬件的具体细节,从而可以在整个系统的几乎所有机制中使用文件的抽象。Linux 在不同物理介质或虚拟结构上支持数十种文件系统,例如磁盘的标准文件系统 ext3 和虚拟的特殊文件系统等。

4. 设备管理

Linux 系统中几乎每个系统操作最终都映射到一个或多个物理设备上。除了处理器、内存等少数的硬件资源之外,任何一种设备控制操作都由设备特定的驱动代码来实现,所以内核中必须提供系统中可能要操作的每一种外设的驱动。

5. 网络管理

内核支持各种网络标准协议和网络设备,网络管理部分可分为网络协议栈和网络设备驱动程序。网络协议栈负责实现每种可能的网络传输协议;网络设备驱动程序负责与各种网络硬件设备或虚拟设备进行通信。

Linux 内核源代码非常庞大,它使用目录树结构,并且使用 Makefile 文件组织配置编译。顶层目录的 Makefile 文件是整个内核配置编译的核心文件,负责组织目录树中子目录的编译管理,还可以设置体系结构和版本号等。

内核源码的顶层有许多子目录,分别组织存放各种内核子系统或者文件,具体的目录说明如表 4.3 所示。

表 4.3　Linux 内核源码顶层目录说明

目　　录	用　　途
arch	体系结构相关的代码,如 arch/i386、arch/arm 等
drivers	设备驱动程序,例如 drivers/char、drivers/block 等
fs	文件系统,例如 fs/ext3、fs/jffs2 等

续表

目　　录	用　　途
include	头文件,include/asm 是体系结构相关的头文件,include/linux 是 Linux 内核头文件
init	Linux 初始化,如 main.c 等
ipc	进程间通信的代码
kernel	Linux 内核核心代码
lib	库文件,如 zlib、crc32 等
mm	内存管理代码
net	网络支持代码,主要是网络协议
sound	声音驱动的支持
scripts	使用的脚本
usr	用户代码

4.3.2　内核的移植、配置和编译

以 linux-3.14 内核为例,内核压缩文件可以在 https://mirrors.edge.kernel.org/pub/linux/kernel/网站下载,制作用于 FS4412 目标机的内核映像文件的过程如下所述。

1. 解压源文件并清除原有配置

(1) 将内核压缩文件 linux-3.14.tar.xz 复制到/home/linux/kernel 目录下。

(2) 解压源文件,命令如下。

```
# tar xvf linux-3.14.tar.xz
```

解压完成后,会生成一个 linux-3.14 子目录,进入该子目录,命令如下。

```
# cd linux-3.14
```

(3) 清除原有配置与中间文件,命令如下。

```
# make distclean
```

2. 内核移植

Linux 内核支持多种处理器,内核移植的主要工作就是指定处理器的类型以及使用的交叉编译工具链。例如 FS4412 目标机使用的处理器核是 ARM 公司的 Cortex-A9,使用的交叉编译工具链是 arm-none-linux-gnueabi-。内核移植的具体操作如下所述。

打开内核顶层目录下的 Makefile 文件,在文件中找到如下内容。

```
ARCH ?= $(SUBARCH)
CROSS_COMPILE ?= $(CONFIG_CROSS_COMPILE:"%"=%)
```

将找到的以上代码修改为如下内容。

```
ARCH ?= arm
CROSS_COMPILE ?= arm-none-linux-gnueabi-
```

其中,ARCH 是 CPU 架构变量;CROSS_COMPILE 是交叉编译工具链变量。修改完成

后,保存文件退出。

3. 内核配置

Linux 内核配置主要是根据目标机的硬件电路以及实际应用需要对内核进行裁剪。执行 make menuconfig 命令,可弹出内核配置命令窗口,如图 4.11 所示。

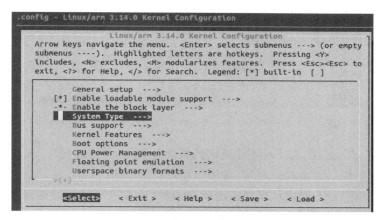

图 4.11　内核配置命令窗口

其中,带有--->表示该选项包含子选项;每个选项前面有[ ]或<>,[ ]表示仅有两种选择(∗或空),<>表示有 3 种选择(M、∗或空),按空格键可显示这几种选择,M 表示以模块方式编译入内核,在内核启动后,需要手动执行 insmod 命令才能使用该项驱动;∗表示直接编译入内核;空表示不编译入内核。

Linux 内核配置主要包括处理器的配置、支持的文件系统、需要安装的设备驱动程序等。以配置 FS4412 目标机的处理器为例,配置处理器的步骤如下所述。

(1) 在内核配置命令窗口按上、下方向键选中 System Type 选项,按 Enter 键,弹出 System Type 界面,如图 4.12 所示。

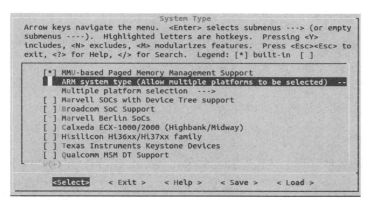

图 4.12　**System Type 对话框**

(2) 选中 ARM system type(Allow multiple platforms to be selected)选项,按 Enter 键,弹出 ARM system type 界面,如图 4.13 所示。

(3) 选中 Samsung EXYNOS 选项,按 Enter 键,返回 System Type 界面。

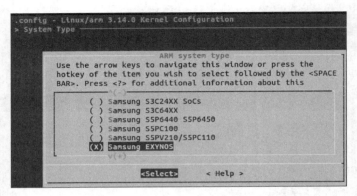

图 4.13　ARM system type 对话框

（4）选中<Exit>选项，按 Enter 键返回内核配置界面，这样就完成了内核配置。

按同样方法完成其他选项的配置，最后保存配置并退出。

内核配置的难点在于对内核模块的选择和处理，这要求开发人员对内核的结构非常熟悉，只有这样才能配置出功能合适的内核，既要能满足系统的要求，又没有太多的冗余。由于 Linux 内核比较庞大，这里不做过多陈述，感兴趣的读者可参考其他资料熟悉内核模块的结构。

4．内核编译

内核配置完成后，就可进行编译，生成内核映像文件，编译命令如下。

```
# make uImage
```

执行完编译命令后，会在 arch/arm/boot 目录下生成 Image、zImage 和 uImage 共 3 个内核映像文件。其中，Image 是没有压缩的内核映像文件，文件大小约 6MB；zImage 是压缩后的内核映像文件，文件大小约 3MB；uImage 是 Uboot 专用的内核映像文件，也是 FS4412 目标机上的内核映像文件。

4.3.3　在内核添加驱动程序

驱动程序的编译有 3 种方式，即编译入内核、编译成模块、根据变量编译，在内核编译时，Make 工具是根据 Makefile 文件内容进行编译的，这 3 种方式在 Makefile 文件中的格式不同。

例如，将 demo 驱动程序直接编译入内核 uImage，则命令格式如下。

```
obj-y += demo.o
```

将 demo 驱动程序编译生成一个独立的模块 demo.ko，则命令格式如下。

```
obj-m += demo.o
```

如果 demo 驱动程序根据 CONFIG_DEMO 变量值确定编译方式，则命令格式如下。

```
obj-$(CONFIG_DEMO) += demo.o
```

注意：CONFIG_DEMO 变量的值保存在 .config 文件中，而 .config 文件是在运行 make menuconfig 时生成的，而运行 make menuconfig 时需要读取 Kconfig 文件的数据。

以 demo 驱动程序为例,将其添加到内核的具体操作步骤如下所述。

(1) 将驱动程序复制到内核的合适位置。

假设 demo 驱动程序的文件名是 demo.c,由于它是一种字符设备,所以将其存在 drivers/char 目录下,因为该目录通常用于存放字符设备。在 drivers/char 下新建 demo 目录,然后将 demo.c 复制到 drvers/char/demo 目录即可。

(2) 创建驱动程序变量。

在 drivers/char/demo 目录下新建两个文件(Kconfig 和 Makefile),在 Kconfig 文件中新建变量,在 Makefile 文件中使用变量。

Kconfig 文件内容如下。

```
config DEMO
    tristate "Demo Register Driver"
    default n
    help
    This is the demo driver for Linux
```

注意:tristate 表示有 3 种状态,分别对应 Y、N、M 三种选择方式,意思就是这个配置项有 3 种选择。bool 表示两种状态,对应 Y 和 N,意思是只有两种选择。

Makefile 文件内容如下。

```
obj-$(CONFIG_DEMO) +=demo.o
```

(3) 将驱动程序装配到系统配置中。

在上一级目录 drivers/char 的 Kconfig 和 Makefile 两个文件中添加相关内容。

在 Kconfig 文件中添加一行内容如下。

```
source "drivers/char/demo/kconfig"
```

在 Makefile 文件中添加一行内容如下。

```
obj-$(CONFIG_DEMO) +=demo/
```

完成以上操作后,在源码的顶层目录下运行 make menuconfig 命令,然后在 Character devices 界面中就可以找到 demo 驱动程序,如图 4.14 所示。它有 3 种选择,选择 M,表示

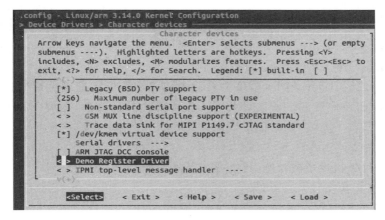

图 4.14　demo 驱动程序配置

编译成单独的模块,选择"＊",表示编译进内核映像文件,选择"空",表示不编译。

配置完成后重新编译内核,就完成了驱动程序加载到内核的操作。

4.3.4　设备树

在 Linux 3.x 之前版本的内核源码中,有大量用于描述板级细节信息的代码,这些代码都存放在/arch/arm/plat-xxx 和/arch/arm/mach-xxx 目录下,每种板都需要一个目录来保存板级信息,所以代码非常多,而且有许多冗余,不方便软件开发。为了解决这个问题而引入设备树。设备树的主要优势是对于使用相同处理器,但外围电路有所不同的主板,只需更换设备树文件,即可实现不同主板之间的无差异支持,而无须更换内核其他文件。

1. 数据结构

设备树是使用设备树文件来描述硬件资源的数据结构。每一种目标机都需要一个设备树文件,每一个设备树文件都有一个根节点,根节点下可以有许多子节点。每一个设备都是一个节点,节点之间可以嵌套,形成父子关系。每个节点的描述都采用统一的数据结构,即由节点名和属性组成,具体的数据结构格式如下。

```
[lable:] node-name[@unit-address]{
    [properties definitions]
    [child nodes]
};
```

例如为 A/D 转换设备添加一个节点,则节点的数据结构格式如下。

```
fs4412-adc@126c0000{
    compatible="fs4412,adc";
    reg=<0x126c0000 0x20>;
    interrupt-parent=<&combiner>;
    interrupts=<10,3>;
};
```

(1) 第 1 行是节点名称以及节点占用的地址资源。

(2) 第 2～5 行是节点的属性。compatible 是设备信息,内核依靠这个属性去寻找对应的驱动程序;reg 标识设备占用的寄存器;interrupt-parent 标识设备使用的中断控制器;interrupts 标识设备使用的中断。

设备树源文件(device tree source)的扩展名是.dts,烧写到目标机上的设备树文件是二进制文件(device tree blob)的扩展名是.dtb,利用设备树编译工具(device tree compiler,DTC)可以将设备树源文件编译成二进制文件。

目标机上电之后,BootLoader 程序会将设备树在内存中的地址传给内核,然后内核去解析和读取对应的硬件资源。所以设备树不仅需要内核的支持,还要 BootLoader 程序的支持。

2. 生成过程

以 FS4412 目标机设备树为例,其生成过程如下所述。

1) 编写设备树源文件

设备树源文件要保存在内核源码的 arch/arm/boot/dts/目录下。FS4412 目标机是由

origen 目标机移植来的,所以可以使用 origen 目标机的设备树源文件作为参考文件进行修改。复制 arch/arm/boot/dts/exynos 4412-origen. dts 文件,将副本文件重命名为 exynos 4412-fs4412. dts。exynos 4412-fs4412. dts 就是 FS4412 目标机的设备树源文件,然后修改 exynos 4412-fs4412. dts 文件,并在文件中添加 FS4412 目标机上相关设备的节点,如 ADC、陀螺仪等设备节点。

2) 为 FS4412 目标机添加设备树目标

在 arch/arm/boot/dts/目录下的 Makefile 文件中添加 FS4412 目标机设备树编译信息。具体操作是:打开 Makefile 文件,找到如下内容,即 origen 目标机设备树编译信息。

```
exynos 4412-origen. dtb \
```

在设备树编译信息下方添加 FS4412 目标机设备树编译信息,具体内容如下。

```
exynos 4412-fs4412. dtb \
```

这一行是告诉内核编译设备树时编译出一个 exynos 4412-fs4412. dtb 文件。

3) 编译设备树

编译设备树是在内核的顶层目标下进行的,命令如下。

```
# make dtbs
```

编译完成后,就会在 arch/arm/boot/dts/目录下生成一个名为 exynos 4412-fs4412. dtb 的设备树二进制文件。

4.3.5　根文件系统

1. 根文件系统概述

文件是计算机系统的软件资源,操作系统本身和大量的用户程序、数据都是以文件形式组织和存放的,对这些资源进行有效管理和充分利用是操作系统的重要任务之一。

文件系统指文件存在的物理空间。在 Linux 系统中,每个分区都是一个文件系统,都有自己的目录层次结构。Linux 的最重要的特征之一就是支持多种文件系统,因为这样它更加灵活,并可以和许多其他操作系统共存。由于系统已将 Linux 文件系统的所有细节进行了转换,所以 Linux 核心的其他部分及系统中运行的程序将看到统一的文件系统。

根文件系统是 Linux 操作系统运行时所需要的特有文件系统,它由一系列目录组成,目录中包含了应用程序、C 库以及相关的配置文件。根文件系统不仅具有普通文件系统存储数据文件的功能,还用来存储运行时所需要的一些特殊文件,这些特殊文件包括操作系统运行时的配置数据文件(通常位于/etc 目录下)和设备文件(位于/dev 目录下)。操作系统通过使用根文件系统来与应用程序进行通信,并与设备进行交互。

根文件系统是 Linux 启动时挂载的第一个文件系统,如果没有根文件系统,Linux 将无法正常启动。Linux 的根文件系统以树形结构进行组织,包含内核和系统管理所需要的各种文件和程序,一般来说根目录下的顶层目录都有一些比较固定的命名和用途,表 4.4 所示即为常用的目录。

表 4.4　Linux 常用目录

目　　录	用　　途
/bin	系统的一些重要的执行文件。如登录命令 login 及文件操作命令 cp、mv、rm、ln 等，文件编辑器 ed、vi 等；磁盘管理程序 dd、df、mount 等；系统实用程序 uname、hostname 等
/boot	引导加载(bootstrap loader)使用的文件
/dev	系统的设备文件
/etc	系统的配置文件。如/etc/inittab 文件决定系统启动的方式
/home	系统用户的工作目录
/lib	系统上所需的函数共享库
/mnt	系统管理员临时 mount 的安装点。如光驱、软盘都挂接在此目录下的 cdrom 和 floppy 子目录中
/proc	记载整个系统的运行信息
/root	根用户的主目录
/tmp	临时文件而保留的目录
/usr	Linux 中内容最多、规模最大的一个目录，包含所有命令、库、man 页和其他一般操作中所需的不改变的文件
/var	系统运行时要改变的数据

2. BusyBox 工具

嵌入式系统的最大特点就是精简性，要求软硬件越少越好，所以对于目前庞大的 Linux 的根文件系统来说，BusyBox 就是一个非常有用的工具。有时将 BusyBox 称为 Linux 工具里的"瑞士军刀"。BusyBox 用来精简用户的命令和程序，它将数以百计的常用 UNIX/Linux 命令集(如 ls、cp 等命令)生成到一个可执行文件中(名为 BusyBox)，所占用的空间只有 1MB 左右。

BusyBox 从名称上不说是一个"繁忙的盒子"，而是一个程序完成所有的事情。BusyBox 根据文件名来决定执行具体的命令或程序，即为 BusyBox 文件建立不同名称的链接文件，不同的链接文件名对应不同的功能。例如 ln -s busybox ls，ls 就表示查看文件功能；又如 ln -s busybox cp，cp 就表示文件复制功能。

3. 根文件系统的构建过程

根文件系统的具体构建过程如下所述。

(1) 解压 busybox 文件。如果根文件系统的构建计划在/home/linux/busybox 目录下完成，则具体操作如下所述。

```
# mkdir home/linux/busybox
# cd   home/linux/busybox
```

将 busybox-1.22.1.tar.bz2 文件复制至该目录后，解压源码，命令如下。

```
# tar xvf busybox-1.22.1.tar.bz2
```

解压后，会生成 busybox-1.22.1 目录，然后进入该目录，命令如下。

```
# cd busybox-1.22.1
```

（2）配置 BusyBox 工具。在 busybox-1.22.1 目录下配置 BusyBox 工具,配置命令如下。

```
# make distclean
# make menuconfig
```

命令执行完后,弹出 BusyBox 1.22.1 Configuration 窗口,如图 4.15 所示。[*]表示选择,[ ]表示不选择,选择和不选择使用空格键切换。

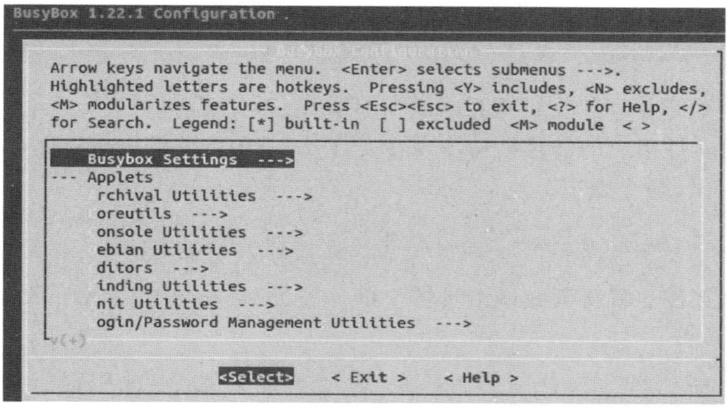

图 4.15　BusyBox 1.22.1 Configuration 窗口

配置的内容比较多,但各种配置的操作方法差不多。例如选择 chmod 命令为例,命令的选择过程与其他命令类似,在主配置窗口中选择 Coreutils 选项,弹出 Coreutils 窗口,如图 4.16 所示,选中 chmod 选项即可。[*]表示选择,[ ]表示不选择,使用空格键进行切换。

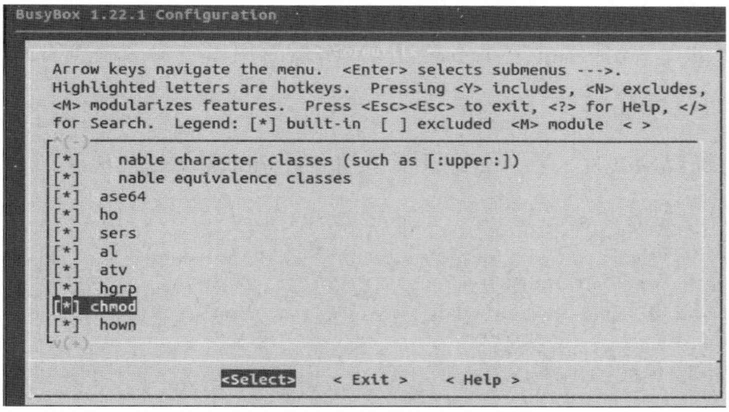

图 4.16　Coreutils 窗口

用户要根据应用的需要,分别配置设备文件、交叉工具链、运行库、命令等内容,最后保存退出。

（3）编译源码。配置完成后,在顶层目录下直接执行 make 命令就可以完成编译,格式如下。

```
# make
```

（4）安装编译好的文件。BusyBox 工具默认安装路径为源码目录下的_install 目录，安装命令如下。

```
# make install
```

然后进入安装目录_install 查看目录内容，命令如下。

```
# cd _install
# ls
bin  linuxrc  sbin  usr
```

如果目录中有以上 4 个文件或目录，则说明以上操作正确。

（5）完善根文件系统的目录结构。现在要在_install 目录下构建根文件系统，所以要创建其他必需的目录，命令如下。

```
# mkdir dev etc mnt proc var tmp sys root
```

（6）添加库文件。将交叉编译工具链中的库复制到_install 目录下的 lib 子目录，命令如下。

```
# cp /usr/local/toolchain/ toolchain-4.6.4/arm-arm1176jzfssf-linux-gnueabi/lib/    .  -a
```

删除静态库和共享库文件中的符号表，命令如下。

```
# sudo rm lib/ * .a
```

删除调试等信息，使文件变小，命令如下。

```
# arm-none-linux-gnueabi-strip lib/ * .so
```

删除不需要的库，确保库的大小不超过 4MB，然后用以下命令检查 lib 目录的大小。

```
# du -mh   lib/
```

（7）添加系统启动文件。在 etc 目录下添加文件 inittab，文件内容如下。

```
# this is run first except when booting in single-user mode.
::sysinit:/etc/init.d/rcS
# /bin/sh invocations on selected ttys
# start an "askfirst" shell on the console (whatever that may be)
::askfirst:-/bin/sh
# stuff to do when restarting the init process
::restart:/sbin/init
# stuff to do before rebooting
::ctrlaltdel:/sbin/reboot
```

在 etc 目录下添加文件 fstab，文件内容如下。

#device	mount-point	type	options	dump	fsck	order
proc	/proc	proc	defaults	0	0	
tmpfs	/tmp	tmpfs	defaults	0	0	
sysfs	/sys	sysfs	defaults	0	0	
tmpfs	/dev	tmpfs	defaults	0	0	

　　这里挂载的文件系统为 proc、sysfs 和 tmpfs。proc 和 sysfs 是内核默认支持的,tmpfs 要在内核中配置支持。

　　再在 etc 目录下创建 init.d 目录,并在 init.d 下创建 rcS 文件,rcS 文件内容如下。

```
#!/bin/sh
#  This is the first script called by init process
/bin/mount -a
echo /sbin/mdev > /proc/sys/kernel/hotplug
/sbin/mdev -s
mkdir /lib/modules/  'uname -r'
```

　　为 rcS 文件添加可执行权限,命令如下。

```
#  chmod  +x  init.d/rcS
```

　　在 etc 目录下添加 profile 文件,文件内容如下。

```
#!/bin/sh
export HOSTNAME=farsight
export USER=root
export HOME=root
export PS1="[$USER@$HOSTNAME \W]\#  "
PATH=/bin:/sbin:/usr/bin:/usr/sbin
LD_LIBRARY_PATH=/lib:/usr/lib:$LD_LIBRARY_PATH
export PATH LD_LIBRARY_PATH
```

　　(8) 制作 ramdisk 文件映像。

　　① 制作一个大小为 8MB 的映像文件,命令如下。

```
#  dd  if=/dev/zero  of=ramdisk  bs=1k  count=8192
```

　　此时可生成一个名为 ramdisk 的文件,文件大小为 8MB。

　　② 格式化文件成 ext2 文件格式,命令如下。

```
#  mkfs  ext2  -F  ramdisk
```

　　③ 在 mnt 目录下创建 initrd 目录作为挂载点,并将 ramdisk 文件挂载上,命令如下。

```
#mkdir /mnt/initrd
#mount -t ext2 -o loop ramdisk /mnt/initrd
```

　　④ 将根文件系统里的内容全部复制到 /mnt/initrd 目录下,命令如下。

```
#  cp  _install/ *  /mnt/initrd  -a
```

　　⑤ 卸载挂载点 initrd,命令如下。

```
#  umount /mnt/initrd
```

　　⑥ 压缩 ramdisk 为 ramdisk.gz,命令如下。

```
#  gzip --best -c ramdisk > ramdisk.gz
```

⑦ 格式化为 Uboot 识别的格式,命令如下。

```
# mkimage -n "ramdisk" -A arm -O linux -T ramdisk -C gzip -d ramdisk.gz ramdisk.img
```

此时生成了一个名为 ramdisk.img 的文件,这个文件就是根文件系统映像文件。

4.4　练　习　题

1. 选择题

(1) 超级终端是(　　)。

　　A. 串口通信工具　　　B. 图像软件　　　　C. 操作系统　　　　　D. 远程控制软件

(2) Uboot 是由(　　)开发的。

　　A. mini 公司　　　　B. Redhat 公司　　　C. jan-Der Bakker　D. DENX 小组

(3) vivi 是由(　　)开发的。

　　A. mini 公司　　　　B. Redhat 公司　　　C. jan-Der Bakker　D. DENX 小组

(4) Blod 是由(　　)开发的。

　　A. mini 公司　　　　B. Redhat 公司　　　C. jan-Der Bakker　D. DENX 小组

(5) Uboot 程序分两个阶段,第一阶段是用(　　)编写的。

　　A. C 语言　　　　　　B. 机器语言　　　　C. 汇编语言　　　　　D. BASIC 语言

(6) Uboot 程序分两个阶段,第二阶段是用(　　)编写的。

　　A. C 语言　　　　　　B. 机器语言　　　　C. 汇编语言　　　　　D. BASIC 语言

(7) Uboot 程序第一阶段程序在(　　)文件中。

　　A. start.S　　　　　B. main.S　　　　　C. board.c　　　　　D. origen.h

(8) Uboot 程序第二阶段程序在(　　)文件中。

　　A. start.S　　　　　B. main.S　　　　　C. board.c　　　　　D. origen.h

(9) Uboot 程序将 SD 或 MMC 上的程序读到内存中的命令是(　　)。

　　A. movi　　　　　　B. setenv　　　　　C. saveenv　　　　　D. fdisk

(10) Uboot 程序设置环境变量的命令是(　　)。

　　A. movi　　　　　　B. setenv　　　　　C. saveenv　　　　　D. fdisk

(11) Uboot 程序保存环境变量的命令是(　　)。

　　A. movi　　　　　　B. setenv　　　　　C. saveenv　　　　　D. fdisk

(12) Uboot 程序查看分区信息的命令是(　　)。

　　A. movi　　　　　　B. setenv　　　　　C. boot　　　　　　D. fdisk

(13) 内核映像文件是(　　)。

　　A. uImage　　　　　　　　　　　　　　B. u-boot.bin

　　C. ramdisk.img　　　　　　　　　　　D. Exynos 4412.dtb

(14) 引导程序映像文件是(　　)。

　　A. uImage　　　　　　　　　　　　　　B. u-boot.bin

　　C. ramdisk.img　　　　　　　　　　　D. Exynos 4412.dtb

(15) 设备树文件是(　　)。

A. uImage

B. u-boot. bin

C. ramdisk. img

D. Exynos 4412. dtb

(16) 文件系统映像文件是(　　)。

A. uImage

B. u-boot. bin

C. ramdisk. img

D. Exynos 4412. dtb

(17) Linux 内核顶层目录下,(　　)目录主要存放体系结构相关的代码。

A. fs　　　　　　　B. kernel　　　　　　C. drivers　　　　　　D. arch

(18) Linux 内核顶层目录下,(　　)目录主要存放各种设备驱动程序代码。

A. fs　　　　　　　B. kernel　　　　　　C. drivers　　　　　　D. aArch

(19) Linux 内核顶层目录下,(　　)目录主要存放内核核心代码。

A. fs　　　　　　　B. kernel　　　　　　C. drivers　　　　　　D. arch

(20) Linux 内核顶层目录下,(　　)目录主要存放文件系统代码。

A. fs　　　　　　　B. kernel　　　　　　C. drivers　　　　　　D. arch

(21) 在内核编译时,驱动程序的编译有 3 种方式,(　　)不属于这 3 种。

A. 编译入内核　　　B. 编译成应用　　　C. 编译成模块　　　D. 根据变量编译

(22) 将 demo 驱动程序直接编译入内核 uImage 的命令格式是(　　)。

A. obj-y += demo. o

B. obj-m += demo. o

C. obj- $(CONFIG_DEMO) +=demo. o

D. insmdo demo. ko

(23) 将 demo 驱动程序编译生成一个独立的模块 demo. ko 的命令格式是(　　)。

A. obj-y += demo. o

B. obj-m += demo. o

C. obj- $(CONFIG_DEMO) +=demo. o

D. insmdo demo. ko

2. 填空题

(1) 嵌入式调试方法包括_____、_____、_____和_____调试等。

(2) OCD 有许多不同的实现方式,比较典型的有_____和_____。

(3) Ubuntu 12. 04 LTS 64-bit 操作系统是一个_____位的操作系统。

(4) 超级终端是一款_____软件。

(5) 超级终端利用_____口来传输数据。NFS 服务利用_____口传输数据。

(6) 配置超级终端时,一般参数为波特率_____,数据位_____位,停止位_____位,奇偶校验位_____,软硬件控制流为_____。

(7) FS4412 支持的启动方式有_____、_____和_____。

(8) Ubuntu 内核映像文件名是_____,设备树文件名是_____。

(9) 在 Uboot 下输入以下命令。

```
# tftp  40008000  u-boot-fs4412. bin
# movi  write  u-boot  40008000
```

请问：第 1 条命令的功能是＿＿＿＿＿＿＿＿＿＿＿＿＿＿＿＿。

第 2 条命令的功能是＿＿＿＿＿＿＿＿＿＿＿＿＿＿。

（10）Cortex-A9 上电或复位时，从地址＿＿＿＿＿开始执行。

（11）大多数据 BootLoader 程序包括两种不同的操作模式，即＿＿＿＿和＿＿＿＿模式。

（12）BootLoader 的 stage1 用＿＿＿＿语言来实现，stage2 则用＿＿＿＿语言来实现。

（13）Uboot 的入口在 start.S 文件中的起始代码段＿＿＿＿。

（14）以 Exynos 4412 处理器为例，Uboot 的入口 start.S 程序主要完成与处理器体系架构有关的初始化内容，所以存放在＿＿＿＿目录。

（15）Uboot 源代码中，与体系结构相关的代码存放的目录是＿＿＿＿，驱动程序代码存放的目录是＿＿＿＿。

（16）Uboot 程序编译生成映像文件，命令如下。

```
$ make distclean
$ make origen_config
$ make
```

请问：第 1 行的功能是＿＿＿＿＿＿＿＿＿＿＿＿＿＿。

第 2 行的功能是＿＿＿＿＿＿＿＿＿＿＿＿＿＿。

编译完成后，生成映像文件是＿＿＿＿＿＿＿＿＿＿。

（17）Uboot 移植通常包括＿＿＿＿和＿＿＿＿两部分。

（18）Linux 内核主要功能包括＿＿＿＿、＿＿＿＿、＿＿＿＿、＿＿＿＿和＿＿＿＿。

（19）本书使用的交叉工具链是＿＿＿＿＿＿＿＿＿＿。

（20）Linux 内核是用＿＿＿＿语言编写的。

（21）内核编译时，驱动程序的编译有 3 种方式，即＿＿＿＿、＿＿＿＿和＿＿＿＿。

（22）设备树中，DTS 是＿＿＿＿，DTC 是＿＿＿＿，DTB 是＿＿＿＿。

（23）＿＿＿＿是 Linux 操作系统运行时所需要的特有文件系统。

3．简答题

（1）简述嵌入式开发环境的搭建过程。

（2）BootLoader 的结构分两部分，简述各部分的功能。

（3）ARM 常用的 BootLoader 程序有哪些？

（4）简述 Linux 系统中开发好的程序如何下载到目标机。

（5）简述 Uboot 启动流程。

（6）简述生成内核映像文件 zImage 的步骤。

（7）简述使用设备树的优势。

（8）BusyBox 工具的功能是什么？

（9）简述根文件系统的创建过程。

第 5 章　Linux 驱动程序

本章主要介绍 Linux 驱动程序工作原理、设备分类、设备文件接口和驱动程序加载方法,总结归纳字符设备驱动程序使用到的重要数据结构和常用函数,最后通过几个实例介绍字符设备驱动程序的设计以及编译、安装和测试等过程。

5.1　Linux 驱动程序概述

不同的硬件设备需要不同的驱动程序,如网卡、声卡、键盘和鼠标等,它们的驱动程序都不一样。如果某个硬件设备在操作系统中没有对应的驱动程序,系统就无法对该硬件设备进行操作,这时就需要为该硬件设备开发驱动程序。驱动程序是应用程序与硬件之间的一个中间软件层,它为应用程序屏蔽了硬件的细节。Linux 操作系统预留了安装驱动程序的接口,可以非常方便地将驱动程序加载到操作系统。

大多数驱动程序都是用来控制某一个硬件设备,但不一定是某一个物理性的硬件设备,如/dev/null/、dev/random,这些设备与真实的硬件没有什么联系,只是从内核获取数据再送往应用程序。

在嵌入式系统开发过程中,因为系统不同,硬件结构也有所不同,所以很少有通用的驱动程序可以使用。因此,驱动程序开发是整个嵌入式系统设计过程中必不可少的一部分。

5.1.1　驱动程序

驱动程序的目标是屏蔽具体物理设备的操作细节,实现设备无关性。在嵌入式操作系统中,驱动程序是内核的重要部分,它为内核提供了一组统一的 I/O 接口,用户可以使用这些接口实现对设备的操作。

1. 驱动程序的功能

驱动程序作为操作系统最基本的组成部分,它的功能通常包括以下 3 部分。

(1) 对设备初始化和释放。驱动程序加载时,完成设备注册、中断申请、初始化等操作;当驱动程序卸载时,则将使用的设备号、中断和内存空间等资源释放出来。

(2) 数据传送。驱动程序最重要的功能就是在内核、硬件和应用程序之间传送数据,从而实现对设备的具体操作。

(3) 检测和处理设备出现的错误。驱动程序应能够对设备出现的一些常见错误具有检测和纠错等功能。

2. 驱动程序的组成

驱动程序通常由以下 3 部分组成。

(1) 自动配置和初始化子程序。这部分负责检测所要驱动的硬件设备是否存在以及是否工作正常。如果设备工作正常,则对这个设备及其相关的设备驱动程序和需要的软件状态进行初始化。这部分驱动程序仅在系统初始化的时候被调用一次。

（2）服务于 I/O 请求的子程序，又称为驱动程序的上半部分。调用这部分程序是系统调用的结果。这部分程序在执行的时候，系统仍认为是和进行调用的进程属于同一个进程，只是由用户态变成了内核态，具有进行此系统调用的用户程序的运行环境，因此可以在其中调用 sleep 等与进程运行环境有关的函数。

（3）中断服务子程序，又称为驱动程序的下半部分。在 Linux 系统中，并不是直接从中断向量表中调用设备驱动程序的中断服务子程序，而是由 Linux 系统来接收硬件中断，再由系统调用中断服务子程序。中断可以产生在任何一个进程运行的时候，因此在中断服务子程序被调用的时候，不能依赖于任何进程的状态，也就不能调用任何与进程运行环境有关的函数。因为设备驱动程序一般支持同一类型的若干设备，所以一般在系统调用中断服务子程序的时候都带有一个或多个参数，以唯一标识请求服务的设备。

3. 驱动程序与应用程序的区别

驱动程序与应用程序的区别主要表现在以下 3 个方面。

（1）应用程序一般有一个 main 函数，并从头到尾执行一个任务；驱动程序没有 main 函数，它在加载时，通过调用 module_init 宏完成驱动设备的初始化和注册工作之后便停止，并等待被应用程序调用。

（2）应用程序可以和 GLIBC 库连接，因此可以包含标准的头文件；驱动程序不能使用标准的 C 库，因此不能调用任何 C 库函数，比如输出函数不能使用 printf，只能使用内核的 printk，包含的头文件只能是内核的头文件，比如 Linux/module.h。

（3）驱动程序运行在内核空间（又称内核态），比应用程序执行的优先级要高很多。应用程序则运行在最低级别的用户空间（又称用户态），在这一级别禁止对硬件的直接访问和对内存的未授权访问。

5.1.2 设备分类

1. 设备的类型

Linux 系统通常将设备分为 3 类，即字符设备（Character Devices）、块设备（Block Devices）和网络设备（Network Devices）。应用程序对不同类型设备的操作有一些差别，如图 5.1 所示。应用程序通过字符设备文件（又称设备节点）来操作字符设备，通过块设备文

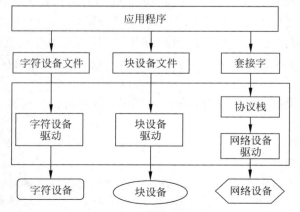

图 5.1 应用程序操作设备框图

件来操作块设备,通过套接字来操作网络设备。

1) 字符设备

字符设备是指数据处理以字节为单位,并按顺序进行访问的设备,它一般没有缓冲区,不支持随机读写。嵌入式系统中的简单按键、触摸屏、鼠标、A/D 转换等设备都属于字符设备。

字符设备是 Linux 系统中最简单的设备,可以像文件一样被访问。初始化字符设备时,字符设备驱动程序向 Linux 系统登记,并在字符设备向量表 chrdevs 中增加一个 device_struct 数据结构条目,这个设备的主设备号用作这个向量表的索引,chrdevs[]数组的下标值就是主设备号,如图 5.2 所示。chrdevs 向量表中的每一个条目就是一个 device_struct 结构,这个结构的定义如下。

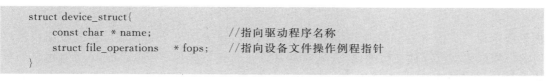

```
struct device_struct{
    const char  * name;           //指向驱动程序名称
    struct file_operations   * fops;   //指向设备文件操作例程指针
}
```

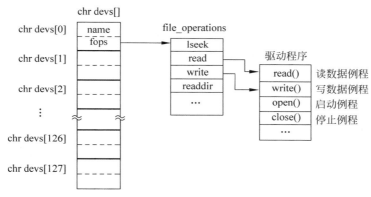

图 5.2　字符设备向量表

2) 块设备

块设备是指在输入输出时以块为单位进行数据处理的设备,它一般都采用缓存技术,支持数据的随机读写。典型的块设备有硬盘、U 盘、内存、Flash、CD-ROM 等。

块设备是文件系统的物质基础,它也可以像文件一样被访问。Linux 系统用 blkdevs 向量表维护已经登记的块设备文件,它像 chrdevs 向量表一样使用设备的主设备号作为索引。blkdevs 向量表的条目也是 device_struct 结构,如图 5.3 所示。

块设备又分若干种类型,例如 SCSI 类和 IDE 类。块设备类向 Linux 内核登记并向内核提供文件操作,块设备类的驱动程序向这种类提供和类相关的接口。例如,SCSI 设备驱动程序必须向 SCSI 子系统提供接口,让 SCSI 子系统来对内核提供这种设备的文件操作。

对块设备文件进行读写时首先要对缓冲区进行操作,所以除了对文件进行操作的接口,块设备还必须提供缓冲区的接口。每一个块设备的驱动程序填充 blk_dev 向量表中的 blk_dev_struct 数据结构,这个向量表的索引还是设备的主设备号。blk_dev_struct 包含一个请

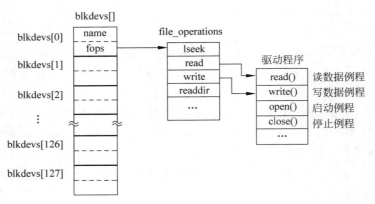

图 5.3　块设备向量表

求子程序和一个指向 request 结构的指针,每个 request 表示一个来自缓冲区的数据块读写请求。如果数据已存放在缓冲区内,则对缓冲区进行读写操作;否则系统将增加相应个数的 request 结构到对应的 blk_dev_struct 中,如图 5.4 所示。系统以中断方式调用 request 函数完成对块设备的读写,以响应请求队列,每个读写请求都有一个或多个 buffer_head 结构。对缓冲区进行读写操作时,系统可以锁定这个结构,这样会使得进程一直等待直到读写操作完毕。读写请求完成后,系统将相应的 buffer_head 从 request 中清除并解除锁定,等待进程被唤醒。

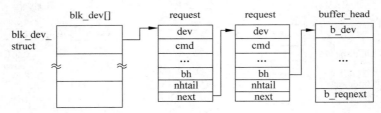

图 5.4　块设备缓冲区读写

3) 网络设备

网络设备又称网络接口(Network Interface),用于网络通信。通常它们指的是硬件设备,但有时也可以是一个纯软件设备(如回环接口 loopback)。网络接口由内核中的网络子系统驱动,负责发送和接收数据包,而且它并不需要了解每一项事务如何映射到实际传送的数据包。因为它们的数据传送往往不是面向数据流(少数是,如 Telnet 和 FTP 就是面向数据流),所以不容易把它们映射到一个文件系统的节点上,所以 Linux 系统采用给网络接口设备分配一个唯一名字的方法来访问该设备。

2. 设备号

在传统的设备管理方式中,设备类型用于区分字符设备和块设备,字符设备用 C 表示,块设备用 B 表示。除了设备类型以外,内核还需要一对参数才能唯一标识某一设备,这对参数就是主设备号(Major Number)和次设备号(Minor Number)。

主设备号用于标识设备对应的驱动程序,主设备号相同的设备使用相同的设备驱动程序。一个主设备号可能有多个设备与之对应,这些设备在驱动程序内通过次设备号来进一步区分。为了便于系统推广,Linux 操作系统对一些典型设备的主设备号进行了统一编号,例如,软驱的主设备号是 2,IDE 硬盘的主设备号是 3,并口的主设备号是 6。文件 include/linux/major.h 提供了当前正在使用的 Linux 系统中的全部主设备号清单。

次设备号是用来区分具体设备的实例(Instance)。例如,如果一台计算机上配有两个软驱,则两个软驱的主设备号都是 2,但次设备号不同,通常第一个软驱的次设备号为 0,第二个软驱的次设备号为 1。

在 Linux 2.4 版内核中有 256 个主设备号,更高版本的内核支持的主设备号更多。Linux 内核给设备分配主设备号的方法主要有两种,即静态申请和动态申请。静态申请是指由开发人员手工查看系统主设备号的使用情况,然后找到一个未被使用的主设备号,再向内核申请注册该主设备号。动态申请是指调用系统函数,向内核申请动态分配主设备号。

3. 设备文件

设备类型、主设备号、次设备号是内核与驱动程序通信时所使用的,但是对于开发应用程序的用户来说难以理解和记忆,所以 Linux 系统使用了设备文件的概念来统一对设备的访问接口。设备文件有时也称为设备节点,一般存放在/dev 目录下。正常情况下,/dev 目录下的每一个设备文件对应一个设备(包括虚拟设备),设备文件的命名格式一般为"设备名+数字或字母",其中,数字或字母用于表示设备的子类,例如/dev/hda1、/dev/hda2 分别表示第一个 IDE 硬盘的第一个分区和第二个分区。

用 ls -l 命令可查看设备文件的属性,命令示例如下。

```
#ls -l /dev
...
crw-------    1   root    root    5, 64   Jan  1 00:00   cua0
crw-------    1   root    root    5, 65   Jan  1 00:00   cua1
crw-------    1   root    root    4, 64   Jan  1 00:11   ttyS0
crw-------    1   root    root    4, 65   Jan  1 00:00   ttyS1
...
#
```

从命令运行结果可以看出,很多设备的主设备号相同,但它们的次设备号却没有重复,体现了主、次设备号的分工。运行结果共有 8 列,各列属性的含义如表 5.1 所示。

表 5.1　ls -l 命令下显示的文件各列属性含义

列号	含　义
1	文件的类型及文件的权限。第 1 位表示文件的类型,c 表示该文件为字符设备文件,b 表示该文件为块设备文件;第 2~10 位表示文件的权限,r 表示读,w 表示写,x 表示执行
2	文件硬连接数
3	文件所属的用户
4	文件所属的用户组
5	主设备号
6	次设备号
7	文件最后修改的时间
8	文件名

　　Linux-2.4 版本内核中引入了设备文件系统,所有设备文件都可以作为一个可以挂装的文件,这样就可以由文件系统统一管理,设备文件就可以挂装到任何需要的地方;设备文件命名规则也发生了变化,一般将主设备建立一个目录,再将具体的子设备文件建立在此目录下。例如某目标机中的 MTD 设备文件保存在/dev/mtdblock 目录下,该目录下就有两个设备文件 0 和 1。

　　设备文件的创建方式有两种,即自动创建和手动创建。自动创建是驱动程序在加载时,驱动程序内部调用自动创建设备文件的函数,由内核完成设备文件的创建工作。手动创建是用户通过 mknod 命令来创建设备文件。mknod 的语法格式如下。

```
# mknod name type major minor
```

其中,参数 name 是设备文件名;type 是设备类型;major 是主设备号;minor 是次设备号。

　　实例:创建一个字符设备文件。要求设备名为/dev/demo,主设备号是 100,次设备号是 0。创建命令如下。

```
# mknod /dev/demo c 100 0
```

5.1.3　设备文件接口

　　Linux 应用程序可以通过设备文件的一组固定的入口点来访问驱动程序,这组入口点是由每个设备的设备驱动程序提供的,也就是设备文件接口。一般来说,字符设备和块设备的驱动程序能够提供给应用程序的常用设备文件接口包括 open 入口点、close 入口点、read入口点、write 入口点、ioctl 入口点。

　　1. open 入口点

　　对字符设备文件进行操作,都需要通过设备的 open 入口点调用。open 子程序,功能是为将要进行的 I/O 操作做好必要的准备工作,如清除缓冲区等。如果设备是独占的,即同一时刻只能有一个程序访问此设备,则 open 子程序必须设置一些标志以表示设备处于忙碌状态。open 子程序的调用格式如下。

```
int open(char * filename, int access);
```

其中,参数 filename 是设备文件名;access 为文件描述字,它包含基本模式和修饰符两部分内容,两部分内容可用 & 或 | 连接。修饰符可以有多个,但基本模式只能有一个。access 的规定如表 5.2 所示。

表 5.2　access 的规定

基 本 模 式	含　　义	修 饰 符	含　　义
O_RDONLY	只读	O_APPEND	文件指针指向末尾
O_WRONLY	只写	O_CREAT	无文件时创建文件,属性按基本模式属性
O_RDWR	读写		
O_BINAR	打开二进制文件	O_TRUNC	若文件存在,将其长度缩为 0,属性不变
O_TEXT	打开文本文件		

如果 open 函数打开成功,则返回值就是文件描述字的值(非负值),否则返回-1。

2. close 入口点

当设备操作结束后,需要通过 close 入口点调用 close 子程序关闭设备。如果是独占设备,则必须标记设备可再次使用。close 子程序的调用格式如下。

```
int close(int handle);
```

其中,参数 handle 为文件描述字(或称为设备文件句柄)。

3. read 入口点

当从设备上读取数据时,需要通过 read 入口点调用 read 子程序。read 子程序的调用格式如下。

```
int read(int handle, void * buf, int count);
```

其中,参数 handle 为文件描述字;buf 为存放数据的缓冲区;count 为读取数据的字节数。

若 read 函数返回值等于 count 参数值,则表示请求的数据传输成功;若返回值大于 0,但小于 count 参数值,则表明部分数据传输成功;若返回值等于 0,则表示到达文件的末尾;若返回值为负数,则表示出现错误,并会以错误号指明是何种错误,错误号的定义参见 <linux/errno.h>;在阻塞型 I/O 中,调用 read 子程序会出现阻塞。

4. write 入口点

向设备上写数据时,需要通过 write 入口点调用 write 子程序。write 子程序的调用格式如下。

```
int write(int handle, void * buf, int count);
```

其中,参数 handle 为文件描述字;buf 为存放待写数据的缓冲区;count 为向设备写数据的字节数。

若 write 函数返回值等于 count 参数值,则表示请求的数据传输成功;若返回值大于 0,但小于 count 参数值,则表明部分数据传输成功;若返回值等于 0,则表示没有写任何数据;若返回值为负数,表示出现错误,并且会以错误号指明是何种错误;在阻塞型 I/O 中,调用 write 子程序的会出现阻塞。

5. ioctl 入口点

ioctl 入口点主要用于对设备进行读写之外的其他操作,比如配置设备、进入或退出某种操作模式等,这些操作一般无法通过调用 read 或 write 子程序完成操作。比如:目标机中的 SPI 设备通道的选择操作,只有通过调用 ioctl 子程序操作才可以完成,调用格式如下。

```
int ioctl(int handle, int cmd, … );
```

其中,…代表可变数目的参数表,如果只有一个可选参数,可以将其定义如下格式。

```
int ioctl(int handle, int cmd, char * argp);
```

其中,参数 handle 是文件描述符;cmd 是直接传递给驱动程序的一个值;可选参数 argp 用于定义无论用户应用程序使用的是指针还是其他类型值,都以 unsigned long 的形式传递给驱动程序。

6. 应用案例

下面通过一个实例来介绍字符设备文件接口的使用方法。

【程序 5.1】 编写应用程序，实现向串口发送字符串"ATD2109992"。

假设不需要对串口属性进行设置，则具体程序如下。

```
# include < stdio. h >
# include < fcntl. h >
# include < termios. h >
# include < string. h >
# define MAX 20
int main()
{
    int fd, n;
    char buf[MAX] = "ATD2109992";
    fd = open("/dev/ttyS0", O_RDWR); //open 入口点, ttyS0 是设备文件
    if( fd < 0)
    {
        perror("Unable open /dev/ttyS0\n ");
        return 1;
    }
    n = write(fd, buf, strlen(buf));    //write 入口点
    if ( n < 0)
        printf( "write() of %d bytes failed!\n", strlen(buf));
    else
        printf( "write() of %d bytes ok!\n", strlen(buf));
    close(fd);                          //close 入口点
}
```

5.1.4　驱动程序加载方法

1. 连接到内核

Linux 设备驱动程序属于内核的一部分，驱动程序连接到内核的方法有两种，即静态连接和动态连接。

静态连接是指将驱动程序源码保存在内核源码指定的位置，并修改内核相关参数，让它成为内核源码的一部分，然后重新编译内核，这时驱动程序将被编译到内核映像文件之中。

动态连接是指将驱动程序作为一个模块（module）单独编译，在需要它的时候再动态加载到内核中，如果不需要它，则可以将它从内核中删除。

在嵌入式系统开发阶段，为了方便调试，驱动程序一般采用动态连接的方法连接到内核；在产品发布阶段，驱动程序一般采用静态连接的方法连接到内核。

2. 模块化编程

设备驱动模块化编程一般分为加载、系统调用和卸载 3 个过程，如图 5.5 所示。

1) 加载

当执行 insmod 命令加载驱动程序时，首先调用驱动程序中的入口函数 module_init，该函数完成设备驱动的初始化工作，比如寄存器置位、中断申请、数据结构初始化等一系列工作。另外还有一个最要的工作就是向内核注册该设备，如果是字符设备，可以调用 register_chrdev 函数完成注册；如果是块设备，可以调用 register_blkdev 函数完成注册。注册成功后，该设备即获得了系统分配的主设备号、自定义的次设备号，并建立了与文件系统的关联。

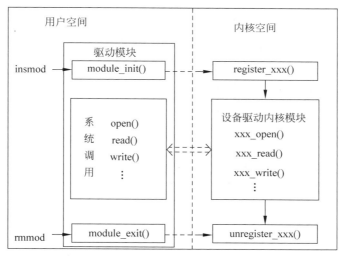

图 5.5　设备驱动加载、系统调用和卸载过程

2）系统调用

当驱动程序加载完成后，就一直等待应用程序来调用。应用程序可以利用设备文件对其进行操作，如调用 open、read、write、ioctl 和 close 等函数。

3）卸载

当执行 rmmod 命令卸载驱动程序时，会调用驱动程序中的 module_exit 函数，完成相应资源的回收，比如令设备的响应寄存器值复位并从系统中注销该设备。字符设备可调用 unregister_chrdev 函数完成注销，块设备可调用 unregister_blkdev 函数完成注销。

3. 驱动程序操作命令

1）lsmod 命令

功能：显示当前已加载的模块。

语法：

```
lsmod
```

【例 5.1】　查看系统当前已加载的模块。

```
＃lsmod
Module          Size        Used by
ov511           67140       0 (unused)
videodev        5824        0 [ov511]
motor           1608        0 (unused)
ad              1712        0 (unused)
＃
```

说明：从列表中可以看到系统已加载了 ov511、videodev、motor 和 ad 共 4 个驱动程序模块。

2）insmod 命令

功能：将驱动模块加载到操作系统内核。

语法：

```
insmod file_name
```

【例 5.2】　将数码管驱动程序(tube. ko)加载到内核。

```
＃insmod tube. ko
Using tube. ko
Warning: loading tube will taintsthe kernel: no 3icense
    See hctp://www. tux. or2/lkml/＃export-t4inted for information about tainted modules
0-numeric tube : Dprintk    device open
s3c2410-hc595 initialized
＃
```

说明：以上显示是加载过程中的提示信息。

用户可以利用 lsmod 查看加载是否成功。

```
＃lsmod
Module        Size        Used by
tube          2072        0 (unused)
ov511         67140       0 (unused)
videodev      5824        0 [ov511]
motor         1608        0 (unused)
ad            1712        0 (unused)
＃
```

从以上列表中可以看到 tube 驱动模块已经加载到了内核。

3）rmmod 命令

功能：将驱动模块从内核中删除。

语法：

```
rmmod module_name
```

【例 5.3】　请将内核中的 tube 模块删除。

```
＃rmmod tube
s3c2410-hc595 unloaded
＃
```

说明：以上显示是删除过程中的提示信息。

5.1.5　设备驱动程序的重要数据结构

设备驱动程序所提供的入口点主要由 3 个重要的数据结构向系统进行说明，这 3 个数据结构分别是 file_operations、file 和 inode。

1. file_operations

内核内部通过 file 结构识别设备，通过 file_operations 数据结构提供文件系统的入口点函数，也就是访问设备驱动程序的函数。file_operations 定义在< linux/fs. h >头文件中，定义如下。

```
struct file_operations {
    struct module  * owner;
    loff_t ( * llseek) (struct file  * ,loff_t,int);
    ssize_t ( * read) (struct file  * ,char __user  * ,size_t,loff_t  * );
```

```
    ssize_t ( * write) (struct file * , const char __user * , size_t, loff_t * );
    ssize_t ( * aio_read) (struct kiocb * , const struct iovec * , unsigned long, loff_t);
    ssize_t ( * aio_write) (struct kiocb * , const struct iovec * , unsigned long, loff_t);
    int ( * iterate) (struct file * , struct dir_context * );
    unsigned int ( * poll) (struct file * , struct poll_table_struct * );
    long ( * unlocked_ioctl) (struct file * , unsigned int, unsigned long);
    long ( * compat_ioctl) (struct file * , unsigned int, unsigned long);
    int ( * mmap) (struct file * , struct vm_area_struct * );
    int ( * open) (struct inode * , struct file * );
    int ( * flush) (struct file * , fl_owner_t id);
    int ( * release) (struct inode * , struct file * );
    int ( * fsync) (struct file * , loff_t, loff_t, int datasync);
    int ( * aio_fsync) (struct kiocb * , int datasync);
    int ( * fasync) (int, struct file * , int);
    int ( * lock) (struct file * , int, struct file_lock * );
    ssize_t ( * sendpage) (struct file * , struct page * , int, size_t, loff_t * , int);
    unsigned long ( * get_unmapped_area)(struct file * , unsigned long, unsigned long, unsigned
long, unsigned long);
    int ( * check_flags)(int);
    int ( * flock) (struct file * , int, struct file_lock * );
    ssize_t ( * splice_write)(struct pipe_inode_info * , struct file * , loff_t * , size_t, unsigned int);
    ssize_t ( * splice_read)(struct file * , loff_t * , struct pipe_inode_info * , size_t, unsigned int);
    int ( * setlease)(struct file * , long, struct file_lock * * );
    long ( * fallocate)(struct file * file, int mode, loff_t offset, loff_t len);
    int ( * show_fdinfo)(struct seq_file * m, struct file * f);
};
```

file_operations 数据结构是整个 Linux 内核的重要数据结构,它也是 file、inode 结构的重要成员,其中的主要成员说明如表 5.3 所示。

表 5.3　file_operations 数据结构的主要成员

成　　员	功　　能
owner	模块的拥有者
llseek	重新定位读写位置
read	从设备中读取数据
write	向设备中写入数据
unlocked_ioctl	控制设备,除读写操作外的其他控制命令
mmap	将设备内存映射到进程地址空间,通常只用于块设备
open	打开并初始化设备
flush	清除内容,一般只用于网络文件系统中
release	关闭设备并释放资源
fsync	实现内存与设备的同步,如将内存数据写入硬盘
fasync	实现内存与设备之间的异步通信
lock	文件锁定,用于文件共享时的互斥访问

目前,系统开发中对此结构体采用“标记化”的方法进行赋值,主要是应对由此结构日益庞大而带来的赋值冗余问题,即可能只使用其中的部分成员。例如在嵌入式系统开发中,一般只需实现其中几个接口函数,如 read、write、unlocked_ioctl、open、release 等,就可以完成

应用系统需要的功能,没有必要采用传统的方法对其所有变量全部进行赋值。例如对此结构体变量 fs4412_fops 用"标记化"的方法进行赋值,程序如下。

```
static struct file_operations fs4412_fops={
    .owner: THIS_MODULE,
    .open: fs4412_ts_open,
    .read: fs4412_ts_read,
    .write: fs4412_ts_write,
    .unlocked_ioctl: fs4412_ts_unlocked_ioctl,
    .release: fs4412_ts_release,
};
```

可以看出,file_operations 就是一个函数指针数组,它们对应于一些系统调用,起名为 open、read、write、ioctl、close 等,后面的 fs4412_ts_open、fs4412_ts_read、fs4412_ts_write、fs4412_ts_unlocked_ioctl、fs4412_ts_release 等才是真正与硬件设备完成交互的函数。当应用程序中执行 open 函数时,系统会通过 file_operations 结构将其映射到 fs4412_ts_open 函数。

2. file

file 数据结构主要用于与文件系统对应的驱动程序。file 数据结构代表一个打开的文件,系统中每个打开的文件在内核空间都有一个关联的 file。file 数据结构是由内核在打开(open)文件时创建的,并且在关闭文件之前作为参数传递给操作在设备上的函数。在文件关闭后,内核将释放这个数据结构。

file 数据结构是由系统默认生成的,驱动程序从不去填写它,只是简单地访问。在内核源代码中,指向 struct file 的指针通常称为 file 或 filp(文件指针)。file 数据结构定义如下。

```
struct file {
    union {
        struct llist_node      fu_llist;        //文件对象链表
        struct rcu_head        fu_rcuhead;      //释放之后的 RCU 链表
    } f_u;
    struct path            f_path;              //描述文件路径的结构体
#define f_dentry      f_path.dentry
    struct inode          * f_inode;            //缓存值
    const struct file_operations    * f_op;    //执行文件操作的指针
    spinlock_t            f_lock;               //自旋锁
    atomic_long_t          f_count;             //使用该结构的进程数
    unsigned int          f_flags;              //文件标志,阻塞/非阻塞型操作时检查
    fmode_t              f_mode;                //标识文件的读写权限
    struct mutex          f_pos_lock;           //互斥锁结构体
    loff_t               f_pos;                 //文件当前位置
    struct fown_struct     f_owner;             //文件拥有者
    const struct cred     * f_cred;             //文件的信任状
    struct file_ra_state   f_ra;                //预读状态

    u64                  f_version;             //版本号
#ifdef CONFIG_SECURITY
    void                 * f_security;          //安全模块
#endif
```

```
    void                    * private_data;              //私有数据

# ifdef CONFIG_EPOLL
    struct list_head        f_ep_links;                  //事件池链表
    struct list_head        f_tfile_llink;
# endif
    struct address_space    * f_mapping;                 //页缓存映射
# ifdef CONFIG_DEBUG_WRITECOUNT
    unsigned long f_mnt_write_state;
# endif
} __attribute__((aligned(4)));
```

3. inode

inode 数据结构用来记录文件的物理上的信息。一个文件可以对应多个 file 数据结构，但只能对应一个 inode 数据结构。inode 数据结构定义如下。

```
struct inode {
    umode_t                 i_mode;                      //文件类型
    unsigned short          i_opflags;
    kuid_t                  i_uid;                       //文件拥有者的标识号
    kgid_t                  i_gid;                       //文件拥有者所在组的标识号
    unsigned int            i_flags;                     //文件系统的安装标志

# ifdef CONFIG_FS_POSIX_ACL
    struct posix_acl        * i_acl;
    struct posix_acl        * i_default_acl;
# endif

    const struct inode_operations   * i_op;              //索引节点操作
    struct super_block      * i_sb;                      //指向该文件系统超级块的指针
    struct address_space    * i_mapping;                 //把所有可交换的页面管理起来

# ifdef CONFIG_SECURITY
    void                    * i_security;
# endif

    unsigned long           i_ino;                       //节点号
    union {
        const unsigned int i_nlink;                      //硬链接个数
        unsigned int __i_nlink;
    };
    dev_t                   i_rdev;                       //实际设备号,编写驱动程序时需要
    loff_t                  i_size;                       //文件大小
    struct timespec         i_atime;                      //文件最后访问的时间(类型有变化)
    struct timespec         i_mtime;                      //文件最后修改的时间
    struct timespec         i_ctime;                      //节点最后修改的时间
    spinlock_t              i_lock;                       //i_blocks, i_bytes, maybe i_size
    unsigned short          i_bytes;                      //文件中位于最后一个块的字节数
    unsigned int            i_blkbits;                    //块的位数
    blkcnt_t                i_blocks;                     //文件所占用的块数
```

```
# ifdef __NEED_I_SIZE_ORDERED
    seqcount_t          i_size_seqcount;              //对 i_size 进行串行计数
# endif

    /* Misc */
    unsigned long       i_state;                      //inode 的状态
    struct mutex        i_mutex;                      //保护 inode 的互斥锁

    unsigned long       dirtied_when;                 //inode 第一次为脏的时间

    struct hlist_node   i_hash;                       //指向哈希链表的指针
    struct list_head    i_wb_list;                    //备用设备 I/O 链表
    struct list_head    i_lru;                        //inode LRU 链表
    struct list_head    i_sb_list;                    //超级块链表
    union {
        struct hlist_head   i_dentry;                 //所有引用该 inode 的目录项形成的链表
        struct rcu_head     i_rcu;
    };
    u64                 i_version;                     //版本号
    atomic_t            i_count;                       //引用计数
    atomic_t            i_dio_count;
    atomic_t            i_writecount;                  //写进程的引用计数
    const struct file_operations    * i_fop;          //former —> i_op—> default_file_ops
    struct file_lock    * i_flock;                     //指向文件加锁链表的指针
    struct address_space    i_data;
# ifdef CONFIG_QUOTA
    struct dquot        * i_dquot[MAXQUOTAS];          //inode 磁盘限额
# endif
    struct list_head    i_devices;
    union {
        struct pipe_inode_info  * i_pipe;             //如果文件是一个管道则使用它
        struct block_device     * i_bdev;             //如果文件是块设备则使用它
        struct cdev             * i_cdev;             //如果文件是字符设备则使用它
    };

    __u32               i_generation;

# ifdef CONFIG_FSNOTIFY
    __u32               i_fsnotify_mask;              //目录通知事件掩码
    struct hlist_head   i_fsnotify_marks;
# endif

# ifdef CONFIG_IMA
    atomic_t            i_readcount;                  //打开 R0 的结构文件
# endif
    void                * i_private;                  //文件或设备的私有信息
};
```

inode 数据结构包含大量关于文件的信息。作为一个通用的规则,这个结构只有两个成员对编写驱动程序非常重要,一个是 dev_t i_rdev,对应于代表设备文件的节点,这个成员包含实际的设备号;另一个是 struct cdev * i_cdev,它是内核的内部结构,代表字符设备,当节点指的是一个字符设备文件时,这个成员包含一个指向这个数据结构的指针。

5.1.6　驱动程序常用函数

在 Linux 系统中,驱动程序能够使用的库函数很多,常用的函数说明如下。

1. 字符设备注册及注销函数

字符设备驱动程序可通过 register_chrdev_region 函数向内核注册设备,又可通过 unregister_chrdev_region 函数从内核注销设备。这两个函数存放在 linux/fs.h 文件中,它们的定义如下。

```
int register_chrdev_region(dev_t first, unsigned int count, char * name);
void unregister_chrdev_region(dev_t from, unsigned int count);
```

其中,参数 first 是分配的起始设备号,次设备号部分常常是 0,但是没有严格要求;count 是请求连续设备号的总数。注意,如果 count 太大,可能溢出到下一个主设备号,但是只要要求的编号范围可用,都仍然会正常工作。name 是设备的名称。unregister_chrdev_region 函数中的 from 参数与 first 参数意义相同。

若 register_chrdev_region 函数返回值为 0,则表示函数执行成功;返回值为 −INVAL,则表示申请的主设备号非法;返回值为 −EBUSY,则表示申请的主设备号正在被其他驱动程序使用。如果动态分配主设备号成功,则此函数返回值就是所分配的主设备号。如果 register_chrdev_region 函数操作成功,则设备名就会出现在/proc/devices 文件中。

2. 中断申请和释放函数

驱动程序可通过 request_irq 函数向内核申请中断,又可通过 free_irq 函数释放中断。它们的定义如下。

```
int request_irq(unsigned int irq,
         void ( * handler)(int, void * , struct pt_regs * ),
         unsigned long flags,
         const char * dev_name,
         void * dev_id);
void free_irq(unsigned int irq, void * dev_id);
```

其中,参数 irq 表示所要申请的中断号;handler 为向系统登记的中断处理子程序,中断产生时由系统来调用;flags 是申请中断时的选项,它决定中断处理程序的一些特性,设置 SA_INTERRUPT,表示中断处理程序是快速处理程序,设置 SA_SHIRQ,表示中断可以在设备之间共享;dev_name 为设备名,申请中断成功后会出现在/proc/interrupts 文件里;dev_id 为申请中断时告诉系统的设备标识。

若 request_irq 函数返回值为 0,则表示函数执行成功;返回值为 −INVAL,则表示 irq>15 或 handler==NULL;返回值为−EBUSY,则表示中断已被占用且不能共享。

一般应该在设备第一次打开时使用 request_irq 函数,在设备最后一次关闭时使用 free_irq。

编写中断处理函数时需要注意,中断处理程序与普通 C 语言程序没有太大不同,不同的是中断处理程序在中断期间运行,不能向用户空间发送或接收数据,不能执行有睡眠操作的函数,不能调用调度函数。

3. 阻塞型 I/O 操作函数

当对设备进行读写操作时,如果驱动程序无法立刻满足请求,应当如何响应呢? 驱动程序应当(默认)阻塞进程,使它进入睡眠直到请求可继续,即阻塞型 I/O 操作。

调用以下函数可以让进程进入睡眠状态。

```
void sleep_on(struct wait_queue * * q);
void interruptible_sleep_on(struct wait_queue * * q);
void wait_event_interruptible(struct wait_queue wq,condition);
```

调用以下函数可以唤醒进程。

```
void wake_up(struct wait_queue * * q);
void wake_up_interruptible(struct wait_queue * * q);
```

sleep_on 和 interruptible_sleep_on 的区别是 sleep_on 不能被信号取消,但是 interruptible_sleep_on 可以,也就是说,前者适用于不可中断进程,后者都适用于可中断进程。wake_up 和 wake_up_interruptible 的区别类似。

4. 并发处理函数

在编写驱动程序时,还需要考虑进程并发处理的情况。当一个进程请求内核驱动程序模块服务时,如果内核模块正忙,则可以先将进程放入睡眠状态直到驱动程序模块空闲。

调用以下函数可以完成并发处理。

```
void up(struct semaphore * sem);
void down(struct semaphore * sem);
int down_interruptible(struct semaphore * sem);
```

其中,sem 是信号,down_interruptible 是可以中断的,如果操作被中断,该函数会返回非零值,而调用者不会拥有该信号量,使用时需要始终检查返回值,并做出相应的响应。

5. 内核空间和用户空间的数据传递函数

Linux 系统运行在两种模式下,即内核模式和用户模式,又分别称为内核态和用户态。内核模式对应于内核空间,用户模式对应于用户空间。驱动程序运行于内核空间,应用程序运行在用户空间。这两个空间互相之间不能直接访问的数据,必须利用 copy_to_user 函数将内核空间的数据传递给用户空间;利用 copy_from_user 函数把用户空间的数据传递给内核空间。它们的定义如下。

```
unsigned long copy_to_user(void * to,const void * from,unsigned long count);
unsigned long copy_from_user(void * to,const void * from,unsigned long count);
```

其中,参数 to 指向传递的目标地址;from 指向传递的起始地址;count 是传递的数据长度,函数的返回值为实际传递数据的长度。

6. 设备文件自动创建函数

通过调用 devfs_register 函数可完成设备的注册以及设备文件的自动创建,函数的定义如下。

```
devfs_register(devfs_handle_t dir, const char * name, unsigned int flags, unsigned int major, unsigned int minor, umode_t mode, void * ops, void * info);
```

其中,参数 dir 是新创建的设备文件的父目录,如果为 NULL,则表示父目录为/dev;name 是新建的设备文件的名称;flags 是标志的位掩码;major 是为设备驱动程序向内核申请的主设备号;minor 是次设备号;mode 是设备的访问模式;ops 是设备文件的操作数据结构指针。

7. I/O 映射函数

通过调用 ioremap 函数可完成 I/O 映射,即将一个 I/O 地址空间映射到内核的虚拟地址空间上去,以便于访问。通过调用 iounmap 函数可以释放映射。两函数的定义如下。

```
void * __ioremap(unsigned long phys_addr, unsigned long size, unsigned long flags);
void * __iounmap(unsigned long phys_addr);
```

其中,参数 phys_addr 是映射的起始 I/O 地址;size 是映射的空间的大小;flags 是映射的 I/O 空间与权限有关的标志。

8. I/O 读写操作函数

通过调用 readl 函数可完成 I/O 映射读操作,调用 writel 函数可完成 I/O 映射写操作。两函数的定义如下。

```
unsigned char readl (unsigned int addr );
void writel (unsigned char data, unsigned short addr );
```

其中,addr 是 I/O 地址;data 是要写入的数据。

5.2　虚拟字符设备 Demo 驱动程序设计

5.2.1　驱动程序编写方法

驱动程序一般是针对某一种具体硬件来编写的,所以编写驱动程序之前,必须对硬件的工作原理和流程了解得非常清楚,另外还要选择一种合适的驱动程序编写方法。驱动程序编写方法有 3 种,即传统方法、平台总线和设备树。这 3 种方法的核心都是一样的,即完成分配硬件资源、设置硬件工作环境以及注册 file_operations 结构体等工作,同时它们又有各自的特点。

(1) 传统方法。在驱动程序代码中写死硬件资源,代码简单,但不易扩展。

(2) 平台总线。把驱动程序分为两部分,即平台总线设备(Platform_device)和平台总线驱动(Platform_driver)。在平台总线设备中指定硬件资源,在平台总线驱动中完成分配硬件资源、设置硬件工作环境以及注册 file_operations 结构体等工作。这种方法易于扩展,但是有很多冗余代码,如果硬件有变动,则需重新编译内核或驱动程序。

(3) 设备树。驱动程序也分为两部分,即设备树(Device Tree)和平台总线驱动。在设备树中指定硬件资源。每次系统启动时,设备树中的内容都会自动传给内核,当加载平台总线驱动时,内核会自动将平台总线驱动与设备树中的硬件资源进行匹配,如果匹配成功,则启动驱动程序,否则中止驱动程序加载。设备树方法的优点是易于扩展,没有冗余代码,当硬件有变动时,不需要重新编译内核或驱动程序,只需要修改设备树。

本节将介绍一个与硬件无关的虚拟字符设备驱动程序的设计示例,采用传统方法来编写,主要目的是帮助读者了解传统方法编写驱动程序的基本流程。

5.2.2　Demo 驱动程序设计

假设有一个简单的虚拟字符设备 Demo,该设备只在内核空间开辟一个大小为 40B 的缓冲区(drv_buf)。要求为该设备设计一个驱动程序,使该设备能够为应用程序提供读、写两种操作。

1. 程序功能

Demo 驱动程序的功能说明如下。

(1) 将驱动程序编译成模块,以模块方式动态加载。

(2) 模块加载时完成设备的注册,设备名为 demo,主设备号为 249,次设备号为 0。

(3) 打开和关闭设备时只显示提示信息。

(4) 读操作时将内核缓冲区中的数据读出。

(5) 写操作时将数据写入内核缓冲区。

(6) 模块卸载时完成设备的注销。

2. 程序设计

Demo 驱动程序的结构如图 5.6 所示。

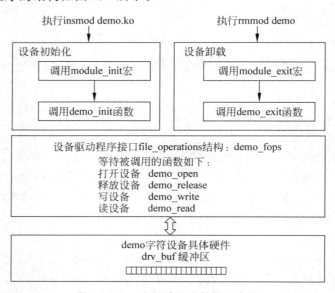

图 5.6　Demo 驱动程序结构示意图

【程序 5.2】　Demo 驱动程序 demo.c。

```c
#include <linux/kernel.h>
#include <linux/module.h>
#include <linux/fs.h>
#include <linux/cdev.h>
#include <linux/slab.h>

#include <asm/io.h>
#include <asm/uaccess.h>

MODULE_LICENSE("Dual BSD/GPL");

#define DEMO_MA 249          //主设备号
#define DEMO_MI 0            //次设备号
#define DEMO_NUM 1           //设备数量
static int MAX_BUF_LEN=40；  //缓冲区大小
static char drv_buf[40]="This is the initialization string";
struct cdev cdev;
/ ********************************************** /
static int demo_open(struct inode * inode, struct file * file)
{
    printk("This is demo_open function\n");
    return 0;
}
/ ********************************************** /
static int demo_release(struct inode * inode, struct file * file)
{
    printk("This is demo_release function\n");
    return 0;
}
/ ********************************************** /
static ssize_t demo_read(struct file * file, char * buffer, size_t count, loff_t * loff)
{
    if(count > MAX_BUF_LEN)
        count=MAX_BUF_LEN;
    / * 将数据从内核态复制到用户态 * /
    copy_to_user(buffer, drv_buf, count);
    printk("This is demo_read function\n");
    return count;
}
/ ********************************************** /
static ssize_t  demo_write(struct file * file, const char * buffer, size_t count)
{
    if(count > MAX_BUF_LEN)
        count=MAX_BUF_LEN;
    / * 将数据从用户态复制到内核态 * /
    copy_from_user(drv_buf , buffer, count);
    printk("This is demo_write function\n");
    return count;
```

```
}
/******************************************/
struct file_operations demo_fops = {
    .owner = THIS_MODULE,
    .open = demo_open,
    .release = demo_release,
    .read = demo_read,
    .write = demo_write,
};
/******************************************/
static int demo_init(void)
{
    dev_t devno = MKDEV(DEMO_MA, DEMO_MI);
    int ret;
    /* 注册字符设备 */
    ret = register_chrdev_region(devno, DEMO_NUM, "demo");
    if (ret < 0) {
        printk("register_chrdev_region\n");
        return ret;
    }
    /* 初始化 cdev 结构变量 */
    cdev_init(&cdev, &demo_fops);
    cdev.owner = THIS_MODULE;
    /* 将字符设备信息添加到 cdev 结构变量 */
    ret = cdev_add(&cdev, devno, DEMO_NUM);
    if (ret < 0) {
        printk("cdev_add\n");
        unregister_chrdev_region(devno, DEMO_NUM);
        return ret;
    }
    printk("Demo driver Init OK\n");
}
/******************************************/
static void demo_exit(void)
{
    dev_t devno = MKDEV(DEMO_MA, DEMO_MI);
    /* 将字符设备信息从 cdev 结构变量中删除 */
    cdev_del(&cdev);
    /* 注销字符设备 */
    unregister_chrdev_region(devno, DEMO_NUM);
    printk("Demo driver exit\n");
}
/******************************************/
module_init(demo_init);          //安装驱动程序入口
module_exit(demo_exit);          //移除驱动程序入口
```

3. 程序编译

驱动程序一般采用 Make 工具进行编译,编译时要使用到编译过的 Linux 内核源代码。本节设计的 Demo 驱动程序没有涉及具体的硬件电路,所以可以将其编译成宿主机(x86 平台)上的驱动程序,也可以编译成目标机(ARM)上的驱动程序。这两种编译使用到的内核不同,所以编译过程有一些差异。

1) 编译成宿主机上的驱动程序

(1) 首先查询宿主机上 Linux 内核版本号,命令如下。

```
# uname -a
Linux ubuntu64-vm 3.2.0-24-generic # 37-Ubuntu SMP Wed Apr 25 08:43:22 UTC 2012 x86_64
x86_64 x86_64 GNU/Linux
```

(2) 找到 Linux 内核源代码保存的路径。通常内核源代码保存在/usr/src 中的某一个子目录,根据查询到的上述宿主机上的 Linux 内核版本号,最终确认宿主机上 Linux 的内核源代码保存的路径是/usr/src/linux-headers-3.2.0-24-generic/。

(3) 编写 Makefile 文件,文件内容如下。

```
obj-m:=demo.o
KERNELDIR := /usr/src/linux-headers-3.2.0-24-generic
default:
        make -C $(KERNELDIR) M= $(shell pwd) modules
clean:
        rm -f *.o *.ko *.mod.* modules.* Mo*.*
```

(4) 编译程序。执行 make 命令后,编译出驱动程序 demo.ko。

2) 编译成目标机上的驱动程序

本书使用的目标机是 FS4412,假设移植好的 Linux 内核源代码保存在/home/linux/workdir/driver/linux-3.14-fs4412 目录下,并通过了内核编译。

编写 Makefile 文件,内容如下。

```
obj-m:=demo.o
KERNELDIR :=/home/linux/workdir/driver/linux-3.14-fs4412/
default:
    make -C $(KERNELDIR) M= $(shell pwd) modules
clean:
    rm -f *.o *.ko *.mod.* modules.* Mo*.*
```

执行 make 命令后,编译出驱动程序 demo.ko。可以用 file 命令查询 demo.ko 的运行平台。

4. 驱动程序加载和设备文件创建

宿主机和目标机的驱动程序加载和设备文件创建方法相同。加载之前,可以先查看一下系统已加载的驱动程序,一种方法是使用 lsmod 命令,它只能查看模块化的驱动程序;另一种方法是查看/proc/devices 文件内容,其中会包括系统已加载的所有驱动程序。

使用 insmod 命令可以加载驱动程序,格式如下。

```
# insmod demo.ko
```

出现 Demo driver Init OK 提示信息,即表示驱动程序加载成功。

应用程序要通过设备文件来访问驱动程序,所以要创建一个设备文件给应用程序使用。假设设备文件名为/dev/demo,则创建设备文件的命令如下。

```
# mknod /dev/demo c 249 0
```

执行完创建设备文件的命令后,系统会新建一个名为/dev/demo 的设备文件,用 ls 命令可以查看该文件的详细信息,命令如下。

```
# ls  -l  /dev/demo
```

```
cr-x----- 1  root  demo  249 , 0  1月3  09:47  /dev/demo
```

其中,c 表示该文件是字符设备文件; demo 是设备名称; 249 是主设备号; 0 是次设备号;/dev/demo 是设备文件名。

5.2.3　Demo 测试程序设计

1. 程序分析

编写一个应用程序来测试驱动程序是否正确,要求测试程序 test_demo.c 的功能是首先从设备上读出数据,并将数据显示在屏幕上,然后向设备写入数据,再从设备上读出数据,又将数据显示在屏幕上。

【程序 5.3】　Demo 测试程序 test_demo.c。

```c
# include < stdio. h >
# include < fcntl. h >
# include < unistd. h >
# include < stdlib. h >
# include < sys/ioctl. h >
# include < string. h >

void Delay(int t)
{
    int i;
    for(;t > 0;t--)
        for(i=0;i < 2000;i++);
}

int main(int argc,char * * argv)
{
    int fd;
    char buf[40];
    char buf_write[40]="This is Write String!";
    / * 打开设备文件 * /
    fd = open("/dev/demo",O_RDWR);
    if (fd < 0) {
        perror("open");
        exit(1);
    }
    / * 从设备中读取数据 * /
    read(fd,buf,40);
    Delay(1000);
    printf("Frist read data:%s\n",buf);
```

```
Delay(1000);
/*向设备写入数据*/
write(fd,buf_write,strlen(buf_write));
Delay(1000);
read(fd,buf,strlen(buf_write));
Delay(1000);
printf("Second read data:%s\n",buf);
Delay(1000);
/*关闭设备*/
close(fd);
}
```

2. 编译和运行

1）编译测试程序

宿主机和目标机使用的编译器不同，所以编译命令有一些差异。

编译成宿主机上运行的程序，命令如下。

```
#gcc test_demo.c -o test_demo
```

编译成目标机上运行的程序，命令如下。

```
#arm-none-linux-gnueabi-gcc test_demo.c -o test_demo
```

2）运行测试程序

宿主机和目标机运行测试程序方法相同，测试程序运行结果如下。

```
#./test_demo
```

```
This is demo_open function
This is demo_read function
First read data: This is the initialization string
This is demo_write function
This is demo_read function
Second read data: This is Write String!
This is demo_release function
```

5.3　GPIO 应用实例

本节将介绍一个 GPIO 应用实例，即利用 GPIO 控制 4 个 LED 灯闪烁。

5.3.1　LED 灯控制电路概述

1. 硬件电路

控制 LED 灯的硬件电路如图 5.7 所示。Exynos 4412 处理器的 GPX2_7、GPX1_0、GPF3_4 和 GPF3_5 引脚分别连接到 Q3、Q8、Q9 和 Q10 三极管的基极，Q3、Q8、Q9 和 Q10 三极管的集电极分别通过电阻连接到 LED2、LED3、LED4 和 LED5 发光二极管的阴极，4 个发光二极管的阳极都连接到电源上。

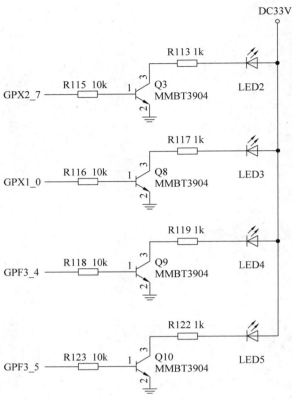

图 5.7　控制 LED 灯电路

2. 工作原理

以 LED2 为例,当 GPX2_7 引脚为高电平时,三极管 Q3 导通,这时电源、LED2、R113、Q3 和地之间形成一个通路,所以 LED2 灯亮;当 GPX2_7 引脚为低电平时,三极管 Q3 截止,不能形成通路,所以 LED2 灯灭。

3. 实现 LED 灯闪烁工作

(1) 设置 GPX2_7、GPX1_0、GPF3_4 和 GPF3_5 四个引脚都为输出方式。实现方法是设置 GPF3CON、GPX1CON 和 GPX2CON 控制寄存器信号为输出方式,具体置位请参考表 2.12~表 2.14。

(2) 向 GPX2_7、GPX1_0、GPF3_4 和 GPF3_5 四个引脚写数据。实现方法是向 GPF3DAT、GPX1DAT 和 GPX2DAT 数据寄存器对应的位写入数据,如果要点亮灯,则将对应位的值置 1,否则置 0。

(3) 按一定的时间间隔执行(2)的操作,让 LED 灯亮和灭,就可以实现闪烁效果。

5.3.2　LED 灯驱动程序设计

1. 程序功能

LED 灯驱动程序的功能说明如下。

(1) 采用传统方式将驱动程序编译成模块,以模块方式动态加载。

（2）模块加载时完成设备的注册，设备名为 newled，主设备号为 500，次设备号为 0。

（3）提供给系统 3 个 API 函数，即 open、close 和 ioctl。open 和 close 函数不写任何内容，ioctl 函数当选实现对 4 个 LED 灯的单独控制。

（4）模块卸载时完成设备的注销。

2．程序分析

因为 LED 驱动程序需要为系统提供 ioctl 函数，应用程序调用 ioctl 函数访问驱动程序时，需要使用内核中的_IO 宏函数对相关的结构体进行填充。为了方便应用程序编程，通常对 ioctl 函数中的 cmd 参数进行宏定义。现将这些宏定义保存在 fs4412_led.h 头文件中，头文件内容如下。

```
#ifndef FS4412_LED_HH
#define FS4412_LED_HH
#define LED_MAGIC 'L'
#define LED_ON      _IOW(LED_MAGIC,0,int)
#define LED_OFF     _IOW(LED_MAGIC,1,int)
#endif
```

LED 驱动程序源代码如程序 5.4。

【程序 5.4】　LED 驱动程序 fs4412_led.c。

```
#include <linux/kernel.h>
#include <linux/module.h>
#include <linux/fs.h>
#include <linux/cdev.h>
#include <asm/io.h>
#include <asm/uaccess.h>
#include "fs4412_led.h"                    //cmd 参数的宏定义

MODULE_LICENSE("Dual BSD/GPL");

#define LED_MA 500
#define LED_MI 0
#define LED_NUM 1
/* 寄存器的地址 */
#define FS4412_GPF3CON      0x114001E0
#define FS4412_GPF3DAT      0x114001E4
#define FS4412_GPX1CON      0x11000C20
#define FS4412_GPX1DAT      0x11000C24
#define FS4412_GPX2CON      0x11000C40
#define FS4412_GPX2DAT      0x11000C44

static unsigned int * gpf3con;
static unsigned int * gpf3dat;
static unsigned int * gpx1con;
static unsigned int * gpx1dat;
static unsigned int * gpx2con;
static unsigned int * gpx2dat;
```

```c
struct cdev cdev;
/ ******************** 点亮 LED 灯 ***************************** /
void fs4412_led_on(int nr)
{
    switch(nr) {
        case 1:
            writel(readl(gpx2dat) | 1 << 7, gpx2dat);
            break;
        case 2:
            writel(readl(gpx1dat) | 1 << 0, gpx1dat);
            break;
        case 3:
            writel(readl(gpf3dat) | 1 << 4, gpf3dat);
            break;
        case 4:
            writel(readl(gpf3dat) | 1 << 5, gpf3dat);
            break;
    }
}
/ **************** 关闭 LED 灯 ******************************* /
void fs4412_led_off(int nr)
{
    switch(nr) {
        case 1:
            writel(readl(gpx2dat) & ~(1 << 7), gpx2dat);
            break;
        case 2:
            writel(readl(gpx1dat) & ~(1 << 0), gpx1dat);
            break;
        case 3:
            writel(readl(gpf3dat) & ~(1 << 4), gpf3dat);
            break;
        case 4:
            writel(readl(gpf3dat) & ~(1 << 5), gpf3dat);
            break;
    }
}
/ ************************************************** /
static int fs4412_led_open(struct inode * inode, struct file * file)
{
    return 0;
}
/ ************************************************** /
static int fs4412_led_release(struct inode * inode, struct file * file)
{
    return 0;
}
/ ************************************************** /
static long fs4412_led_unlocked_ioctl(struct file * file, unsigned int cmd, unsigned long arg)
{
```

```
    int nr;

    if(copy_from_user((void *)&nr,(void *)arg,sizeof(nr)))
        return -EFAULT;
    if (nr < 1 || nr > 4)
        return -EINVAL;

    switch (cmd) {
        case LED_ON:
            fs4412_led_on(nr);
            break;
        case LED_OFF:
            fs4412_led_off(nr);
            break;
        default:
            printk("Invalid argument");
            return -EINVAL;
    }

    return 0;
}
/****************** I/O 映射 ******************/
int fs4412_led_ioremap(void)
{
    int ret;

    gpf3con = ioremap(FS4412_GPF3CON,4);
    if (gpf3con == NULL) {
        printk("ioremap gpf3con\n");
        ret = -ENOMEM;
        return ret;
    }

    gpf3dat = ioremap(FS4412_GPF3DAT,4);
    if (gpf3dat == NULL) {
        printk("ioremap gpx2dat\n");
        ret = -ENOMEM;
        return ret;
    }

    gpx1con = ioremap(FS4412_GPX1CON,4);
    if (gpx1con == NULL) {
        printk("ioremap gpx2con\n");
        ret = -ENOMEM;
        return ret;
    }

    gpx1dat = ioremap(FS4412_GPX1DAT,4);
    if (gpx1dat == NULL) {
        printk("ioremap gpx2dat\n");
```

```
            ret = -ENOMEM;
            return ret;
        }
        gpx2con = ioremap(FS4412_GPX2CON,4);
        if (gpx2con == NULL) {
            printk("ioremap gpx2con\n");
            ret = -ENOMEM;
            return ret;
        }

        gpx2dat = ioremap(FS4412_GPX2DAT,4);
        if (gpx2dat == NULL) {
            printk("ioremap gpx2dat\n");
            ret = -ENOMEM;
            return ret;
        }

        return 0;
}
/*************** 释放映射 ********************************/
void fs4412_led_iounmap(void)
{
    iounmap(gpf3con);
    iounmap(gpf3dat);
    iounmap(gpx1con);
    iounmap(gpx1dat);
    iounmap(gpx2con);
    iounmap(gpx2dat);
}
/********* I/O 初始化 *****************************/
void fs4412_led_io_init(void)
{
    writel((readl(gpf3con) & ~(0xff << 16)) | (0x11 << 16),gpf3con);
    writel(readl(gpx2dat) & ~(0x3 << 4),gpf3dat);

    writel((readl(gpx1con) & ~(0xf << 0)) | (0x1 << 0),gpx1con);
    writel(readl(gpx1dat) & ~(0x1 << 0),gpx1dat);

    writel((readl(gpx2con) & ~(0xf << 28)) | (0x1 << 28),gpx2con);
    writel(readl(gpx2dat) & ~(0x1 << 7),gpx2dat);
}
/***********************************************/
struct file_operations fs4412_led_fops = {
    .owner = THIS_MODULE,
    .open = fs4412_led_open,
    .release = fs4412_led_release,
    .unlocked_ioctl = fs4412_led_unlocked_ioctl,
};
/***********************************************/
static int fs4412_led_init(void)
```

```
{
    dev_t devno = MKDEV(LED_MA,LED_MI);
    int ret;

    ret = register_chrdev_region(devno,LED_NUM,"newled");
    if (ret < 0) {
        printk("register_chrdev_region\n");
        return ret;
    }

    cdev_init(&cdev,&fs4412_led_fops);
    cdev.owner = THIS_MODULE;
    ret = cdev_add(&cdev,devno,LED_NUM);
    if (ret < 0) {
        printk("cdev_add\n");
        goto err1;
    }
    ret = fs4412_led_ioremap();
    if (ret < 0)
        goto err2;
    fs4412_led_io_init();
    printk("Led init\n");
    return 0;
err2:
    cdev_del(&cdev);
err1:
    unregister_chrdev_region(devno,LED_NUM);
    return ret;
}
/ ******************************************************* /
static void fs4412_led_exit(void)
{
    dev_t devno = MKDEV(LED_MA,LED_MI);

    fs4412_led_iounmap();
    cdev_del(&cdev);
    unregister_chrdev_region(devno,LED_NUM);
    printk("Led exit\n");
}
/ ******************************************************* /
module_init(fs4412_led_init);
module_exit(fs4412_led_exit);
```

3. 程序编译和加载

编写 Makefile 文件,内容如下。

```
obj-m:=fs4412_led.o
KERNELDIR :=/home/linux/workdir/driver/linux-3.14-fs4412/
default:
    make -C $(KERNELDIR) M=$(shell pwd) modules
```

```
clean:
    rm -f * .o * .ko * .mod. * modules. * Mo * . *
```

编写完 Makefile 文件后,运行 make 命令,就可以生成 fs4412_led. ko 驱动程序。

将编译好的驱动程序下载到目标机上,然后使用 insmod fs4412_led. ko 加载驱动程序。同时,还要为应用程序创建一个设备文件,命令如下。

```
# mknod /dev/led c 500 0
```

执行完成后,会新建一个名为/dev/led 的文件。

5.3.3　LED 应用程序设计

应用程序实现 4 个 LED 灯从 LED2 到 LED5 逐个规律闪烁,程序内容如程序 5.5。

【程序 5.5】　LED 灯闪烁程序 test_led. c。

```c
# include < stdio. h >
# include < fcntl. h >
# include < unistd. h >
# include < stdlib. h >
# include < sys/ioctl. h >

# include "fs4412_led. h"              //cmd 参数的宏定义

int main(int argc, char ** argv)
{
    int fd;
    int i = 1;

    fd = open("/dev/led", O_RDWR);
    if (fd < 0) {
        perror("open");
        exit(1);
    }

    while(1)
    {
        ioctl(fd, LED_ON, &i);            //第 i 个 LED 灯亮
        usleep(500000);                   //延时
        ioctl(fd, LED_OFF, &i);           //第 i 个 LED 灯灭
        usleep(500000);
        if(++i == 5)
            i = 1;
    }

    return 0;
}
```

编译应用程序,具体命令如下。

```
# arm-none-linux-gnueabi-gcc test_led. c -o test_led
```

将应用程序下载到目标机上,然后运行,命令如下。

```
#./test_led
```

观察 LED 灯,可以看到 LED 灯实现了有规律闪烁。

5.4　PWM 应用实例

本节将通过实例介绍如何利用 PWM 定时器驱动蜂鸣器实现音乐播放器功能。

5.4.1　PWM 应用电路概述

1. 硬件电路

音乐播放器的硬件电路如图 5.8 所示,蜂鸣器 BZ1 一端连接到电源,另一端连接到三极管 Q11 的集电极,Q11 的基极连接到 Exynos 4412 的 TOUT0 引脚上。

2. 工作原理

TOUT0 无信号时,三极管 Q11 截止,蜂鸣器 BZ1 不发音。当 TOUT0 输出 PWM 信号时,三极管 Q11 会按照 PWM 信号的频率在导通和截止之间进行切换,这时蜂鸣器 BZ1 就会发出声音。PWM 信号的频率(三极管 Q11 导通和截止之间的切换频率)决定了发出声音的音符,信号的时间长度决定了节奏。

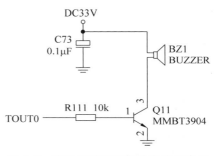

图 5.8　音乐播放器的硬件电路示意图

3. 实现音乐播放

实现音乐播放的工作流程如下。

(1) 设置 GPD0CON 控制寄存器[3:0]的值为 0x2,则 TOUT0 引脚输出 PWM 信号。

(2) 设计好哆、来、咪、发、索、啦、西等音符的工作频率。

(3) 通过设置 TCFG0、TCFG1 和 TCNTB0 寄存器得到相应频率的 PWM 信号。

(4) 有规律输出不同频率的 PWM 信号去驱动蜂鸣器,就可以实现音乐播放。

以上寄存器的设置可参考表 2.21～表 2.25。

5.4.2　PWM 驱动程序设计

1. 程序功能

PWM 驱动程序的功能说明如下。

(1) 采用传统方式将驱动程序编译成模块,以模块方式动态加载。

(2) 模块加载时完成设备注册,设备名为 pwm,主设备号为 501,次设备号为 0。

(3) 提供给系统 3 个 API 函数,即 open、close 和 ioctl,open 函数和 close 函数不写任何内容,ioctl 函数实现 PWM 信号的启动、关闭和频率的控制。

(4) 模块卸载时完成设备的注销。

2. 驱动程序分析

因为 PWM 驱动程序需要为系统提供 ioctl 函数,通常要对 ioctl 函数中的 cmd 参数进行宏定义。现将这些宏定义保存在 fs4412_pwm.h 头文件中,文件内容如下。

```
#ifndef FS4412_PWM_HH
#define FS4412_PWM_HH
#define PWM_MAGIC 'K'
//need arg = 0/1/2/3
#define PWM_ON _IO(PWM_MAGIC,0)
#define PWM_OFF _IO(PWM_MAGIC,1)
#define SET_PRE _IOW(PWM_MAGIC,2,int)
#define SET_CNT _IOW(PWM_MAGIC,3,int)
#endif
```

PWM 驱动程序源代码见程序 5.6。

【**程序 5.6**】 PWM 驱动程序 fs4412_pwm.c。

```
#include <linux/kernel.h>
#include <linux/module.h>
#include <linux/fs.h>
#include <linux/cdev.h>
#include <linux/slab.h>
#include <asm/io.h>
#include <asm/uaccess.h>
#include "fs4412_pwm.h"              //cmd 参数宏定义

MODULE_LICENSE("GPL");
/* 寄存器偏移地址 */
#define TCFG0       0x00
#define TCFG1       0x04
#define TCON        0x08
#define TCNTB0      0x0C
#define TCMPB0      0x10
/* 寄存器基地址 */
#define GPDCON          0x114000A0
#define TIMER_BASE      0x139D0000

static int pwm_major = 501;
static int pwm_minor = 0;
static int number_of_device = 1;

struct fs4412_pwm
{
    unsigned int  * gpdcon;
    void __iomem * timer_base;
    struct cdev cdev;
};

static struct fs4412_pwm * pwm;
```

```
static int fs4412_pwm_open(struct inode * inode, struct file * file)
{
    writel((readl(pwm->gpdcon) & ~0xf) | 0x2, pwm->gpdcon);
    writel(readl(pwm->timer_base + TCFG0) | 0xff, pwm->timer_base + TCFG0);
    writel((readl(pwm->timer_base + TCFG1) & ~0xf) | 0x2, pwm->timer_base +
TCFG1);
    writel(300, pwm->timer_base + TCNTB0);
    writel(150, pwm->timer_base + TCMPB0);
    writel((readl(pwm->timer_base + TCON) & ~0xf) | 0x2, pwm->timer_base + TCON);
    //writel((readl(pwm->timer_base + TCON) & ~(0xf << 8)) | (0x9 << 8), pwm->timer
_base + TCON);
    return 0;
}

static int fs4412_pwm_rlease(struct inode * inode, struct file * file)
{
    writel(readl(pwm->timer_base + TCON) & ~0xf, pwm->timer_base + TCON);
    return 0;
}

static long fs4412_pwm_ioctl(struct file * file, unsigned int cmd, unsigned long arg)
{
    int data;

    if (_IOC_TYPE(cmd) != 'K')
        return -ENOTTY;

    if (_IOC_NR(cmd) > 3)
        return -ENOTTY;

    if (_IOC_DIR(cmd) == _IOC_WRITE)
        if (copy_from_user(&data, (void *)arg, sizeof(data)))
            return -EFAULT;

    switch(cmd)
    {
    case PWM_ON:
        writel((readl(pwm->timer_base + TCON) & ~0x1f) | 0x9, pwm->timer_base +
TCON);
        break;
    case PWM_OFF:
        writel(readl(pwm->timer_base + TCON) & ~0x1f, pwm->timer_base + TCON);
        break;
    case SET_PRE:
        writel(readl(pwm->timer_base + TCON) & ~0x1f, pwm->timer_base + TCON);
        writel((readl(pwm->timer_base + TCFG0) & ~0xff) | (data & 0xff), pwm->timer_
base + TCFG0);
        writel((readl(pwm->timer_base + TCON) & ~0x1f) | 0x9, pwm->timer_base +
TCON);
```

```
            break;
        case SET_CNT:
            writel(data, pwm-> timer_base + TCNTB0);
            writel(data >> 1, pwm-> timer_base + TCMPB0);
            break;
    }

    return 0;
}

static struct file_operations fs4412_pwm_fops = {
    .owner = THIS_MODULE,
    .open = fs4412_pwm_open,
    .release = fs4412_pwm_rlease,
    .unlocked_ioctl = fs4412_pwm_ioctl,
};

static int __init fs4412_pwm_init(void)
{
    int ret;
    dev_t devno = MKDEV(pwm_major, pwm_minor);

    ret = register_chrdev_region(devno, number_of_device, "pwm");
    if (ret < 0) {
        printk("faipwm : register_chrdev_region\n");
        return ret;
    }

    pwm = kmalloc(sizeof( * pwm), GFP_KERNEL);
    if (pwm == NULL) {
        ret = -ENOMEM;
        printk("faipwm: kmalloc\n");
        goto err1;
    }
    memset(pwm, 0, sizeof( * pwm));

    cdev_init(&pwm-> cdev, &fs4412_pwm_fops);
    pwm-> cdev.owner = THIS_MODULE;
    ret = cdev_add(&pwm-> cdev, devno, number_of_device);
    if (ret < 0) {
        printk("faipwm: cdev_add\n");
        goto err2;
    }

    pwm-> gpdcon = ioremap(GPDCON, 4);
    if (pwm-> gpdcon == NULL) {
        ret = -ENOMEM;
        printk("faipwm: ioremap gpdcon\n");
        goto err3;
    }
```

```
    pwm-> timer_base = ioremap(TIMER_BASE,0x20);
    if (pwm-> timer_base == NULL) {
        ret = -ENOMEM;
        printk("failed: ioremap timer_base\n");
        goto err4;
    }
    return 0;
err4:
    iounmap(pwm-> gpdcon);
err3:
    cdev_del(&pwm-> cdev);
err2:
    kfree(pwm);
err1:
    unregister_chrdev_region(devno,number_of_device);
    return ret;
}

static void __exit fs4412_pwm_exit(void)
{
    dev_t devno = MKDEV(pwm_major,pwm_minor);
    iounmap(pwm-> timer_base);
    iounmap(pwm-> gpdcon);
    cdev_del(&pwm-> cdev);
    kfree(pwm);
    unregister_chrdev_region(devno,number_of_device);
}
module_init(fs4412_pwm_init);
module_exit(fs4412_pwm_exit);
```

3. 程序编译和加载

编写 Makefile 文件,内容如下。

```
obj-m:=fs4412_pwm.o
KERNELDIR :=/home/linux/workdir/driver/linux-3.14-fs4412/
default:
    make -C $(KERNELDIR) M= $(shell pwd) modules
clean:
    rm -f *.o *.ko *.mod.* modules.* Mo*.*
```

编写完 Makefile 文件后,运行 make 命令,就可以生成 fs4412_pwm.ko 驱动程序。

将编译好的驱动程序下载到目标机上,然后使用 insmod fs4412_pwm.ko 加载驱动程序。同时,还要为应用程序创建一个设备文件,命令如下。

```
# mknod /dev/pwm c 501 0
```

执行完成后,会新建一个名为/dev/pwm 的文件。

5.4.3　PWM 应用程序设计

通过 PWM 信号可以控制蜂鸣器播放一首歌曲,实现方法是先选择一首歌,然后分解出音符和节奏,并将这些数据保存在 pwm_music.h 头文件中,然后编写应用程序,读出头文件中的数据,并将其送到驱动程序即可。pwm_music.h 头文件内容如下。

```c
typedef struct
{
    int pitch;      //保存频率(音符)
    int dimation;   //保存延时(节奏)

}Note;
//各种音符的频率
//   1        2        3        4        5      6      7
//261.63   293.66   329.63   349.23   392   440   493.88
#define DO 262
#define RE 294
#define MI 330
#define FA 349
#define SOL 392
#define LA   440
#define SI   494
#define TIME 6000
/*保存《世上只有妈妈好》歌谱*/
Note MotherLoveMeOnceAgain[]={
    //6.                    //_5            //3        //5
    {LA,TIME+TIME/2},{SOL,TIME/2},{MI,TIME},{SOL,TIME},

    //1^             //6_           //_5       //6-
    {DO*2,TIME},{LA,TIME/2},{SOL,TIME/2},{LA,2*TIME},
    //3        //5_         //6           //5
    {MI,TIME},{SOL,TIME/2},{LA,TIME/2},{SOL,TIME},
    //3         //1_        //_6,          //1
    {MI,TIME},{DO,TIME/2},{LA/2,TIME/2},
    //5_        //_3       //2-          //2.
    {SOL,TIME/2},{MI,TIME/2},{RE,TIME*2},{RE,TIME+TIME/2},
    //_3      //5         //5_          //_6
    {MI,TIME/2},{SOL,TIME},{SOL,TIME/2},{LA,TIME/2},
    //3       //2         //1-          //5.
    {MI,TIME},{RE,TIME},{DO,TIME*2},{SOL,TIME+TIME/2},
    //_3       //2_       //_1        //6,_
    {MI,TIME/2},{RE,TIME/2},{DO,TIME/2},{LA/2,TIME/2},
    //_1       //5,--
    {DO,TIME/2},{SOL/2,TIME*3}
};
```

播放歌曲的应用程序见程序 5.7。

【程序 5.7】　PWM 应用程序 test_pwm.c。

```c
#include <stdio.h>
#include <stdlib.h>
#include <unistd.h>
#include <fcntl.h>
#include <string.h>
#include <sys/types.h>
#include <sys/stat.h>
#include <sys/ioctl.h>

#include "pwm_music.h"                            //歌曲数据
#include "fs4412_pwm.h"                           //cmd 参数宏定义

int main()
{
    int i = 0;
    int n = 2;
    int dev_fd;
    int div;
    int pre = 255;
    dev_fd = open("/dev/pwm",O_RDWR | O_NONBLOCK);
    if ( dev_fd == -1 ) {
        perror("open");
        exit(1);
    }
    ioctl(dev_fd,PWM_ON);                         //控制 PWM 信号输出
    ioctl(dev_fd,SET_PRE, &pre);                  //设置预分频
    for(i = 0;i < sizeof(MotherLoveMeOnceAgain)/sizeof(Note);i++)
    {
        div = (PCLK/256/4)/(MotherLoveMeOnceAgain[i].pitch);
        ioctl(dev_fd,SET_CNT, &div);              //控制频率(音符)
        usleep(MotherLoveMeOnceAgain[i].dimation * 50);//延时(节奏)
    }
    return 0;
}
```

编译应用程序，具体命令如下。

```
# arm-none-linux-gnueabi-gcc test_pwm.c  -o test_pwm
```

将应用程序下载到目标机上，然后运行，命令如下。

```
#./test_pwm
```

程序运行时，可以听到蜂鸣器播放出电子琴演奏的《世上只有妈妈好》歌曲，播放完成后程序结束。

5.5　ADC 应用实例

5.5.1　ADC 工作原理

ADC(Analog-to-Digital Converter,模数转换器)的任务是将连续变换的模拟信号转换为数字信号,以便计算机和数字系统进行存储、控制、显示和进行其他各种处理,建立起模拟信号源和 CPU 之间的连接,这在工业控制、数据采集及其他许多领域中都是不可缺少的。

ADC 种类繁多,分类方法不一,按照工作原理可分为积分型、逐次逼近型、并行比较型、串并行型、电容阵列逐次比较型及压频变换型等。

1. 积分型 ADC

积分型 ADC 将输入电压转换成时间(脉冲宽度信号)或频率(脉冲频率),然后由定时器/计数器获得数字值。积分型 ADC 实际上是 V-T 方式电压对时间的转换,先对输入的量化电压以固定时间正向积分,然后再对基准电压反向积分,计数出对应的 ADC 结果值。

双积分型 ADC 是一种间接 A/D 转换技术,控制逻辑电路如图 5.9 所示,积分器是转换器的核心部分,它的输入端所接开关 S1 由定时信号控制,当定时信号为不同电平时,极性相反的输入电压 u_i 和参考电压 V_{REF} 将分别加到积分器的输入端,进行两次方向相反的积分,积分时间常数 $\tau = RC$。过零比较器用来确定积分器的输出电压 u_o 过零的时刻,当 $u_o > 0$ 时,比较器输出电压为低电平;当 $u_o \leqslant 0$ 时,比较器输出电压为高电平。比较器的输出信号接至时钟控制门 G 作为关门和开门信号。可见双积分型 ADC 具有很强的抗干扰能力,所以采用双积分型 ADC 可大大降低对滤波电路的要求。

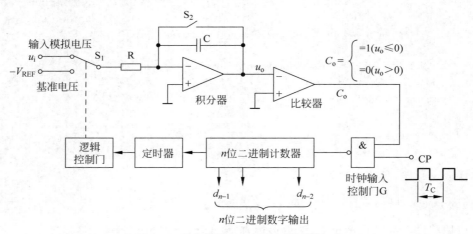

图 5.9　双积分型 ADC 的控制逻辑电路

2. 逐次逼近型 ADC

逐次逼近型 ADC 通常由比较器、DAC(Digital-to-Analog Converter,数模转换器)、寄存器和控制逻辑电路组成,如图 5.10 所示。

逐次逼近型 ADC 寄存器的数字量设置方法叫对分搜索法,转换过程如下所述。

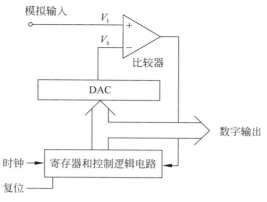

图 5.10　逐次逼近型 A/D 转换原理

（1）初始化时，先将寄存器各位清零。

（2）转换时，先将寄存器的最高位置 1，再将寄存器的数值送入 DAC，经数模转换后生成的模拟量送入比较器中与输入模拟量进行比较，若 $V_s < V_i$，则该位的 1 被保留，否则被清除；然后再将次高位置 1，再将寄存器的数值送入 DAC，经数模转换后生成的模拟量送入比较器中与输入模拟量进行比较，若 $V_s < V_i$，则该位的 1 被保留，否则被清除；重复上述过程，直至最低位，最后寄存器中的内容即为输入模拟值转换成的数字量。

对于 n 位逐次逼近型 ADC，要比较 n 次才能完成一次转换。因此，逐次逼近型 ADC 的转换时间取决于位数和时钟周期，转换精度取决于 DAC 的比较器的精度。逐次逼近型 ADC 可应用于许多场合，是应用最为广泛的一种 ADC。

5.5.2　ADC 的主要性能指标

1. 分辨率

分辨率（Resolution）是指 ADC 对输入电压的微小变化的响应能力的度量，它是数字输出的最低有效位（Least Significant Bit，LSB）所对应的模拟输入电平值。若输入电压的满刻度值用 VFS（Value of Full Scale）表示，转换器的位数为 n，则分辨率为 $(1/2^n)$VFS。由于分辨率与转换器的位数 n 直接有关，所以常用位数来表示分辨率，如 8 位、10 位、12 位和 16 位等。

值得注意的是，ADC 的分辨率和精度是两个不同的概念。分辨率是指转换器所能分辨的模拟信号的最小变化值，精度是指转换器实际值与理论值之间的偏差。ADC 分辨率的高低取决于转换器位数的多少，但影响转换器精度的因素很多，分辨率高的 ADC，精度并不一定也高。

2. 绝对精度

绝对精度是指在输出端产生给定的数字量的条件下，实际需要的模拟输入值与理论上要求的模拟输入值之差。

3. 相对精度

相对精度是指满刻度值校准以后，任意数字输出所对应的实际模拟输入值（中间值）与理论值（中间值）之差。

4. 转换时间

转换时间是指完成一次 A/D 转换所需要的时间,即从启动信号开始到转换结束并得到稳定的数字输出量为止的总时间。一般来说,转换时间越短,转换速度越快。转换时间的倒数称为转换率。

5. 量程

量程指所能转换的输入电压范围,分单极性和双极性两种类型。例如,单极性量程为 0~+5V、0~+10V 等;双极性量程为 -5~+5V、-10~+10V 等。

6. 积分线性误差

积分线性误差又称为线性误差,是指在没有偏移误差和增益误差的情况下,实际传输曲线与理想传输曲线之差。由于线性误差是由 ADC 特性随输入信号幅值变化而变化引起的,因此线性误差是不能进行补偿的,而且线性误差的数值会随温度的升高而增加。

7. 微分线性误差

微分线性误差是指实际代码宽度与理想代码宽度之间的最大偏差,以 LSB 为单位。微分线性误差也常用无失码分辨率表示。

在实际应用中,分辨率、绝对精度、相对精度、积分线性误差和微分线性误差等指标都用来衡量 ADC 测量精度,量程用于规定测量的电压范围,转换时间用于规定数据采集的最短时间间隔。

5.5.3　ADC 应用电路概述

本节将介绍实例——利用 Exynos 4412 内置 ADC 实现一个温度采集系统。Exynos 4412 内置 ADC 在本书 2.2.10 节已有比较详细的介绍。

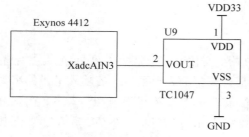

图 5.11　温度采集电路

1. 硬件电路

温度采集硬件电路如图 5.11 所示,TC1047 是温度传感器,该传感器有 3 个引脚,VDD33 是电源,VSS 是地,VOUT 是输出端;VOUT 连接到 Exynos 4412 自带 ADC 的第 3 个输入通道上,即 AIN3 引脚。

2. 工作原理

TC1047 温度传感器 VOUT 引脚的电压值与温度值存在一个对应关系,通过 Exynos 4412 内置 A/D 控制器的第 3 通道(AIN3)实时采集 VOUT 的电压值,再通过算法将电压值转换成温度值。

3. A/D 转换

A/D 转换的详细工作流程如下所述。

(1) 设置 A/D 转换输入为 AIN3,即设置 ADCMAX[3:0] 的值为 0x3。

(2) 设置 A/D 转换精度,如果精度为 12 位,则设置 ADCCON[16] 的值为 0x1。

(3) 设置预分频值,可以设置 ADCCON[13:6] 的值为 0xFF。

(4) 允许进行预分频,设置 ADCCON[14] 的值为 0x1。

(5) 启动 A/D 转换,设置 ADCCON[0] 的值为 0x1。

（6）每次 A/D 转换都需要一定的转换时间，在这段时间可以让程序休眠，当 A/D 转换结束后，ADC 会向系统发送一个中断，再让这个中断唤醒程序。

（7）唤醒后，读出 A/D 转换结果，即读取 ADCDAT 寄存器前 12 位的值。

Exynos 4412 内置 ADC 涉及的寄存器可参见本书中的表 2.26～表 2.29。

5.5.4　温度采集驱动程序设计

本节将采用设备树编写驱动程序，包括两部分，即设备树和平台总线驱动（驱动程序）。采用设备树的驱动程序加载流程是先打开目标机电源，引导程序会将设备树的数据自动加载到 Linux 系统内核，当安装驱动程序时，内核会提取驱动程序中的设备信息（如 .driver. of_match_table 下的 .compatible 成员）与设备树中的设备信息（如 .compatible 成员）进行匹配，如果匹配成功，则驱动程序可以调用 probe 函数继续加载驱动程序，否则（匹配失败）中止驱动程序加载。

1. 程序功能

ADC 驱动程序的功能说明如下。

（1）将驱动程序编译成模块，以模块方式动态加载。

（2）模块加载时，完成设备的注册。设备名为 fs4412-adc，主设备号为 500，次设备号为 0。

（3）提供给系统三个 API 函数，即 open、close 和 read。open 函数和 close 函数不写任何内容，read 函数实现读取 AIN3 通道的值。

（4）模块卸载时，完成设备的注销。

2. 程序分析

A/D 驱动程序的结构如图 5.12 所示，程序代码见程序 5.8。

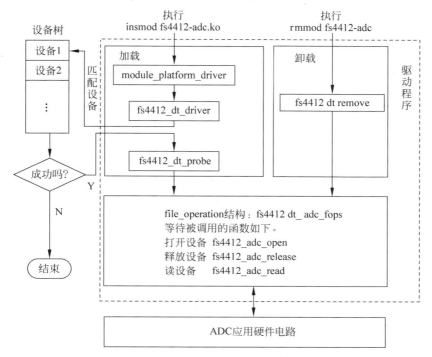

图 5.12　A/D 驱动程序的结构

【程序 5.8】 A/D 设备驱动程序 fs4412_adc.c。

```c
#include <linux/kernel.h>
#include <linux/module.h>
#include <linux/platform_device.h>
#include <linux/fs.h>
#include <linux/cdev.h>
#include <linux/of.h>
#include <linux/sched.h>
#include <linux/interrupt.h>
#include <asm/io.h>
#include <asm/uaccess.h>

#define FS4412_ADCCON          0x00
#define FS4412_ADCDAT          0x0C
#define FS4412_ADCCLRINT       0x18
#define FS4412_ADCMUX          0x1C

MODULE_LICENSE("GPL");

struct resource * mem_res;
struct resource * irq_res;
void __iomem * adc_base;
unsigned int adc_major = 500;
unsigned int adc_minor = 0;
struct cdev cdev;
int flags = 0;
wait_queue_head_t readq;

static int fs4412_adc_open(struct inode * inode, struct file * file)
{
    return 0;
}

static int fs4412_adc_release(struct inode * inode, struct file * file)
{
    return 0;
}

static ssize_t fs4412_adc_read(struct file * file, char * buf, size_t count, loff_t * loff)
{
    int data = 0;

    if (count != 4)
        return -EINVAL;
    /* 模数转换选择输入为第 3 通道 */
    writel(3, adc_base + FS4412_ADCMUX);
    /* 设置模数转换参数, 并启动模数转换 */
    writel(1 << 0 | 1 << 14 | 0xff << 6 | 0x1 << 16, adc_base + FS4412_ADCCON);
    /* 程序休眠, 等待中断唤醒 */
```

```
        wait_event_interruptible(readq, flags == 1);
        /* 读取 A/D 数据寄存器的低 12 位的数据,它就是转换结果 */
        data = readl(adc_base + FS4412_ADCDAT) & 0xfff;
        if (copy_to_user(buf, &data, sizeof(data)))
            return -EFAULT;
        flags = 0;
        return count;
}
/* 发生中断时执行的函数 */
irqreturn_t adc_interrupt(int irqno, void * devid)
{
        flags = 1;
        writel(0, adc_base + FS4412_ADCCLRINT);      //清除中断
        wake_up_interruptible(&readq);               //唤醒程序
        return IRQ_HANDLED;
}


struct file_operations fs4412_dt_adc_fops = {
        .owner = THIS_MODULE,
        .open = fs4412_adc_open,
        .release = fs4412_adc_release,
        .read = fs4412_adc_read,

};


int fs4412_dt_probe(struct platform_device * pdev)
{
        int ret;
        dev_t devno = MKDEV(adc_major, adc_minor);
        printk("match OK\n");
        init_waitqueue_head(&readq);
        mem_res = platform_get_resource(pdev, IORESOURCE_MEM, 0);
        irq_res = platform_get_resource(pdev, IORESOURCE_IRQ, 0);
        if (mem_res == NULL || irq_res == NULL) {
            printk("No resource !\n");
            return -ENODEV;
        }

        printk("mem = %x: irq = %d\n", mem_res->start, irq_res->start);

        adc_base = ioremap(mem_res->start, mem_res->end - mem_res->start);
        if (adc_base == NULL) {
            printk("failed to ioremap address reg\n");
            return -EINVAL;
        };

        ret = request_irq(irq_res->start, adc_interrupt, IRQF_DISABLED, "adc", NULL);
        if (ret < 0) {
            printk("failed request irq: irqno = %d\n", irq_res->start);
            goto err1;
```

```
    }

        printk("major = %d,minor = %d,devno = %x\n",adc_major,adc_minor,devno);
        ret = register_chrdev_region(devno,1,"fs4412-adc");
        if (ret < 0) {
            printk("failed register char device region\n");
            goto err2;
        }

        cdev_init(&cdev,&fs4412_dt_adc_fops);
        cdev.owner = THIS_MODULE;
        ret = cdev_add(&cdev,devno,1);
        if (ret < 0) {
            printk("failed add device\n");
            goto err3;
        }

        return 0;

err3:
        unregister_chrdev_region(devno,1);
err2:
        free_irq(irq_res-> start,NULL);
err1:
        iounmap(adc_base);
        return ret;
}

int fs4412_dt_remove(struct platform_device * pdev)
{
        dev_t devno = MKDEV(adc_major,adc_minor);
        printk("remove OK\n");
        cdev_del(&cdev);
        unregister_chrdev_region(devno,1);
        free_irq(irq_res-> start,NULL);
        iounmap(adc_base);
        return 0;
}

static const struct of_device_id fs4412_dt_of_matches[] = {
        { .compatible = "fs4412,adc"},          //设备信息,要与设备树中的节点信息一致
        { / * nothing to be done! * /},
};

MODULE_DEVICE_TABLE(of,fs4412_dt_of_matches);

struct platform_driver fs4412_dt_driver = {
        .driver = {
            .name = "fs4412-dt",
            .owner = THIS_MODULE,
```

```
        .of_match_table = of_match_ptr(fs4412_dt_of_matches),
    },
    .probe = fs4412_dt_probe,                    //驱动程序加载入口
    .remove = fs4412_dt_remove,                  //驱动程序删除入口
};
module_platform_driver(fs4412_dt_driver);        //平台总线驱动入口
```

3．程序编译

编写 Makefile 文件，内容如下。

```
obj-m：＝fs4412_adc.o
KERNELDIR ：＝/home/linux/workdir/driver/linux-3.14-fs4412/
default:
        make -C $(KERNELDIR) M＝$(shell pwd) modules
clean:
        rm -f *.o *.ko *.mod.* modules.* Mo*.*
```

编写完 Makefile 文件后，运行 make 命令，就可以生成 fs4412_adc.ko 驱动程序。

将编译好的驱动程序下载到目标机上，然后使用 insmod fs4412_adc.ko 加载驱动程序。这时会报加载失败，因为没有修改设备树文件。

4．修改设备树文件

设备树文件在内核目录下，文件名是 Exynos 4412-fs4412.dts，具体操作如下。

（1）修改文件。打开文件，命令如下。

```
# cd /home/linux/workdir/driver/linux-3.14-fs4412/
# vi arch/arm/boot/dts/Exynos 4412-fs4412.dts
```

在文件的最后一行前，添加以下内容。

```
fs4412-adc@126c0000{
    compatible＝"fs4412,adc";              //设备信息，要与驱动程序中的信息一致
    reg＝<0x126c0000 0x20>;
    interrupt-parent＝<&combiner>;
    interrupts＝<10,3>;
};
```

（2）编译。编译命令如下。

```
# make dtbs
```

编译完成后会在 arch/arm/boot/dts/目录下生成一个 Exynos 4412-fs4412.dtb 文件。参考 4.1.4 节介绍的内容，可将该文件写到目标机上。

5．加载驱动程序及创建设备文件

将编译好的驱动程序下载到目标机上，然后使用 insmod fs4412_adc.ko 加载驱动程序。另外，还要为应用程序创建一个设备文件，命令如下。

```
# mknod /dev/adc c 500 0
```

执行完成后，会新建一个名为/dev/adc 的设备文件。

5.5.5　温度采集应用程序设计

1. 电压与温度转换模型

温度采集应用程序设计的关键是建立温度传感器的电压与温度转换模型。传感器 TC1047 输出电压与温度的关系如图 5.13 所示,电压与温度的转换公式如下。

$$T = (V - 0.5) \times 100$$

其中,T 为温度值,单位为℃;V 为输出的电压值,单位为 V。

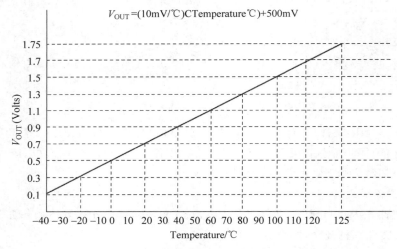

图 5.13　TC1047 温度与输出电压关系图

2. 程序分析

温度采集程序 temperature.c 的功能是首先读出第 3 通道的 A/D 值,然后转换成模拟电压,再将模拟电压转换成对应的温度值,最后将温度值显示在屏幕程序见程序 5.9。

【程序 5.9】　温度采集程序 temperature.c

```c
#include <stdio.h>
#include <stdlib.h>
#include <unistd.h>
#include <fcntl.h>

int main(int argc, const char * argv[])
{
    int fd;
    int data;
    float d, tem;

    fd = open("/dev/adc", O_RDWR);
    if (fd < 0) {
        perror("open");
        exit(1);
    }
        /* 获取 A/D 转换结果 */
```

```
      read(fd, &data, sizeof(data));
      /* 计算出模拟电压值 */
      d=1.8 * data / 4096;
      /* 将模拟电压值转换成对应的温度值 */
      tem=(d-0.5) * 100;
      printf("The temperature is: %4.2f ℃\n", tem);
      return 0;
}
```

3. 编译和运行

编译应用程序,具体命令如下。

```
#arm-none-linux-gnueabi-gcc temperature.c -o temperature
```

将应用程序下载到目标机上,然后运行 ./temperature,参考结果如下。

```
The temperature is: 21.08℃
```

5.6　练　习　题

1. 选择题

(1) 驱动程序的主要功能包括 3 个方面,但不包括(　　)。

    A. 对设备初始化和释放　　　　　　B. 控制应用程序

    C. 检测和处理设备出现的错误　　　D. 数据传送

(2) 驱动程序主要由 3 部分组成,但不包括(　　)。

    A. 自动配置和初始化子程序　　　　B. 服务于 I/O 请求的子程序

    C. 中断服务子程序　　　　　　　　D. 服务于 CPU 子程序

(3) 字符设备提供给应用程序的入口点有很多,但(　　)不是。

    A. ioctl　　　　　B. read　　　　　C. main　　　　　D. open

(4) Linux 系统通常将设备分为 3 类,但不包括(　　)。

    A. 输入设备　　　B. 字符设备　　　C. 块设备　　　　D. 网络设备

(5) Linux 系统用(　　)字母表示字符设备。

    A. A　　　　　　B. B　　　　　　C. C　　　　　　D. N

(6) 设备文件包括了较多信息,但没有包括(　　)。

    A. 设备类型　　　B. 主设备号　　　C. 次设备号　　　D. 驱动程序名称

(7) 应用程序通过(　　)来操作字符设备。

    A. 字符设备文件　B. 块设备文件　　C. 网络设备文件　D. 套接字

(8) 应用程序通过(　　)来操作网络设备。

    A. 字符设备文件　B. 块设备文件　　C. 网络设备文件　D. 套接字

(9) 安装驱动程序的命令是(　　)。

    A. insmod　　　　B. mknod　　　　C. rmmod　　　　D. lsmod

(10) 创建设备文件的命令是（　　）。

　　　A. insmod　　　　　B. mknod　　　　　C. rmmod　　　　　D. lsmod

(11) 内核内部通过（　　）数据结构识别设备。

　　　A. file　　　　　　　　　　　　　　　B. file_operations

　　　C. inode　　　　　　　　　　　　　　D. device_struct

(12) 内核内部通过（　　）数据结构提供文件系统的入口点函数。

　　　A. file　　　　　　　　　　　　　　　B. file_operations

　　　C. inode　　　　　　　　　　　　　　D. device_struct

(13) I/O 地址映射函数是（　　）。

　　　A. copy_from_user　　　　　　　　　B. copy_to_user

　　　C. iounmap　　　　　　　　　　　　　D. ioremap

(14) 从应用程序接收数据到内核态的函数是（　　）。

　　　A. copy_from_user　　　　　　　　　B. copy_to_user

　　　C. iounmap　　　　　　　　　　　　　D. ioremap

(15) 驱动程序编写有 3 种方法，但不包括（　　）。

　　　A. 传统方法　　　　B. 现代方法　　　　C. 平台总线　　　　D. 设备树

2. 填空题

(1) 设备驱动程序的目标是屏蔽_____。

(2) 驱动程序运行在_____，应用程序运行在用户态。

(3) Linux 系统的设备一般分为三类，即：_____、_____和网络设备。

(4) 在 Linux 系统中，设备号包括两部分，即_____和_____设备号。

(5) Linux 驱动程序的编译方法有两种，即_____和_____。

(6) Linux 系统中用于删除模块化驱动程序的命令是_____。

(7) 字符设备的数据处理以_____为单位，块设备的数据处理以_____为单位。

(8) inode 结构用来记录文件的_____的信息。一个文件有_____个 inode 结构。

(9) 设备树编写驱动程序分为两部分，即_____和_____。

(10) 驱动程序编写有 3 种方法，即_____、_____和_____。

3. 简答题

(1) 简述驱动程序的主要功能。

(2) 简述驱动程序的组成。

(3) 简述驱动程序和应用程序的区别。

(4) 简述设备文件、驱动程序、主设备号和次设备号之间的关系。

(5) 简述字符设备驱动程序提供的常用入口点及其各自的功能。

(6) 简述逐次逼近型 ADC 的结构及工作原理。

(7) 驱动程序编写有几种方法？简述各种方法的特点。

4. 编程题

(1) Exynos 4412 的 GPX2_7、GPX1_0 端口分别连接到开关 S1 和 Q8 三极管，用开关 S1 来控制 LED 的亮和灭，具体电路如下图所示。请为该字符设备设计一个驱动程序和应用程序,应用程序能够实现 S1 的开和关控制 LED 的亮和灭,也可以反过来。

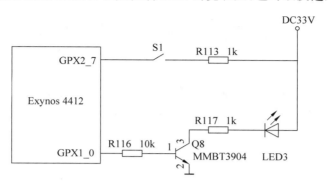

（2）本书中的 A/D 驱动程序只能读取 AIN3 通道的数据,请再改写驱动程序,可以根据应用程序的需要读取 AIN0～AIN3 通道中任何一个通道的数据。

第 6 章　嵌入式数据库

本章首先介绍嵌入式数据库的基本概念以及几种常用的嵌入式数据库；然后介绍 SQLite 数据库的安装和使用，重点讲述 SQLite 命令行和 API 的使用；最后通过实例讲解 SQLite 数据库的应用。

6.1　嵌入式数据库概述

目前，用户不仅要求处理大量复杂的数据，还需要在应用变得更复杂时使数据处理保持一致性，而传统的基于文件系统的数据管理系统，因为功能匮乏、开发周期长和维护困难等缺点，已不能满足应用的需求。

嵌入式数据库的名称来自其独特的运行模式，这种数据库嵌入了应用程序进程中，嵌入式运行模式允许嵌入式数据库通过 SQL 语句来轻松管理应用程序数据，而不依靠原始的文本文件，消除了与客户端和服务器配置相关的开销。嵌入式数据库是轻量级的，使用精简代码编写，它们运行时需要的内存较少，应用于嵌入式设备，其速度更快，效果更理想。

嵌入式系统要求在无人干预的情况下，也能长时间不间断地运行，所以对数据库可靠性的要求较高，同时要求数据库操作具备可预知性（系统的大小和性能也都必须是可预知的），以保证系统的性能。嵌入式系统会不可避免地与底层硬件打交道，因此在数据库管理时，也要有底层控制能力，如什么时候会发生磁盘操作，如何控制磁盘操作的次数等，而且底层控制能力是决定数据库操作性能的关键，在嵌入式系统中，对数据库的操作具有定时限制的特性。

嵌入式数据库广泛应用于消费电子产品、移动计算设备、企业实时管理应用、网络存储与管理及各种专用设备，应用市场仍在高速扩展。

6.1.1　为什么需要嵌入式数据库

随着微电子技术和存储技术的不断发展，嵌入式系统的内存和各种永久存储介质容量都在不断增加，意味着嵌入式系统处理的数据量也在不断增加，大量的数据如何得到及时处理已成为嵌入式系统必须面对的现实问题。为了解决这个问题，应用于嵌入式系统的数据库技术应运而生，原本在企业级运用的复杂数据库处理技术已被引入嵌入式系统中。

通信等各类领域的嵌入式设备的中间环节逐渐设备化，成为相对独立的封闭系统，对外只留接口，因此嵌入式设备中的数据种类和处理方法虽然有一定的共同规律，但是也有自己的特殊规律。这使得嵌入式数据库不像企业级数据库那样只需要依靠较单一的解决方案，而是有着很大的差异性。

使用嵌入式数据库可以降低应用程序的开发成本，缩短开发周期；可以使开发者能将精力集中在业务逻辑的处理上，进而提高开发效率。

例如嵌入式数据库在汽车电子中的应用。随着汽车中的电子装置越来越多,所产生的数据越来越复杂,数据量也越来越大,嵌入式数据库已成为汽车运行环境中进行数据管理的最佳也是唯一的选择。以节省汽车油耗的控制系统为例,通过安装在气缸和尾气排放口的传感器,可以实时获取气缸内的压力和温度以及尾气温度、CO_2含量等数据并保存到嵌入式数据库中,同时触发数据库内的数据处理过程,判断采集得到的数据是否符合相应要求(如节能减排的指标要求),然后根据预定策略计算调整参数,并将计算结果传给控制器,以控制喷油嘴和引擎的工作状态,达到环保节能的目的。

又如嵌入式数据库在电信和移动通信设备中的应用。在电信和移动通信设备中,有许多场合(如短信中心、无线网络中心、电信实时计费系统等)对数据的快速处理和响应要求很高,例如电信计费系统如果不能及时得到数据响应,必然会给客户带来损失;短信中心如果不能及时将短信送达目标设备,也会给客户带来沟通上的不便。实践已经证明,使用嵌入式数据库是实现快速处理和快速响应的最佳方案。

6.1.2　什么是嵌入式数据库

嵌入式数据库一般是指运行在嵌入式系统上,且不启动服务器端的轻型数据库,它与应用程序紧密集成,被应用程序启动,并伴随应用程序的退出而终止。

为了帮助读者更好地理解嵌入式数据库,这里从应用和技术两个层面来对嵌入式数据库和传统数据库进行比较。

1. 应用层面

从应用层面比较,嵌入式数据库有以下特点。

(1) 小内核:可嵌入应用程序和处理能力受限的硬件环境。

(2) 高性能:比企业级数据库速度快,实时性要求高。

(3) 低成本:可嵌入手机、车载导航等批量生产系统。

(4) 可裁减:能够根据实际需要增加或减少必要或不必要的功能模块。

(5) 嵌入性:能够嵌入软件系统或者硬件系统,对于终端用户来说是透明的。

2. 技术层面

从技术层面比较,嵌入式数据库与传统数据库的区别有以下几个方面。

1) 数据处理方式不同

传统企业级数据库,如 Oracle、DB2 等,有庞大的数据库服务器,并且有独立运行的数据库引擎,数据处理方式是引擎响应式。而嵌入式数据库由于软硬件资源有限,不能安装服务器,由应用程序调用相应的 API 实现对数据的存取操作,是程序驱动方式。

2) 逻辑模式不同

嵌入式数据库与传统数据库都是三级模式,但传统数据库基本上都采用关系模型,而嵌入式数据库除采用关系模型外,还会采用网状模型或两者的结合体,主要是为了避免关系模型中的数据冗余和索引文件的空间开销。

3) 优化重点不同

传统数据库由于面向通用的应用,优化重点是高吞吐量、高效的索引机制、详尽的查询优化策略。而嵌入式数据库是面向特定应用的,并且资源有限,优化重点是实时性、开销大小、系统性能、可靠性、可预知性和底层控制能力,即针对选用的实时 OS 和嵌入式硬件平台设计合理的数据模型和物理结构。

4）关键技术不同

嵌入式数据库的很多关键技术与传统数据库不同。例如,传统数据库系统的备份与恢复、复制与同步主要是针对数据库服务器端,通过可靠的服务器软硬件系统、可靠敏感的存储系统以及主从复制热备份等技术来保证数据库服务器的可靠运行;而嵌入式数据库系统针对的是服务器和前端设备的操作,备份与恢复、复制与同步往往通过上传、下载或混合方式,加上复杂的同步控制,来实现服务器和前端设备的数据同步;在数据安全性方面,传统的数据库允许多用户并发共享使用数据,因此必须提供多方面的数据控制功能,包括身份验证、数据库-表-记录级-字段等访问权限控制等。嵌入式数据系统的安全性要考虑存储设备的安全访问问题,还要考虑数据的个人隐私带来的遗失、失窃、磁场干扰、防碰撞等对数据的安全威胁等问题;在事务处理上,传统数据库在并发多用户环境下,更多要考虑事务操作的原子性、一致性、隔离型、持久性等。嵌入式数据库系统的事务处理在前端可以简单化,要考虑结合移动计算环境的特征进行事务处理控制。

5）应用领域不同

嵌入式数据库的应用领域可分为水平应用与垂直应用两大类,水平应用是指通用性较强的应用,包括公共数据库信息存取、监控系统、基于 GPS 和 GLS 的应用和模拟等;垂直应用指的是专用性较强的应用系统,包括零售业、电信业、医疗业、银行业和运输业等。

6.1.3　常用嵌入式数据库

随着嵌入式数据库的广泛应用,数据库厂商间的竞争日趋激烈,Oracle、IBM、InterSystems、日立、Firebird 等公司均在这一领域有所行动。Oracle 收购了全球用户最多的嵌入式数据库厂商 Sleepycat 及其 Berkeley 产品,并进一步完善了嵌入式软件产品线;微软公司也将发布面向小型设备的嵌入式数据库。这种竞争激烈的局面,造就了多种嵌入式数据库。目前,常用的嵌入式数据库主要有 mSQL、Berkeley DB、SQLite 等,它们各有特色。

1. mSQL

mSQL(mini SQL)是一个单用户数据库管理系统,开发者为澳大利亚的 David J. Hughes,非商业的应用无须费用。它短小精悍,得到了互联网应用系统开发者的青睐,适用于对低容量内存数据的快速访问。

mSQL 是一个小数据库引擎,通过 ACL 文件设定各主机上各用户的访问权限,默认是全部可读写;mSQL 缺乏 ANSI SQL 的大多数特征,它仅仅实现了一个最少的 API,没有事务和参考完整性;mSQL 的 API 函数可以工作在由 TCP/IP 网络构成的 Client-Server 环境中,mSQL 与 Lite(一种类似 C 语言的脚本语言)紧密结合,可以得到一个称为 W3-mSQL 的网站集成包,它包括 JDBC、ODBC、Perl 和 PHP API;mSQL 虽然提供了一套标准 SQL 子集的查询界面,但是无视图和子查询功能。mSQL 比较简单,在执行简单的 SQL 语句时速度优势明显。

2. Berkeley DB

Berkeley DB 2.0 及以上版本由 Sleepycat Software 公司开发,使用基于自由软件许可协议/私有许可协议的双重授权方式提供数据访问,是一款小巧、强壮、高效、源码开放的工业级数据库,无论在嵌入式系统还是在大型系统应用中都有高性能表现,广泛用于各种操作系统。

　　Berkeley DB 具有高性能的嵌入式数据库编程库,和 C、C++、Java、Perl、Python、PHP 以及其他很多语言都有绑定;Berkeley DB 可以保存任意类型的键-值对,而且可以为一个键保存多个数据;Berkeley DB 可以支持数千并发线程同时操作数据库,支持最大 256TB 的数据;Berkeley DB 提供了 4 种访问方式,即 B+树方式、Hash 方式、Recno 方式、Queue 方式。

　　3. SQLite

　　SQLite 在 2000 年由 D. Richard Hipp 发布,是采用 C 语言编写的一个轻量级、跨平台的关系数据库,开源免费。目前,很多嵌入式产品中使用了 SQLite,它占用非常少的资源,能够支持 Windows、Linux、UNIX 等主流操作系统。

6.2　SQLite

6.2.1　SQLite 概述

　　1. SQLite 的发展历史

　　D. Richard Hipp 是美国通用动力集团的一名员工。一次他为美国海军编制了一种使用在导弹驱逐舰上的程序,那个程序最初运行在 Hewlett-Packard UNIX 上,后台使用 Informix 数据库。Informix 是 IBM 公司出品的一种中型的关系数据库,数据库配置比较复杂,即使是一个有经验的数据库管理员,安装、配置或升级 Informix 也可能需要一整天。其实这种程序只需要一个自我包含的简单数据库,它易使用并能由程序控制传导,同时,不管其他软件是否安装,它都可以运行。为此,Hipp 开始了这种数据库的设计工作。

　　2000 年 8 月,Hipp 发布了第一个版本的 SQLite 数据库,即 SQLite 1.0,使用了哈希库(gdbm)作后台,不需要安装和管理支持。后来,Hipp 对数据库继续完善,用自己设计的 B-tree 替换了 gdbm。随着这次升级,SQLite 有了稳定的发展,功能和用户都有所增长。2001 年,很多项目都开始使用 SQLite 数据库。在随后的几年中,开源社区的其他成员逐渐开始对 SQLite 数据库进行扩展。

　　2004 年,第三个版本的 SQLite 数据库发布了,增强了国际化功能,支持 UTF-8、UTF-16 及用户定义字符集。另外还增加了很多其他新特性,例如更新的 C API、更紧凑的数据库文件格式(可比原来节省 25% 的空间)、弱类型、对二进制大对象(BLOB)的支持、64 位的 ROWID、自动清理未使用空间和改进了的并发控制等。除了这些新特性,SQLite 总的程序库依然小于 240KB。第三个版本的另一个改善是代码清理,重新审视并重写了代码,丢弃了 2. x 系列中堆积的无关元素。

　　2. SQLite 的内部结构

　　如图 6.1 所示,SQLite 内部采用模块化设计,由内核(Core)、编译器(Compiler)和后端(Backend)共 3 个子系统组成,每个子系统又包括若干独立模块,如内核子系统包括接口(Interface)和虚拟机(Virtual Machine),编译器子系统包括词法分析器(Tokenizer)、语法分析器(Parser)和代码生成器(Code Generator),后端子系统包括 B-树(B-Tree)、页面高速缓存(Page Cache)和操作系统接口(OS Interface)共三个独立模块。

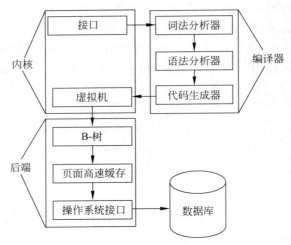

图 6.1　SQLite 内部结构图

(1) 接口由 SQLite C API 组成,通过 API 调用实现应用程序、脚本语言与 SQLite 之间的交互。

(2) 词法分析器的任务是把接口送来的字符串分割成一个个标识符(token),并把这些标识符传递给语法分析器。

(3) 语法分析器的任务是在指定的上下文中赋予标识符具体的含义,并生成完整的语句。

(4) 代码生成器的任务是将完整的语句转换成虚拟机代码,以执行语句请求的工作。

(5) 虚拟机的任务是执行代码。虚拟机是一个专为操作数据库文件而设计的抽象计算引擎,它有一个存储中间数据的存储栈,每条指令包括一个操作码和不超过三个额外的操作数。

(6) B-树是 SQLite 数据库存储在磁盘上的一种结构。数据库中的每个表和索引使用一棵单独的 B-树,所有 B-树存放在同一个磁盘文件中。

(7) 页面高速缓存。B-树模块以固定大小的数据块形式从磁盘上请求信息,默认的块大小是 1024 字节,可以在 512 字节和 65536 字节之间调整。页面高速缓存负责读、写和缓存这些数据块。页面高速缓存还提供回滚和原子提交的抽象,并且管理数据文件的锁定。B-树模块从页面高速缓存中请求特定的页,当它想修改页面、提交或回滚当前修改时,它会通知页面高速缓存。页面高速缓存负责处理所有细节,以确保请求能够快速、安全而有效地被处理。

(8) 操作系统接口的功能是实现数据库与操作系统之间的信息交互。为了在 POSIX 和 Windows 32 操作系统之间提供移植性,SQLite 使用抽象层来提供操作系统接口。操作系统抽象层的接口在 os.h 头文件中进行了定义,对每种操作系统的支持都有各自的实现源码,如 UNIX 由 os_unix.c 源码实现,Windows 由 os_win.c 源码实现。

3. SQLite 数据库的特点

SQLite 作为一种嵌入式数据库,既有优势,也存在一些缺点。

1) SQLite 的主要优点

(1) 无须安装和管理配置,存储在单一磁盘文件中的一个完整的数据库。单个库文件中包括数据库引擎与接口,且其运行不依赖其他库。

(2) 内存占用量小,完全配置时占用内存小于 1MB。

(3) 数据库文件可以在不同字节顺序的机器间自由共享,支持数据库大小可至 2TB。

(4) 速度快,它比 MySQL 快 2 倍,比 PostgreSQL 快 20 倍。

(5) ACID 兼容,支持视图、子查询、触发器事务。

(6) 支持 C、PHP、Perl、Java、ASP. NET 及 Python 等多种开发语言。

(7) SQLite 支持 UNIX(Linux、Max OS-X、Android、iOS)和 Windows(Windows 32、Windows CE、Windows RT)等多种操作系统。

(8) SQLite 的 SQL 语言很大程度上实现了 ANSI SQL92 标准,支持视图、触发器事务;支持嵌套 SQL,通过 SQL 编译器来实现 SQL 语言对数据库操作,支持大部分的 SQL 命令。

(9) SQLite 无数据类型,无论数据表中声明的数据类型是什么,SQLite 都不做检查,因此任何类型的数据都可以保存到数据库中,依靠应用程序的控制确定输入与输出数据的类型。

(10) 允许为 SQL 命令集动态添加自定义函数(简单函数及聚集函数),而无须重编 SQLite 库。

2) SQLite 的主要缺点

(1) 事务并发性不优。SQLite 通过数据库级上的独占性和区享锁来实现独立事务处理,这意味着可以有多个进程或线程在同一时间从数据库读取数据,但是同时只能有一个可以写入,而且在写入之前必须获得独占锁,其他读操作不允许发生。

(2) 性能有待改进。在创建索引和删除表时明显比其他数据库慢。

(3) 安全性不高。数据库的访问是基于操作系统对文件的控制来完成的,不能通过用户来区分数据库中的不同数据库。

4. SQLite 数据类型

SQLite 的数据是无类型的,当某个值插入数据库时,SQLite 将检查它的类型,如果该类型与关联的列不匹配,则 SQLite 会尝试将该值转换成列类型;如果不能转换,该值将原样存储。

为了增加 SQLite 数据库和其他数据库的兼容性,SQLite 支持列的"类型亲和性"。列的"类型亲和性"是指为该列所存储的数据建议一个类型。理论上来说,任何列都可以存储任何类型的数据,只是如果针对某些列给出建议类型,数据库将按所建议的类型存储,这个被优先使用的数据类型称为"亲和类型"。

SQLite 支持 NULL、INTEGER、REAL、TEXT 和 BLOB 数据类型。数据库中的每一个列会被定义为这几个亲和类型中的一种。

(1) NULL:表示值为空。

(2) INTEGER:表示值被标识为整数。

(3) REAL:表示值是浮点值,被存储为 8 字节的 IEEE 浮点数字。

(4) TEXT:表示值为文本字符串,使用数据库编码存储。

(5) BLOB:表示值是 BLOB 数据,如何输入就如何存储,不改变格式。

6.2.2　SQLite 本地安装

SQLite 是开源软件,可以在 https://sqlite.org/download.html 网站获取各个版本的安装包,然后按照安装向导进行安装。

SQLite 本地安装是指在宿主机上构建 SQLite 编译和运行环境。

以安装包 sqlite-autoconf-3310100.tar.gz 为例,SQLite 本地安装步骤如下。

1. 解压

将软件包复制到/home/sqlite3 目录下,解压缩 sqlite-autoconf-3310100.tar.gz,命令如下。

```
# tar zxvf sqlite-autoconf-3310100.tar.gz
```

解压成功后,/home/sqlite3 目录下会生成名为 sqlite-autoconf-3310100 的子目录,然后执行如下命令。

```
# cd sqlite-autoconf-3310100
# mkdir sqliteinstall
# cd sqliteinstall
```

此时,/home/sqlite-autoconf-3310100 目录下建立了安装子目录 sqliteinstall,并进入 sqliteinstall 子目录。

2. 配置

在进行编译之前要对编译环境进行配置,如指定编译工具、安装目录等。用户可以配置本地编译环境,也可以使用默认环境,配置命令如下。

```
# ../configure -disable-tcl
```

其中,../表示上一级目录,-disable-tcl 表示不需要 TCL 的支持。

执行命令后,当前目录下会生成 Makefile、config.log、config.status、libtools 和 sqlite3.pc 等文件。

3. 编译和安装

执行命令如下。

```
# make
# make install
```

第一行命令是编译,它会编译出 SQLite 的库文件和应用程序。

第二行命令是安装 SQLite,它会将头文件、库文件和应用程序安装到指定目录,头文件安装到 /usr/local/include 目录下;库文件安装到/usr/local/lib 目录下,并创建几个库连接文件;应用程序安装到 /usr/local/bin 目录下。

4. 添加环境变量

把库文件的路径添加到系统文件/etc/ld.so.conf 中,即在/etc/ld.so.conf 文件的最后增加一行,内容如下。

```
/usr/local/lib
```

然后执行以下命令,让/etc/ld.so.conf 的更改立刻生效。

```
# /sbin/ldconfig
```

若安装成功,就可以进行相关的操作了。若要测试是否安装成功,可输入以下命令。

```
# sqlite3
```

如果安装成功,将显示如下内容。

```
SQLite version 3.31.1 2020-01-27 19:55:54
Enter ".help" for usage hints.
Connected to a transient in-memory database.
Use ".open FILENAME" to reopen on a persistent database.
sqlite>
```

6.2.3　SQLite 命令

SQLite 包含一个名为 sqlite3 的应用程序,它可以允许用户手工输入并执行点命令和 SQL 命令。sqlite3 的功能是读取输入的命令,并把它们传递到 SQLite 中运行。但是,如果输入的命令以一个点(.)开始,这个命令将被 sqlite3 程序自己截取并解释。以一个点(.)开始的命令叫作点命令,它通常用来改变查询输出的格式等。常用的点命令如表 6.1 所示。

表 6.1　常用的点命令

命　　令	功　　能
. database	列出数据库的名称
. tables PARTTERN?	列出匹配 LIKE 模式的表的名称
. import FILE TABLE	将 FILE 文件中的数据导入 TABLE 表中
. dump ?TABLE?	以 SQL 文本格式转储数据库
. output stdout	将查询结果输出到屏幕
. output FILENAME	将查询结果输出到文件
. mode MODE ?TABLE?	设置数据输出模式
. read FILENAME	执行指定文件中的 SQL 语句
. schema	显示所有表的创建语句
. schema tableX	显示指定表的创建语句
. separtor STRING	用指定的字符串代替字段分隔符
. show	打印所有 SQLite 环境变量的设置
. nullvale STRING	用指定的串代替输出的 NULL 串
. help	显示 SQLite 的命令及使用方法
. quit	退出程序
. exit	退出程序

进入 SQLite 命令行的命令格式如下。

```
# sqlite3 [DBfile]
```

其中,sqlite3 是应用程序,DBfile 是数据库文件。

打开 sqlite3 数据库,在 sqlite>提示符下运行命令就可以操作数据库,例如如下实例。

【例 6.1】　创建一个名为 stu.db 的数据库,在该数据库中创建名为 student 的表,表的字段信息如表 6.2 所示,表中插入两条记录,记录信息如表 6.3 所示;最后查询表中的记录并显示在终端上。

表 6.2　student 表结构

字　段　名	类　　型	说　　明
ID	Integer	学生学号,为主键
Name	varchar(20)	学生姓名
Age	Integer	学生年龄
Sex	varchar(20)	学生性别

表 6.3　待插入的记录

ID	Name	Age	Sex
10001	zhansan	20	female
10002	lisi	19	male

具体操作步骤如下所述。

(1) 创建数据库文件 stu.db,命令如下。

```
# sqlite3 stu.db
SQLite version 3.31.1 2020-01-27 19:55:54
Enter ".help" for usage hints.
sqlite>
```

执行命令后,会新建一个名为 stu.db 的数据库文件,通过以下命令可以查看。

```
sqlite>.database                //.命令后面没有;号
main: /home/linux/workdir/sqlite3/stu.db
sqlite>
```

(2) 创建数据表 student,命令如下。

```
sqlite> create table student(ID integer primary key, Name varchar(20), Age integer, Sex varchar
(10));                //SQL 命令后面要有;号
sqlite>
```

执行命令后,数据库中会新建一个名为 student 的数据表,通过以下命令可以查看。

```
sqlite>.tables
student
sqlite>
```

(3) 添加记录,命令如下。

```
sqlite> insert into student values(10001,'zhangsan',20,'female');
sqlite> insert into student values(10002,'lisi',19,'male');
sqlite>
```

（4）查询，命令如下。

```
sqlite > select  *  from student;
10001|zhangsan|20|female
10002|lisi|19|male
sqlite >
```

（5）查看数据表的结构，命令如下。

```
sqlite > . schema student
CREATE TABLE student(ID integer primary key, Name varchar(20), Age integer, Sex varchar(10));
sqlite >
```

（6）把查询结果输出到文件。实际应用中，常需要把数据库的查询结果输出到文件中，例如把数据输出到名为 result. txt 的文件中，命令如下。

```
sqlite > . output result. txt
sqlite > select  *  from student;
```

其格式说明如下。

```
sqlite > . output:结果输出需要用的文件名
sqlite >:查询语句;
```

运行成功后，打开文本文件 result. txt，可以发现两行文本记录。

```
10001|zhangsan|20|female
10002|lisi|19|male
```

如果需要把结果直接输出到屏幕，可应用如下命令。

```
sqlite > . output stdout
sqlite > select  *  from student;
10001|zhangsan|20|female
10002|lisi|19|male
sqlite >
```

（7）退出程序，命令如下。

```
sqlite > . quit
```

【例 6.2】　用数据导入的方式将记录导入数据表。先创建一个文本文件 data. txt，并将表 6.3 中的记录数据保存在 data. txt 文件中。然后在 SQLite 命令行将 data. txt 中的数据导入 test. db 数据库 student 表。

具体操作步骤如下。

（1）新建文本文件并将记录保存到文件中。用 vi 文本编辑器，把两条记录输入文件中，字段之间用逗号分隔开，命令如下。

```
# vi data. txt
10001,zhangsan,20,female
10002,lisi,19,male
```

（2）创建数据库文件 test.db,命令如下。

```
# sqlite3 test.db
SQLite version 3.31.1 2020-01-27 19:55:54
Enter ".help" for usage hints.
sqlite>
```

（3）创建数据表 student,命令如下。

```
sqlite> create table student(id integer primary key, name varchar(20), age integer, sex varchar(10));
```

（4）将文件内容导入数据表,命令如下。

```
sqlite> .import data.txt student
data.txt:1: expected 4 columns but found 1 - filling the rest with NULL
data.txt:1: INSERT failed: datatype mismatch
data.txt:2: expected 4 columns but found 2 - filling the rest with NULL
```

提示的意思是文本内容与数据表的列不匹配,根据经验,应该是文件内容中字段之间使用的分隔符与 SQLite 环境默认的分隔符不一致导致的错误,用以下命令可以查看默认的分隔符。

```
sqlite> .show
         echo: off
          eqp: off
      explain: auto
      headers: off
         mode: list
    nullvalue: ""
       output: stdout
  colseparator: "|"
  rowseparator: "\n"
        stats: off
        width:
     filename: test.db
```

从以上信息可以看出,默认的列分隔符(colseparator)是“|”,而 data.txt 文件内容中字段之间使用的分隔符为“,”。因此必须要将 SQLite 环境的分隔符设置成逗号,命令如下。

```
sqlite> .separator ","
```

再用.show 命令查看,colseparator 后面的分隔符应该为“,”。修改完成后再运行如下导入命令。

```
sqlite> .import   data.txt   student
```

如果没有任何提示信息,则表示导入成功。

（5）查询 student 表信息,命令如下。

```
sqlite> select * from student;
10001, zhangsan, 20, female
10002, lisi, 19, male
sqlite>
```

【例 6.3】　利用例 6.1 生成的数据库文件 stu.db 导出 SQL 语句,再在另一个数据库 stunew.db 中导入这些 SQL 语句来新建一个数据表。

具体操作步骤如下。

(1) 在 stu.db 数据库中导出 student 数据表的 SQL 语句,并保存在 stu.sql 文件中,命令如下。

```
# sqlite3 stu.db
SQLite version 3.31.1 2020-01-27 19:55:54
Enter ".help" for usage hints.
sqlite>.output stu.sql          //将输出保存到 stu.sql 文件
sqlite>.dump stuent            //导出创建 student 的 SQL 语句
sqlite>.output stdout          //将输出显示在标准输出设备(即屏幕)上
sqlite>.q
```

这时会新建一个名为 stu.sql 的文本文件,内容如下。

```
PRAGMA foreign_keys=OFF;
BEGIN TRANSACTION;
CREATE TABLE student(ID integer primary key, Name varchar(20), Age integer, Sex varchar
(10));
INSERT INTO student VALUES(10001, 'zhangsan',20,'female');
INSERT INTO student VALUES(10002, 'lisi',19,'male');
COMMIT;
```

(2) 利用 stu.sql 文件中的 SQL 语句在 stunew.db 数据库中新建 student 数据表,命令如下。

```
# sqlite3 stunew.db
SQLite version 3.31.1 2020-01-27 19:55:54
Enter ".help" for usage hints.
sqlite>.table          //显示所有数据表,没有信息表示没有任何数据表
sqlite>.read stu.sql   //读出 SQL 语句,并执行
sqlite>.table
student
sqlite>select * from student;
10001|zhangsan|20|female
10002|lisi|19|male
sqlite>
```

6.2.4　SQLite 的 API 函数

第三个版本的 SQLite 提供了供 C/C++ 应用程序调用的 API,以实现对第三个版本的 SQLite 数据库的操作。第三个版本的 SQLite 一共有 83 个 API 函数,此外还有一些数据结构和预定义(#defines)。

1. 常用的 API 函数

1) 打开数据库函数

函数原型如下。

```
int sqlite3_open(
const char * filename,          //数据库的名称
sqlite3 ** ppDb                 //输出参数,SQLite 数据库句柄
);
```

该函数用来打开或创建一个第三个版本的 SQLite 数据库,如果不存在该数据库,则创建一个同名的数据库在该路径下;如果在包含该函数的文件所在路径下有同名的数据库,则打开数据库。打开或创建数据库成功,则该函数返回值为 0,输出参数为 sqlite3 类型变量,后续对该数据库的操作将通过该参数进行传递。

2)关闭数据库函数

函数原型如下。

```
int sqlite3_close(sqlite3 * db);
```

当结束对数据库的操作时,可调用该函数来关闭数据库。

3)执行函数

函数原型如下。

```
int sqlite3_exec(
sqlite3 * ,                     //打开的数据库句柄
const char * sql,               //要执行的 SQL 语句
sqlite_callback,                //回调函数
void * ,                        //回调函数的参数
char ** errmsg                  //错误信息
);
```

可以通过调用该函数来完成数据库操作,sql 参数为具体操作数据库的 SQL 语句。在执行的过程中,如果出现错误,相应的错误信息存放在 errmsg 变量中。

4)声明 SQL 语句函数

函数原型如下。

```
int sqlite3_prepare(
   sqlite3 * db,                 //打开的数据库句柄
   const char * zSql,           //SQL 语句,使用 UTF-8 编码
   int nByte,                   //设定 zSql 的字节数
   sqlite3_stmt ** ppStmt,      //准备语句的指针
   const char ** pzTail         //zSql 剩余的内容
);
```

该函数功能是预编译 SQL 语句,即将 SQL 文本转换成一个准备语句(Prepared Statement)对象,同时返回这个对象的指针。如果执行成功,则返回 SQLITE_OK,否则返回一个错误码。

5)评估预编译语句函数

函数原型如下。

```
int sqlite3_step(sqlite3_stmt * );
```

该函数功能是用于评估预编译语句。当一条语句被 sqlite3_prepare()或其相关的函数预编译后,sqlite3_step()必须被调用一次或多次,函数的返回值为 SQLITE_BUSY(忙碌)、

SQLITE_DONE(完成)、SQLITE_ROW(查询时产生结果)、SQLITE_ERROR(发生了错误)或 SQLITE_MISUSE(不正确的库使用)。

6)重置 SQL 声明函数

函数原型如下。

```
int sqlite3_reset(sqlite3_stmt * pStmt);
```

该函数功能是用来重置一个 SQL 声明的状态,使得它可以被再次执行。所有 SQL 语句变量都使用 sqlite3_bind * 绑定值,使用 sqlite3_clear_bindings 重设这些绑定。

7)最后插入数据的行号函数

函数原型如下。

```
long long int sqlite3_last_insert_rowid(sqlite3 * );
```

该函数功能是返回前一次插入数据的位置。

8)释放内存函数

函数原型如下。

```
void sqlite3_free(char * z);
```

该函数功能是释放内存空间。在对数据库操作时,如果需要释放保存在内存中的数据,可以调用该函数来清除内存空间。

9)获取错误信息函数

函数原型如下。

```
const char * sqlite3_errmsg(sqlite3 * );
```

该函数功能是获取错误信息。通过 API 函数对数据库操作的过程中,调用该函数可以给出错误信息。

10)获取结果集函数

函数原型如下。

```
int sqlite3_get_table(
sqlite3 * ,                    //打开的数据库句柄
const char * sql,             //要执行的 SQL 语句
char *** resultp,             //结果集
int * nrow,                   //结果集的行数
int * ncolumn,                //结果集的列数
char ** errmsg                //错误信息
);
```

11)释放结果集函数

函数原型如下。

```
void sqlite3_free_table(char ** result);
```

该函数功能是释放为 sqlite3_get_table()函数所分配的空间。

12）销毁 SQL 语句函数

函数原型如下。

```
int sqlite3_finalize(sqlite3_stmt * );
```

该函数将销毁一个准备好的 SQL 声明。在数据库关闭之前，所有准备好的声明都必须被销毁。

2. 常用 API 函数的使用

【例 6.4】　用 SQLite3 中的 API 函数来完成例 6.1 的要求。

首先编写一个名为 sqlitetest.c 的文件，代码如程序 6.1 所示。

【程序 6.1】　sqlitetest.c 文件的代码。

```c
# include < stdio.h >
# include < sqlite3.h >    //SQLite 数据库头文件

int main()
{
    sqlite3  * db=NULL;
    int rc;
    char * Errormsg, * sql;
    int nrow;
    int ncol;
    char ** Result;
    int i=0;
    /* 创建或打开数据库文件 */
    rc=sqlite3_open("stu.db", &db);
    if(rc){
        fprintf(stderr, "can't open database:%s\n", sqlite3_errmsg(db));
        sqlite3_close(db);
        return 1;
    }else
        printf("open database successfully!\n");
    /* 创建数据表 */
    sql="create table student(ID integer primary key, Name varchar(20), Age integer, Sex varchar(10))";
    sqlite3_exec(db, sql, 0, 0, &Errormsg);
    /* 插入记录 */
    sql="insert into student values(10001, 'zhansan', 20, 'female')";
    sqlite3_exec(db, sql, 0, 0, &Errormsg);
    sql="insert into student values(10002, 'lisi', 19, 'male')";
    sqlite3_exec(db, sql, 0, 0, &Errormsg);
    /* 获取查询结果 */
    sql="select * from student";
    sqlite3_get_table(db, sql, &Result, &nrow, &ncol, &Errormsg);
    /* 输出查询结果到屏幕 */
    printf("row=%d column=%d\n", nrow, ncol);
    printf("the result is:\n");
    for(i=0;i<(nrow+1) * ncol;i++)
        {
            printf("%20s", Result[i]);
```

```
                    if((i+1)%ncol==0)
                        printf("\n");
            }
    /* 释放变量 */
    sqlite3_free(Errormsg);
    sqlite3_free_table(Result);
    /* 关闭数据库 */
    sqlite3_close(db);
    return 0;
}
```

对 sqlitetest.c 文件进行编译,在编译时需要指定连接库参数-lsqlite3,命令如下。

```
# gcc sqlitetest.c -lsqlite3 -o sqlitetest
```

编译连接成功后,会生成一个 sqlitetest 文件,它是在宿主机上的可执行程序,可以使用 file 命令来查看该文件属于哪个体系。例如如下命令。

```
# file sqlitetest
sqlitetest: ELF 64-bit LSB executable, x86-64, version 1 (SYSV), dynamically linked (uses shared libs), for GNU/Linux 2.6.24, BuildID [sha1]=0x4962c9a080ec8879f29fe2f, not stripped
```

结果显示它是 x86 硬件平台、操作系统为 Linux 的可执行程序。

运行 sqlitetest 程序,运行命令及结果如下。

```
# ./sqlitetest
open database successfully!
Row=2  column=4
the result is:
    ID       Name        Age     Sex
    10001    zhansan     20      female
    10002    lisi        19      male
```

6.2.5　SQLite 交叉编译

SQLite 应用程序在宿主机上完成开发后,需要进行交叉编译生成目标机上可执行的程序。

1. 构建 SQLite 交叉编译环境

以 Cortex A9 目标机为例,使用的 SQLite 压缩包还是 sqlite-autoconf-3310100. tar. gz, 假设它已经解压到宿主机的/home/sqlite3/sqlite-autoconf-3310100/目录下。现计划将 SQLite 交叉编译环境需要的相关文件保存在宿主机的/home/sqlite3/cortexA9/目录下,操作步骤如下。

(1) 创建/home/sqlite3/cortexA9/目录,命令如下。

```
# mkdir  /home/sqlite3/cortexA9
```

(2) 进入 SQLite 源代码所在目录,命令如下。

```
# cd /home/sqlite3/ sqlite-autoconf-3310100
```

（3）指定交叉编译器存放路径，命令如下。

```
# export PATH= $ PATH:/usr/local/toolchain/toolchain-4.6.4/bin
```

（4）配置交叉工具链和安装路径，命令如下。

```
#./configure --host=arm-none-linux-gnueabi  --prefix=/home/sqlite3/cortexA9
```

其中，参数--host 指定交叉编译工具，通常有 arm-linux、arm-linux-gnueabihf 和 arm-none-linux-gnueabi 等几种，ARM9 使用的是 arm-linux，Cortex-A9 使用的是 arm-none-linux-gnueabi。--prefix 指定安装的路径，编译后的文件全部存放在该目录下，指定时必须使用绝对路径。

（5）编译和安装，命令如下。

```
# make
# make install
```

执行完以上命令后，在/home/sqlite3/cortexA9/目录下会生成 bin、include 和 lib 等 3 个子目录。其中，bin 目录下保存应用程序，include 目录下保存头文件，lib 目录下保存库文件。这 3 个目录共同构成 SQLite 交叉编译环境。

使用 file 命令查看以上文件是否属于 ARM 体系结构，命令如下。

```
# cd /home/sqlite/cortexA9/bin
# file sqlite3
```

显示结果如下。

```
sqlite3: ELF 32-bit LSB executable, ARM, version 1 (SYSV), dynamically linked (uses shared libs),
for GNU/Linux 2.6.38, not stripped
```

从显示内容可以确定 sqlite3 属于 ARM 体系上的可执行程序。

2. 交叉编译应用程序

在进行交叉编译之前，一定要知道 SQLite 交叉编译环境的头文件和库文件所在的路径。前面已经介绍过，头文件保存在/home/sqlite3/cortexA9/include 目录下，库文件保存在/home/sqlite3/cortexA9/lib 目录下，则交叉编译命令如下。

```
# arm-none-linux-gnueabi-gcc sqlitetest.c -L /home/sqlite3/cortexA9/lib -lsqlite3 -I /home/sqlite3/
cortexA9/include -o sqlitetestA9
```

编译成功后，会生成一个名为 sqlitetestA9 的可执行文件。

3. 目标机上运行 SQLite 应用程序

要在目标机上运行 SQLite 应用程序，则要将 SQLite 动态数据库 libsqlite3.so.0.8.6 保存到目标机，并要创建连接文件、指定库搜索路径等，具体步骤如下。

（1）库文件"减肥"。因为嵌入式系统的资源有限，程序越精简越好，所以可以删除 SQLite 库中的符号信息，以达到降低文件容量的目的。先查看库文件的容量，命令如下。

```
# ls -l
-rwxr-xr-x 1 root root 3332520   2月   2 14:13 libsqlite3.so.0.8.6
```

结果显示文件的大小为 3332520 字节。下面删除库中的符号信息,命令如下。

```
# arm-none-linux-gnueabi-strip libsqlite3.so.0.8.6
```

查看删除符号信息后库文件的大小,命令如下。

```
# ls -l
-rwxr-xr-x 1 root root   923004   2月   3 09:22 libsqlite3.so.0.8.6
```

结果显示表明目前文件占用存储空间为 923004 字节,只有原始大小的 30% 左右。

注意:如果嵌入式系统存储空间充足,也可以跳过这一步,直接进入下一步。

(2) 将宿主机上的 libsqlite3.so.0.8.6 动态库文件下载到目标机的某个目录下,如 /mnt/lib 目录。也可以把文件先复制到 SD 卡,再将 SD 卡挂载到/mnt/lib 目录下。

(3) 在目标机的/mnt/lib 目录下创建链接库文件 libsqlite3.so.0,因为 SQLite 应用程序使用的默认动态数据库名为 libsqlite3.so.0,所以命令如下。

```
# ln libsqlite3.so.0.8.6 libsqlite3.so.0
```

(4) 通过环境变量 LD_LIBRARY_PATH 指定动态库搜索路径,命令如下。

```
# export LD_LIBRARY_PATH= $ LD_LIBRARY_PATH: /mnt/lib
```

(5) 将 sqlitetestA9 程序下载到目标机上,运行命令及结果如下。

```
# ./sqlitetest
open database successfully!
Row=2   column=4
the result is:
    ID          Name          Age       Sex
    10001       zhansan       20        female
    10002       lisi          19        male
```

6.3　基于 SQLite 的温度数据采集系统

温度数据采集系统采集到的数据通常需要使用数据库来保存。

1. 软件总体设计

将温度数据保存在 TempDB.db 数据库的 TempTab 表中,TempTab 表设计 4 个字段,如表 6.4 所示。

表 6.4　TempTab 表字段

字　段　名	类　　型	说　　明
ID	Integer	序号,为主键
Date	varchar(20)	日期,格式 yy-mm-dd
Time	varchar(20)	时间,格式 h:m:s
Temperature	varchar(10)	温度,格式 xx.xx

软件结构如图 6.2 所示。

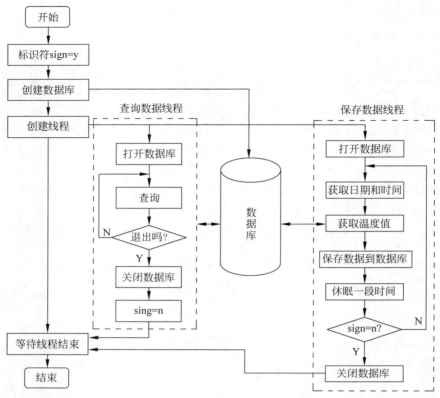

图 6.2   软件结构框图

2. 程序代码

【程序 6.2】   TemperatureApp. c 文件的代码。

```
#include <pthread.h>
#include <unistd.h>
#include <stdio.h>
#include <sqlite3.h>

char sign='y';     //标识符,n 表示退出
char d_str[40];    //保存日期
char t_str[40];    //保存时间
float tempval=0;   //保存温度

/* 创建数据库函数 */
void cr_TempDB()
{
    sqlite3  * db=NULL;
    int rc;
    char * Errormsg, * sql;
    /* 创建数据库 */
    rc=sqlite3_open("TempDB.db", &db);
```

```
        if(rc){
            fprintf(stderr,"can't open database:%s\n",sqlite3_errmsg(db));
            sqlite3_close(db);
        }else
            printf("open database successfully!\n");
    /* 创建数据表 */
    sql="create table TempTab(ID integer primary key,Date varchar(20),Time varchar(20),
Temperature varchar(10))";
    sqlite3_exec(db,sql,0,0,&Errormsg);
    /* 关闭数据库 */
    sqlite3_close(db);
}

/* 获取温度值函数 */
void get_tempval()
{
    int fd;
    int data;
    float d;
    /* 打开 A/D 设备文件 */
    fd = open("/dev/adc",O_RDWR);
    if (fd < 0) {
        perror("open");
        exit(1);
    }
    /* 读出模数转换好的数据 */
    read(fd,&data,sizeof(data));
    /* 将数据转换成电压值 */
    d=1.8 * data / 4096;
    /* 将电压值转换成温度值 */
    tempval=(d-0.5) * 100;
}

/* 获取日期和时间函数 */
void get_data_time()
{
  struct tm * t;
  time_t timep;
  /* 将获取的日期和时间数据给结构变量 t */
  time(&timep);
  t=gmtime(&timep);
  /* 将日期数据赋给 d_str 全局变量 */
sprintf(d_str,"%d-%d-%d",(1900+t-> tm_year),1+t-> tm_mon,t-> tm_mday);
  /* 将时间数据赋给 t_str 全局变量 */
  sprintf(t_str,"%d:%d:%d",t-> tm_hour,t-> tm_min,t-> tm_sec);
}
/* 查询数据线程 */
void * thread_qu(void * str)
{
    sqlite3 * db1=NULL;
```

```
        int ret, rc1;
        int i, nrow, ncol;
        char  * Errormsg, * sql, ** Result;
        char ch='y';
        /* 清除屏幕 */
        system("clear");
        /* 打开数据库 */
        rc1=sqlite3_open("TempDB.db", &db1);
        if(rc1){
                fprintf(stderr,"can't open database:%s\n", sqlite3_errmsg(db1));
                sqlite3_close(db1);
        }else
                printf("open database successfully!\n");
        /* 查询操作 */
        while(ch!='n')
        {
        /* 查询命令 */
        sql="select  * from TempTab";
        sqlite3_get_table(db1, sql, &Result, &nrow, &ncol, &Errormsg);
        /* 显示查询结果信息 */
        printf("row=%d column=%d\n", nrow, ncol);
        printf("the result is:\n");
        for(i=0;i<(nrow+1) * ncol;i++)
            {
                    printf("%20s", Result[i]);
                    if((i+1)%ncol==0)
                            printf("\n");
            }
        /* 释放变量 */
        sqlite3_free(Errormsg);
        sqlite3_free_table(Result);
        /* 提示及等待用户输入操作 */
        printf("y---查询\n");
        printf("n---退出\n");
        printf("请输入(y/n):");
        ch=getchar();
        getchar();
        }
        /* 给标识符赋值,n 表示退出 */
        sign='n';
        /* 关闭数据库 */
        sqlite3_close(db1);
        return NULL;
}
/* 采集数据及保存线程 */
void  * thread_col(void  * str)
{
    sqlite3  * db2=NULL;
    int rc;
    int nrow, ncol;
```

```
        char  * Errormsg;
        char sql[40];
        int num=1;
        /* 打开数据库 */
        rc=sqlite3_open("TempDB.db",&db2);
        if(rc){
            fprintf(stderr,"can't open database:%s\n",sqlite3_errmsg(db2));
            sqlite3_close(db2);
        }else
            printf("db2 open database successfully!\n");
        /* 标识符不为 y 时退出,只有查询数据线程会改变 sign 变量的值 */
        while (sign=='y')
        {
        /* 调用获取日期和时间函数 */
        get_data_time();
        /* 调用获取温度值函数 */
        get_tempval();
        /* 生成 SQL 语句 */
        sprintf(sql,"insert into TempTab  values(%d,'%s','%s','%5.2f')",num,d_str,t_str,tempval);
        /* 执行 SQL 语句 */
        sqlite3_exec(db2,sql,0,0,&Errormsg);
        /* 该变量用于给 ID 字段赋值 */
        num++;
        /* 程序休眠 60s,是采集温度值的时间间隔 */
        sleep(60);
        }
        /* 关闭数据库 */
        sqlite3_close(db2);
}


int main()
{
    pthread_t pth_qu,pth_col;
    int ret,ret1;
    /* 调用创建数据库函数 */
    cr_TempDB();
    /* 创建查询数据线程 */
    ret=pthread_create(&pth_qu,NULL,thread_qu,NULL);
    if(ret)
    {
        printf("Create pth_qu pthread error!\n");
        return 1;
    }
    /* 创建数据采集及保存线程 */
    ret1=pthread_create(&pth_col,NULL,thread_col,NULL);
    if(ret)
    {
        printf("Create pth_col pthread error!\n");
        return 1;
    }
```

```
/ * 等待查询数据线程结束 * /
pthread_join(pth_qu, NULL);
/ * 等待采集数据及保存线程结束 * /
pthread_join(pth_col, NULL);
return 0;
}
```

3. 交叉编译和运行

交叉编译时,要使用的参数比较多,如指定交叉编译器、头文件和库文件所在的路径等,所以一般采用 make 工具进行编译,具体操作步骤如下。

(1) 编写 Makefile 文件,文件内容如下。

```
CROSS=arm-none-linux-gnueabi-
CC= $ (CROSS)gcc
TARGET=TemperatureApp
OBJECT=TemperatureApp. c
CFLAGS1=-L /home/sqlite3/cortexA9/lib -I/home/sqlite3/cortexA9/include
CFLAGS= $ (CFLAGS1) -lpthread -lsqlite3
$ (TARGET) : $ (OBJECT)
    $ (CC)  $ <  $ (CFLAGS) -o  $ @
clean:
        rm -rf * .o  $ (TARGET)
```

(2) 编译。运行 make 命令进行编译,编译完成后,会生成 TemperatureApp 可执行程序。

(3) 运行。在目标机上先安装好 A/D 驱动程序,创建好/dev/adc 设备文件,设置好环境变量 LD_LIBRARY_PATH。将 TemperatureApp 程序下载到目标机上,运行命令及结果如下。

```
# ./TemperatureApp
open database successfully!
row=0 column=0
the result is:
y---查询
n---退出
请输入(y/n):
```

运行结果显示的内容是数据查询线程的输出信息。因为开始时数据库中没有任何数据,所以查询不到任何温度记录信息。用户可以从键盘输入 y,按 Enter 键后,程序会将数据库中的最新数据查询出来,显示如下。

```
row=4 column=4
the result is:
ID    Date        Time        Temperature
1    2020-2-28    9:50:56     10.91
2    2020-2-28    9:51:56     10.90
3    2020-2-28    9:52:56     10.92
4    2020-2-28    9:53:56     10.92
y---查询
```

如果要结束程序,输入 n,再按 Enter 键即可。

6.4　练 习 题

1. 选择题

(1) mini SQL 开发者是( )。

    A. Sleepycat Software　　　　　　　　B. David J. Hughes

    C. Richard Hipp　　　　　　　　　　　D. Linus

(2) Berkeley DB 2.0 开发者是( )。

    A. Sleepycat Software　　　　　　　　B. David J. Hughes

    C. Richard Hipp　　　　　　　　　　　D. Linus

(3) SQLite 第一个 Alpha 版本发布于 2000 年,是用( )编写的。

    A. Java 语言　　　B. C 语言　　　C. C++语言　　　D. C♯语言

(4) SQLite 在 2000 年发布的版本是( )。

    A. 1.0　　　　　B. 2.0　　　　　C. 3.0　　　　　D. 4.0

(5) SQLite 用( )替换了 gdbm。

    A. Page Cache　　B. Parser　　　C. Tokenizer　　　D. B-tree

(6) SQLite 内部共有( )个子系统组成。

    A. 2　　　　　　B. 3　　　　　　C. 4　　　　　　D. 5

(7) SQLite 内部共有( )个独立模块组成。

    A. 2　　　　　　B. 4　　　　　　C. 6　　　　　　D. 8

(8) SQLite 支持数据库大小最大为( )。

    A. 2MB　　　　　B. 2GB　　　　C. 10GB　　　　D. 2TB

(9) SQLite3 支持 NULL、REAL、TEXT、BLOB 和( )数据类型。

    A. INTEGER　　B. CHAR　　　C. FLOAT　　　D. BOOL

(10) SQLite 命令以( )。

    A. .开始　　　　B. .结尾　　　C. ;结尾　　　D. ./开始

(11) SQLite 中的 SQL 语句以( )。

    A. .开始　　　　B. .结尾　　　C. ;结尾　　　D. ./开始

2. 填空题

(1) 嵌入式数据库属于_____级数据库。

(2) 传统企业级数据库数据处理方式是_____;嵌入式数据库数据处理采用_____方式。

(3) 嵌入式数据库除采用_____模型外,还会采用_____或两者的结合体。

(4) SQLite 内部由_____、_____和_____共 3 个子系统组成。

(5) SQLite 内核子系统包括_____和_____两个独立模块。

（6）SQLite 编译器子系统包括_____、_____和_____共 3 个独立模块。

（7）SQLite 后端子系统包括_____、_____和_____共 3 个独立模块。

（8）SQLite 配置时运行如下命令。

```
＃./configure - -host＝arm-none-linux-guneabi  --prefix＝/home/sqlite3/cortexA9
```

参数--host 指定_____；--prefix 指定_____。

（9）SQLite 命令.database 的功能是_____；.schema 的功能是_____。

3. 简答题

（1）什么是嵌入式数据库？

（2）嵌入式数据库和传统数据库从应用层面比较有什么特点？

（3）嵌入式数据库和传统数据库的优化重点有什么不同？

（4）嵌入式数据库和传统数据库关键技术有什么不同？

（5）简述 SQLite 内部词法分析器模块的主要功能。

（6）简述 SQLite 内部虚拟机模块的主要功能。

（7）简述 SQLite 内部 B-树模块的主要功能。

（8）简述 SQLite 内部页面高速缓存模块的主要功能。

（9）"亲和类型"是指什么？SQLite 有哪几种"亲和类型"数据？

（10）简述 SQLite3 的功能。

4. 编程题

在命令行下，用 SQLite3 的相关命令创建数据库 company.db，在该数据库中建立 personnel 表，personnel 表的字段信息如表 1 所示；插入表 2 所示的 3 条记录，然后查询并在屏幕上显示所有记录。

表 1　personnel 表的字段信息

字　　段	类　　型	说　　明
id	integer	职员工号，为主键
name	varchar(20)	职员名称
salary	integer	职员薪水

表 2　personnel 表中的记录

id	name	salary
001	Mike	3248
002	Bill	4789
003	Tom	3899

附录 A　常用 Linux 命令的使用

本附录首先介绍 Linux 的 Shell 环境,然后介绍 Linux 操作系统常用命令的使用方法,包括基本命令、网络命令和服务器配置等。

A. 1　Linux Shell 环境

1. 命令行界面

Linux 是一个多用户操作系统,有许多启动方式。在计算机上运行 Linux 时,通常选用直接进入图形化界面的启动方式。Linux 系统的图形化界面通常运行 X 窗口系统(X Window System,简称 X 或 X11),X 窗口系统仅仅是 Linux 系统的一个软件(或者称为服务),而不是 Linux 内核的一部分。X 窗口系统是一个相当耗费系统资源的软件,它会大大降低 Linux 系统的性能,为了获取高效及高稳定性,在嵌入式软件上运行 Linux 系统时,通常选用命令行界面。

Linux 命令行界面是一个 Shell 环境,当用户在命令行下工作时,不是直接同操作系统内核交互信息,而是由命令解释器接收命令,分析后再传给相关的程序。Shell 是 Linux 系统的一种命令行解释程序,为用户在命令行下使用操作系统提供接口。内核、Shell 和用户之间的关系如图 A.1 所示。

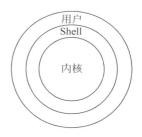

图 A.1　内核、Shell 和用户的关系

选用命令行界面启动方式,Linux 系统启动后,会直接进入命令行界面。在 Linux 图形化界面下进入命令行界面的具体方法是在图形化界面中找到"终端"图标,如图 A.2 所示,单击该图标就会进入命令行界面(也可以称 Shell 环境),如图 A.3 所示。

图 A.2　终端图标

图 A.3　命令行界面

2. 命令行提示符

图 A.3 中显示的"linux@ubuntu64-vm:/home＄"信息是命令行界面的提示符,提示符分为 4 部分,每部分的含义说明如下。

(1) @符号前面的字符串 linux 为第 1 部分,表示用户名。

(2) 符号@和:之间的字符串 ubuntu64-vm 为第 2 部分,表示计算机名。

(3) 符号:与最后一个字符之间的字符串/home 为第 3 部分,表示当前目录名。

(4) 最后一个字符＄为第 4 部分,表示用户类型,＄表示普通用户,♯表示根用户。

A.2　基本命令

在命令行提示符下输入命令可以完成各种操作。常用命令包括管理文件和目录命令及进程、关机和线上查询命令等。

A.2.1　管理文件和目录命令

常用的管理文件和目录命令如表 A.1 所示。

表 A.1　管理文件和目录命令及其功能

命　令	功　能	命　令	功　能
ls	查看文件和目录	cp	复制文件
cd	查看或更改目录	mv	移动或重命名
mkdir	创建目录	pwd	查看当前路径
rmdir	删除目录	cat	显示文件内容或合并文件内容
rm	删除文件或目录	ln	创建符号链接

1. ls 命令

(1) 语法如下。

ls [选项] [目录或文件]

(2) 功能:查看文件和目录。

(3) 主要选项含义如下。

-a:显示指定目录下的所有子目录与文件,包括隐藏文件。

-b:对文件名中不可显示的字符用八进制显示。

-c:按文件的修改时间排序。

-C:分成多列显示各项。

-d:如果参数是目录,只显示其名称而不显示其下的各文件。

-f:不排序。该选项将使-l、-t 和-s 选项失效,并使-a 和-U 选项有效。

-F:在目录名后面标记/,可执行文件后面标记＊,符号链接后面标记@,管道(或FIFO)后面标记|,socket 文件后面标记＝。

-i:在输出的第一列显示文件的 i 节点号。

-l：以长格式来显示文件的详细信息。

【例 A.1】　用长格式查看/home/zhs 目录下的内容。

```
# ls -l /home/zhs
```

2. cd 命令

（1）语法如下。

```
cd [directory]
```

（2）功能：将当前目录改变至 directory 所指定的目录。若没有指定 directory，则回到用户的个人目录。为了改变到指定目录，用户必须拥有对指定目录的执行和读权限。

【例 A.2】　退回上一级目录。

```
# cd ..
```

【例 A.3】　进入目录/home/zhs。

```
# cd /home/zhs
```

3. mkdir 命令

（1）语法如下。

```
mkdir [选项] dir-name
```

（2）功能：创建一个以 dir-name 为名称的目录。要求创建目录的用户在当前目录中（dir-name 的父目录中）具有写权限，并且 dir-name 不能是当前目录中已有的目录或文件名。

（3）主要选项含义如下。

-m：对新建目录设置存取权限。如果在创建目录时不设置权限，以后可以用 chmod 命令来设置对文件或目录的权限。

-p：可以是一个路径名称。此时若路径中的某些目录尚不存在，加上此选项，系统将自动创建尚不存在的目录，即一次可以建立多个目录。

【例 A.4】　在当前目录下创建一个新的目录 abcd。

```
# mkdir abcd
```

4. rmdir 命令

（1）语法如下。

```
rmdir [选项] dir-name
```

（2）功能：删除一个或多个子目录项。需要特别注意的是，一个目录被删除之前必须是空的。删除某目录要求必须具有对父目录的写权限。

（3）主要选项含义如下。

-p：递归删除目录 dir-name，当子目录删除后，其父目录为空时也一同被删除。如果整个路径被删除或者由于某种原因保留部分路径，则系统会在标准输出上显示相应的信息。

【例 A. 5】　删除/home/zhs/hijk 目录。

```
# rmdir /home/zhs/hijk
```

5. rm 命令

（1）语法如下。

```
rm［选项］文件名或目录名
```

（2）功能：删除一个或多个文件或目录，也可以将某个目录及其下的所有文件及子目录均删除。对于链接文件，只是断开了链接，原文件保持不变。如果没有使用-r 选项，则 rm 不会删除目录。使用 rm 命令要小心，因为一旦文件被删除，它是不能被恢复的。为了防止这种情况的发生，可以使用-i 选项来逐个确认要删除的文件。如果用户输入 y，文件将被删除。如果输入其他任何字符，文件都不会删除。

（3）主要选项含义如下。

-f：忽略不存在的文件，从不给出提示。

-r：指示 rm 将参数中查看的全部目录和子目录均递归地删除。

-i：进行交互式删除。

【例 A. 6】　删除当前目录下的 abcd 子目录。

```
# rm -i abcd
rm:remove directory 'abcd'?
```

输入 y，完成删除操作；输入 n，放弃删除操作。

6. cp 命令

（1）语法如下。

```
cp［选项］源文件或源目录 目标文件或目标目录
```

（2）功能：把指定的源文件复制到目标文件或把多个源文件复制到目标目录中。需要说明的是，为防止用户在不经意的情况下用 cp 命令破坏了另一个文件，如用户指定的目标文件名已存在，用 cp 命令复制文件后，这个文件就会被新文件覆盖，因此，建议用户在使用 cp 命令复制文件时，最好使用 i 选项。

（3）主要选项含义说明如下。

-a：该选项通常在复制目录时使用。它保留链接、文件属性，并递归地复制目录，其作用等于-dpR 选项的组合。

-d：复制时保留链接。

-f：覆盖已经存在的目标文件而不提示。

-i：和-f 选项相反，在覆盖目标文件之前将给出提示要求用户确认。回答 y 时目标文件将被覆盖，是交互式复制。

-p：除复制源文件的内容外，还将把其修改时间和访问权限也复制到新文件中。

-r：若给出的源文件是一目录文件，将递归复制该目录下所有的子目录和文件。此时目标文件必须为一个目录名。

-l：不做复制，只是链接文件。

【例 A.7】　将当前目录下的 ab. png 文件复制到/home/zhs 子目录中。

```
# cp   ab.png   /home/zhs
```

7. mv 命令

（1）语法如下。

```
mv［选项］源文件或目录 目录文件或目录
```

（2）功能：mv 命令根据第二个参数的类型（是文件，还是目录）来选择是执行重命名，还是执行移动操作。当第二个参数是文件时，mv 命令执行文件重命名工作，此时，源文件只能有一个（也可以是目录名），它将指定的源文件或目录重命名为指定的目标文件名或目录名称。当第二个参数是已存在的目录时，源文件或目录参数可以有多个，mv 命令将参数指定的源文件全部移至该目录中。在跨文件系统移动文件时，mv 命令会先复制，再将原文件删除，而与该文件的链接也将丢失。

（3）主要选项含义如下。

-i：交互式操作。如果 mv 操作将导致已存在的目录或文件被覆盖时，系统会询问是否覆盖，要求回答 y 或 n，这样可以避免出错。

-f：禁止交互操作。在 mv 操作要覆盖已存在的目录或文件时，不会给任何提示，指定此选项后，-i 选项将不再起作用。

【例 A.8】　将当前目录下的 ab. png 更名为 xyz. png。

```
# mv   ab.png   xyz.png
```

8. pwd 命令

（1）语法如下。

```
pwd
```

（2）功能：显示当前工作目录的绝对路径。

9. cat 命令

cat 命令用于将文件内容在标准输出设备（如显示器）上显示，还可用来连接两个或多个文件。

1）cat 命令用于显示文件

（1）语法如下。

```
cat［选项］文件
```

（2）功能：依次读取文件的内容，并将其输出到标准输出设备（显示器）上。

（3）命令主要选项含义如下。

-v：用一种特殊形式显示控制字符，LFD 与 TAB 除外。加了此选项后，-T 和-E 选项才能起作用。

-T：将 TAB 显示为^I。该选项需要与-v 选项一起使用。

-E：在每行的末尾显示一个 $ 符，该选项需要与-v 选项一起使用。

-u：输出不经过缓冲区。

A：等于-vET。

T：等于-vT。

E：等于-vE。

【例 A.9】　查看文本文件 1234. txt 的内容。

```
＃cat 1234. txt
```

2) cat 命令用于连接两个或多个文件

（1）语法：

```
cat 文件 1 文件 2 … 文件 N > 文件 M
```

（2）功能：将文件 1，文件 2，……，文件 N 的内容合并起来，存放在文件 M 中。此时在屏幕上并不能直接看到文件 M 的内容，若想查看连接后的文件内容，可用命令"cat 文件 M"。

【例 A.10】　请将文本文件 33. txt 和 44. txt 两个文件的内容合并到 aa. txt 文件中。

```
＃cat 33. txt　44. txt > aa. txt
```

执行命令后，可用 cat 命令查看文件 aa. txt 的内容。

10. ln 命令

（1）语法如下。

```
ln ［选项］文件名 链接名
```

（2）功能：用于为某一个文件在另外一个位置建立一个符号链接。

（3）命令主要选项含义如下。

-s：建立符号链接（这也是通常唯一使用的参数）。

【例 A.11】　请为当前目录下的文件 test 创建一个名为 zhs 的链接文件。

```
＃ln　-s　test　zhs
＃ls -l
-rw-r--r-- 1 linux linux 23　8 月 20　2013 test
lrwxrwxrwx 1 linux linux 4　1 月 29 16:58 zhs —> test
```

执行命令后用 ls 命令查看到的信息显示 zhs 是一个链接名。

A.2.2　进程、关机和线上查询命令

常用的进程、关机和线上查询命令如表 A.2 所示。

表 A.2　进程、线上查询和关机命令及功能

命　　令	功　　能	命　　令	功　　能
ps	查看进程	help	查询 Bash Shell 的内建命令
kill	终止进程	top	动态显示系统中运行的程序（一般为每隔 5s）
shutdown	关机	uname	显示系统的信息
reboot	重启计算机	uptime	显示系统已经运行的时间
man	查询命令的使用方法	clear	清除屏幕上的信息

1. ps 命令

(1) 语法如下。

```
ps [选项]
```

(2) 功能：使用该命令可以确定有哪些进程正在运行、某些进程运行的状态、某些进程是否结束、某些进程是否阻塞、哪些进程占用了过多的资源等。ps 命令常用于监控后台进程的工作情况，因为后台进程不和屏幕、键盘这些标准输入输出设备进行通信，所以需要用命令检测其情况。

(3) 主要选项含义如下。

-e：查看所有进程。

-f：全格式。

-h：不显示标题。

-l：长格式。

-w：显示加宽，可以显示较多资讯。

-a：显示所有包含其他使用者的行程。

-r：只显示正在运行的进程。

【例 A.12】　以 root 用户身份登录系统，查看当前进程的状况。

```
#ps
PID   TTY    TIME      CMD
1060  pts/2  00:00:00  bash
1087  pts/2  00:00:00  ps
```

显示内容共分 4 项，依次是 PID(进程 ID)、TTY(终端名称)、TIME(进程执行时间)、CMD(该进程的命令行输入)。

2. kill 命令

(1) 语法

```
kill [-s 信号 | -p] [-a] 进程号 …
kill -l [信号]
```

(2) 功能：用来终止 Linux 系统的后台进程。kill 命令送出一个特定的信号(signal)给进程号指定的进程，根据该信号而做特定的动作，若没有指定信号，默认送出终止(TERM)信号终止该进程。

(3) 主要选项含义如下。

-s：指定需要送出的信号。其中可用的信号有 HUP(1)、KILL(9)、TERM(15)，分别代表着重跑、砍掉、结束。

-p：指定 kill 命令只显示进程的 PID，并不真正送出结束信号。

-l：显示信号名称列表，这也可以在/usr/include/linux/signal.h 文件中找到。

【例 A.13】　将 PID 为 323 的行程终止 (kill)。

```
#kill -9 323
```

3．shutdown 命令

（1）语法如下。

> shutdown［选项］［时间］［警告信息］

（2）功能：关闭系统。

（3）主要选项含义如下。

-k：并不真正关机，而只是发出警告信息给所有用户。

-r：关机后立即重新启动。

-h：关机后不重新启动。

-f：快速关机，重启动时跳过 fsck。

-n：快速关机，不经过 init 程序。

-c：取消一个已经运行的 shutdown 命令。

（4）"时间"参数表示等待关机的时间，可以有如下多种形式。

hh:mm：表示绝对时间，其中 hh 表示等待关机的小时数，mm 表示等待关机的分钟数，例如 1:30 表示一个半小时后关机。

＋m：表示等待的分钟数，如＋10 表示 10 分钟后关机。

Now：表示立即关机，警告信息将发送给每个正在使用此 Linux 系统的用户。

【例 A.14】　让系统 10 分钟后关机，并向用户发送信息。

> ＃shutdown -h ＋10 the host is going to close , please shutdown

执行该命令，将向各用户发出 the host is going to close，please shutdown 信息，然后在 10 分钟之后开始关机，最后显示以下信息。

> The system is halted

此时用户可以关闭计算机电源。需要特别说明的是，该命令只能由 root 用户使用。

4．reboot 命令

（1）语法如下。

> reboot

（2）功能：重新启动计算机命令。

5．man 命令

（1）语法如下。

> man［选项］命令名称

（2）功能：显示命令帮助手册。使用此命令一般不加选项，按 Q 键即可退出 man 命令。

【例 A.15】　查看 fdisk 命令的使用方法。

> ＃man fdisk

按 Enter 键,就会显示 fdisk 命令的帮助手册,如果想退出,按 Q 键即可。

6. help 命令

(1) 语法如下。

```
命令名称 -help
```

(2) 功能：查看所有 Shell 命令,查看 Shell 命令的用法。

【例 A. 16】　查看 fdisk 命令的使用方法。

```
# fdisk -help
```

按 Enter 键,就会显示 fdisk 的使用方法。

7. top 命令

(1) 语法如下。

```
top
```

(2) 功能：动态显示系统中运行的程序(一般为每隔 5s)。

【例 A. 17】　查看系统中运行的程序。

```
# top
```

执行 top 命令后,显示结果如图 A. 4 所示。按 Q 键可以结束命令。

图 A. 4　top 命令执行结果

8. uname 命令

(1) 语法如下。

```
uname [选项]
```

(2) 功能：显示系统的信息。

(3) 主要选项含义如下。

-a 或-all：详细输出所有信息,依次为内核名称、主机名、内核版本号、内核版本、硬件名、处理器类型、硬件平台类型及操作系统名称。

-m 或-machine：显示主机的硬件(CPU)名。

-n 或-nodename：显示主机在网络节点上的名称或主机名称。

-r 或-release：显示 Linux 操作系统内核版本号。

-s 或-sysname：显示 Linux 内核名称。

-v：显示操作系统是第几个 version 版本。

-p：显示处理器类型或 unknown。

-i：显示硬件平台类型或 unknown。

-o：显示操作系统名。

-help：获得帮助信息。

-version：显示 uname 版本信息。

【例 A.18】 查看系统信息。

```
# uname -a
Linux ubuntu64-vm 3.2.0-24-generic # 37-Ubuntu SMP Wed Apr 25 08:43:22 UTC 2012 x86_64
x86_64 x86_64 GNU/Linux
```

以上信息的含义是"系统内核名称是 Linux，网络节点上的主机名是 ubuntu64-vm，内核发行号是 3.2.0-24-generic，内核版本是 # 37-Ubuntu SMP Wed Apr 25 08:43:22 UTC 2012，主机的硬件架构名称是 x86_64，处理器类型是 x86_64，硬件平台是 x86_64，操作系统名称是 GNU/Linux"。

9. uptime 命令

(1) 语法如下。

```
uptime
```

(2) 功能：显示系统已经运行时间。

【例 A.19】 查看系统运行时间。

```
# uptime
17:32:37 up 37 min, 1 user, load average: 0.24,0.19,0.16
```

以上信息的含义是"系统当前时间是 17:32:37，从上次启动开始系统运行的时间是 37分钟，连接的用户数是 1 个，1 分钟、5 分钟和 15 分钟内系统平均负载分别是 0.24、0.19 和 0.16。

10. clear 命令

(1) 语法如下。

```
clear
```

(2) 功能：清除屏幕上的信息。

A.2.3　其他常用命令

其他常用命令如表 A.3 所示。

表 A.3　其他常用命令及功能

命　　令	功　　能	命　　令	功　　能
fdisk	创建和查看磁盘分区	adduser	新建用户
mount	挂接文件系统	su	切换用户
umount	卸载文件系统	strip	去除文件符号信息，缩小体积

续表

命 令	功 能	命 令	功 能
chmod	改变文件权限	dd	转换和复制一个文件
file	检测文件类型	mkfs	在特定的分区上建立文件系统
find	查找文件	echo	在终端输出字符串或变量提取值
grep	查找含有某个字符串的文件	export	设置环境变量
tar	对文件目录进行打包备份	env	查询环境变量

1. fdisk 命令

(1) 语法如下。

```
fdisk [-U][-b sectorsize] device
fdisk -l [-U][-b sectorsize][device]
fdisk -S partition
fdisk -V
```

(2) 功能：用于创建和查看磁盘分区。

(3) 主要选项含义如下。

-b sectorsize：指定磁盘扇区的大小。

-l：列出指定设备的分区表信息，如果没有指定设备，则列出/proc/partition 中的信息。

-U：列出分区信息时，用分区的容量代替柱面。

-S partition：将分区大小从标准设备中输出。

- V：显示 fdisk 的版本。

2. mount

(1) 语法如下。

```
mount [选项] 设备 存放目录
mount [选项] ip:/所提供的目录 存放目录
```

(2) 功能：把文件系统挂接到 Linux 系统上。

(3) 主要选项含义如下。

-a：挂上/etc/fstab 下的全部文件系统。

-t：指定挂上来的文件系统名称，在/proc/filesystems 文件里可以看到系统支持的所有文件系统。

-n：挂上文件系统时不把文件系统的数据写入/etc/mtab 文件。

-w：将文件系统设定为可读写。

-r：将文件系统设定为只读。

mount 不带任何参数，将显示当前系统已挂接的文件系统。

【例 A. 20】 将 U 盘挂接到 Linux 系统的/mnt/usb 目录上，可输入如下命令。

```
# mount /dev/sda1 /mnt/usb
```

通常 U 盘的设备文件名为 sda，sda1 是指 U 盘的第一个分区。

3. umount

（1）语法如下。

```
umount 已经挂上的目录或设备名
```

（2）功能：用于卸载文件系统。

4. chmod

（1）语法如下。

```
chmod［选项］文件名
```

（2）功能：修改文件权限。

【例 A.21】 修改文件 hello.c 的权限，让所有用户都有读写权限。

```
#ls -l
-r w- r - - r - -    root    root                    hello.c
#chmod 666 hello.c
#ls -l
-r w- r w- r w-    root    root                    hello.c
```

数字修改权限的方法为用 3 位数表示 3 种权限，第一位为用户的权限；第二位为所属组的权限；第三位为其他权限；每位数用 3 位二进制表示，分别对应于 rwx，0 表示无此权限，1 表示有权限。

5. file

（1）语法如下。

```
file［选项］［文件或目录］
```

（2）功能：检测文件类型。

【例 A.22】 检测 hello 文件的类型。

```
# file hello
hello :ELF 32-bit LSB executable, Intel 80386, version 1（SYSV）
```

以上信息的含义是"hello"是一个 32 位的可执行程序，运行在 80386 平台上。

6. find

（1）语法如下。

```
find pathname［选项］
```

（2）功能：查找文件，pathname 是查找的目录路径。

（3）主要选项含义如下。

-name：按照文件名查找文件。

-perm：按照文件权限来查找文件。

-user：按照文件属主来查找文件。

-group：按照文件所属的组来查找文件。

-mtime −n +n：按照文件的更改时间来查找文件，−n 表示文件更改时间距现在 n 天以内，+n 表示文件更改时间距现在 n 天以前。

-type：查找某一类型的文件，如 b 表示块设备文件；d 表示目录；c 表示字符设备文件；

p 表示管道文件；l 表示符号链接文件；f 表示普通文件。

【例 A. 23】   在/root 目录下查找第一个字符为 h 的文件。

```
# find /root -name h * . *
```

7. grep

（1）语法如下。

```
grep［字符串］［选项］［文件或目录］
```

（2）功能：查找含字符串的文件。

（3）主要选项含义如下。

-r：表示进入子目录。

-n：输出第几行。

【例 A. 24】   在当前目录下查找文件内容包含 file 字符串的文件。

```
# grep "file"  ./  -rn
```

8. tar

（1）语法如下。

```
tar［选项］［文件目录列表］
```

（2）功能：对文件目录进行打包归档。

（3）选项含义如下。

-c：建立新的归档文件。

-r：向归档文件末尾追加文件。

-x：从归档文件中解出文件。

-O：将文件解开到标准输出。

-v：处理过程中输出相关信息。

-f：对普通文件操作。

-z：调用 gzip 来压缩归档文件，与-x 联用时调用 gzip 完成解压缩。

-Z：调用 compress 来压缩归档文件，与-x 联用时调用 compress 完成解压缩。

【例 A. 25】   用 tar 解压缩包 qt-x11-opensource-src-4. 3. 2. tar. gz。

```
# tar zxvf qt-x11-opensource-src-4.3.2.tar.gz
```

9. adduser

（1）语法如下。

```
adduser 用户名
```

（2）功能：新建用户。

【例 A. 26】   新建一个名为 zhs 的用户，口令是"123456"。

```
# adduser zhs
# passwd zhs
New password:123456
```

10. su

(1) 语法如下。

[选项]… [-] [USER [ARG]…]

(2) 功能：切换用户。

(3) 主要选项含义如下。

-l,--login：切换用户时改变环境变量,让它和用户重新登录时一样。

-f,--fast：不必读启动文件(如 csh. cshrc 等),仅用于 csh 或 tcsh 两种 Shell。

-m,-p,--preserve-environment：执行 su 命令时不改变环境变量。

-c command：变更账号为 USER 的使用者,并执行指令(command)后再变回原来的使用者。

USER：要变更为的用户。

ARG：传入新的 Shell 参数。

【例 A.27】　切换到 root 用户,并在执行 df 命令后还原使用者。

＃su -c df　root

11. strip

(1) 语法如下。

strip [选项] 输入文件

(2) 功能：去除文件符号信息,缩小体积。

(3) 主要选项含义如下。

-H：除去对象文件头、任何可选的头以及所有段的头部分。

-l：从对象文件中除去行号信息。

-V：打印命令版本号。

-x：除去符号表信息。

-X mode 32_64：处理 32 位和 64 位文件。

【例 A.28】　除去 hello 文件中的对象文件头。

＃strip -H hello

12. dd

(1) 语法如下。

dd [选项]

(2) 功能：转换和复制一个文件。

(3) 主要选项含义如下。

if=文件名：输入文件名,默认为标准输入,即指定源文件。

of=文件名：输出文件名,默认为标准输出,即指定目的文件。

ibs=bytes：一次读入 bytes 字节,即指定一个块大小为 bytes 字节。

obs＝bytes：一次输出 bytes 字节，即指定一个块大小为 bytes 字节。

bs＝bytes：同时设置读入或输出的块大小为 bytes 字节。

cbs＝bytes：一次转换 bytes 字节，即指定转换缓冲区大小。

skip＝blocks：从输入文件开头跳过 blocks 个块后再开始复制。

seek＝blocks：从输出文件开头跳过 blocks 个块后再开始复制。

count＝blocks：仅复制 blocks 个块，块大小等于 ibs 指定的字节数。

【例 A.29】　将本地的/dev/hdb 整盘备份到/dev/hdd。

```
#dd if＝/dev/hdb of＝/dev/hdd
```

【例 A.30】　将/dev/hdb 全盘数据备份到指定路径的 image 文件。

```
#dd if＝/dev/hdb of＝/root/image
```

13. mkfs

（1）语法如下。

```
mkfs [-V] [-t fstype] [fs-options] filesys [blocks]
```

（2）功能：在特定的分区上建立文件系统。

（3）主要选项含义如下。

device：预备检查的硬盘分区，例如/dev/sda1。

-V：详细显示模式。

-t：给定档案系统的形式，Linux 系统的预设值为 ext2。

-c：在制作档案系统前，检查该 partition 是否有坏轨。

-l bad_blocks_file：将有坏轨的 block 资料加到 bad_blocks_file 里面。

block：给定 block 的大小。

【例 A.31】　将 sda6 分区格式化为 ext3 格式。

```
#mfks -t ext3 /dev/sda6
```

14. echo

（1）语法如下。

```
echo [字符串 | $变量]
```

（2）功能：在终端输出字符串或变量提取值。

【例 A.32】　查看 HOME 变量值，命令如下。

```
#echo $HOME
```

15. export

（1）语法如下。

```
export [选项] [变量名]＝[变量值]
```

（2）功能：设置环境变量。

（3）主要选项含义如下。

-f：变量名为函数名。

-n：删除指定的变量。

-p：列出所有环境变量。

【例 A. 33】 将/usr/local/zhs 加到 PATH 变量。

```
# export  PATH= $ PATH: /usr/local/zhs
```

A. 3　网　络　命　令

常用网络命令如表 A. 4 所示。

表 A. 4　网络命令及功能

命令	功　　能	命令	功　　能
ifconfig	查看或配置网络信息	traceroute	显示到达远程计算机所经过的路由
ping	查看网络是否连通	netstat	查看网络的状况
service	用于管理 Linux 操作系统中服务的命令		

1. ifconfig

（1）语法如下。

```
ifconfig [设备] [IP 地址] [子网掩码]
```

（2）功能：用来查看或配置网络信息，如 IP 地址、硬件地址（MAC 地址）、子网掩码和 DNS 等。

【例 A. 34】 检查计算机的 IP 信息。

```
# ifconfig
eth0 Link encap:Ethernet HWaddr 50:78:1c:15:d6:c1
inet addr:192.168.0.100 Bcast:192.168.255.255 Mask:255.255.0.0
            UP BROADCAST RUNING MULTECAST MTU:1500 Metric:1
            RX packets:5 error:0 dropped:0 overruns:0 frame:0
            TX packets:10 error:0 dropped:0 overruns:0 carrier:0
            Collisions:0 txqueuelen:100
            RX bytes:366(366.0 b) TX bytes:600(600.0 b)
            Interrupt:11 Base address:0x4000
Lo   Link encap:local loopback
inet addr:127.0.0.1 Bcast:127.255.255.255 Mask:255.0.0.0
            UP BROADCAST RUNING MULTECAST MTU:16436 Metric:1
            RX packets:12 error:0 dropped:0 overruns:0 frame:0
            TX packets:12 error:0 dropped:0 overruns:0 carrier:0
            Collisions:0 txqueuelen:0
            RX bytes:892(892.0 b) TX bytes:892(892.0 b)
```

命令结果显示了不同网络设备（eth0 和 lo）的网络信息，lo 是回送接口；eth0 是第 0 块以太网卡。

2. ping

（1）语法如下。

```
ping［选项］计算机名/IP 地址
```

（2）功能：发送 ICMP ECHO_REQUEST 数据包到网络上的主机，然后接收它的回答信号。

（3）主要选项含义如下。

-c 数目：在发送完指定的数据包后停止。

-f：大量且快速地将数据包发送给 1 台计算机，看它的回应。

-I 秒数：设定每隔几秒将 1 个数据包发送给 1 台机器，默认值是 1 秒送 1 次。

-l 次数：在指定次数内，以最快的方式将数据包发送到指定机器。

-q：不显示任何传送数据包的信息，只显示最后结果。

【例 A.35】　检查本机是否能与 IP 地址为 192.168.0.101 的计算机通信。

```
# ping 192.168.0.101
Ping 192.168.0.101 with 32 bytes of data:
Reply from 192.168.0.101:bytes time<10 ms TTL=128
Reply from 192.168.0.101:bytes time<10 ms TTL=128
Reply from 192.168.0.101:bytes time<10 ms TTL=128
```

命令结果显示的意思是计算机已经收到了来自 192.168.0.101 计算机上的回答信号，两者之间可以通信。

3. service

（1）语法如下。

```
service <选项>｜--status-all｜［服务名称［命令]]
```

（2）功能：用于管理 Linux 操作系统中服务的命令，主要命令有 start（开启服务）、stop（关闭服务）、restart（重启服务）。

【例 A.36】　重新启动 NFS 服务。

```
# service nfs restart
```

【例 A.37】　查看系统服务器信息。

```
# service --status-all
```

4. traceroute

（1）语法如下。

```
traceroute 计算机名/IP 地址
```

（2）功能：命令的功能是显示到达远程计算机所经过的路由。此命令必须由 root 用户的身份运行。

【例 A.38】　请查找本机到达 www.sohoo.com.cn 网站所经过的路由。

```
# traceroute   www.sohoo.com.cn
1 192.160.0.188 ( 192.160.0.188 ) 261.823 ms 279.827 ms 269.935 ms
2 10.0.67.254 ( 10.0.67.254 ) 240.333 ms   230.123 ms 345.323 ms
3 202.101.214.10 ( 202.101.214.10 ) 276.553 ms  290.398 ms 356.717 ms
4 202.97.17.21 ( 202.97.17.21 ) 240.133 ms   231.923 ms 345.323 ms
5 202.96..12.2 ( 202.96..12.2 ) 280.379 ms   240.173 ms 389.626 ms
6 168.160.224.188 ( 168.160.224.188 ) 299.333 ms  *  540.046 ms
```

由命令结果可以看出，从本机到远程计算机 www.sohoo.com.cn 一共经过了 6 个路由器。不过每次运行此命令可能会显示不同的结果，这是因为登录此网站可以通过不同的路径。

5. netstat

（1）语法如下。

```
netstat［选项］
```

（2）功能：显示网络连接、路由表和网络接口等信息，可以让用户了解目前有哪些网络连接正在运行。

（3）主要选项含义如下。

-a：显示所有 socket，包括正在监听的。

-c：每隔一秒就重新显示一遍，直到用户中断它。

-i：显示所有网络接口信息，格式同 ifconfig -e。

-n：以网络 IP 地址代替名称，显示网络连接情况。

-r：显示核心路由表，格式同 route -e。

-t：显示 TCP 协议的连接情况。

-u：显示 UDP 协议的连接情况。

-v：显示正在进行的工作。

【例 A.39】　在用户计算机上使用 netstat 命令。

```
# netstat
Active Internet connections ( w/o servers )
Proto Recv - Q Send - Q Local Address      Foreign Address       State
Tcp   0  0   * :domain    * : *    LISTEN
Tcp   0  0   * :telnet    * : *    LISTEN
Active UNIX domain sockets ( w/o servers)
Proto RefCnt   Flags   Type    State           I-Node Path
UNIX  2      [ ]     STREAM   CONNECTED   889
UNIX  2      [ ]     STREAM   CONNECTED   1609
UNIX  2      [ ]     STREAM            1704    /devlog
UNIX  2      [ ]     STREAM   CONNECTED   1744
UNIX  2      [ ]     STREAM            1755    /tmp/.X11-UNIX/X0
Active IPX sockets
```

netstat 命令内容可分为两大部分，前一部分为和 Internet 连接的网络状态，后一部分为 Linux 系统内部的网络状态。其中，各主要项目的含义如下所述。

Proto：通信协议，如 TCP、UNIX2 等。

Recv-Q：未被本机接收的传来的字节数。

Send-Q：未被远程主机接收的传出的字节数。

Local Address：本机地址。

Foreign Address：远程主机地址。

State：连接状态。可以有 10 余种状态，如 CONNECTED(已连接)、CLOSE_WAIT
(远程主机已关闭，等态关闭 Socket)等。

A.4   服务器配置

A.4.1   FTP 服务器

Linux 环境下的文件传输协议(File Transfer Protocol，FTP)服务器软件主要有 Wu-
ftpd、ProFTPD 和 vsftpd。

1. 安装 FTP 服务器

在安装 Linux 系统时，有时会同时安装 vsftpd 软件。可以用命令检查是否安装 vsftpd
软件，具体命令如下。

```
# rpm -qa vsftpd
vsftpd-1.1.3-8
```

命令结果显示 vsftpd 软件已安装，如果没有安装，可以在安装盘找到文件 vsftpd-
1.1.3-8.i386.rpm，然后进行安装，具体命令如下。

```
# rpm -ivh vsftpd-1.1.3-8.i386.rpm
```

安装完成后，系统将会生成一个名为 vftpd 的服务器。同时还会创建一个 FTP 目录，
位于/var/ftp，其中包括 4 个子目录/var/ftp/bin、/var/ftp/lib、/var/ftp/etc 和/var/ftp/
pub。用户只能访问/var/ftp/pub 目录内的内容，不能访问其他 3 个目录。

2. 设置 FTP 和启动服务器

设置 FTP 服务的方法是在终端方式下运行 setup 命令，然后选择 System Services，再
选中 vsftpd 服务，最后退出设置。

启动 FTP 服务的具体命令如下。

```
# service vsftpd start
```

可以使用 Telnet 命令测试 vsftpd 是否成功启动，具体命令如下。

```
# telnet 127.0.0.1 21
Trying 127.0.0.1...
Connected to 127.0.0.1
Escape character is '^]'.
220(vsFTPd 1.1.3)
```

命令结果信息表示 Telnet 已连接到本机 vsftpd 服务器的 21 端口，从而可以确认

vsftpd 已启动。这时可以按 Ctrl+]组合键中断对话。

3. 登录 FTP 服务器

如果客户端安装的是 Windows 操作系统,则从"开始"→"运行"对话框中输命令;如果客户端安装的是 Linux 操作系统,则在终端方式下进行如下操作。

(1) 假设 FTP 服务器的 IP 地址为 192.168.0.100,则输入如下命令。

```
ftp 192.168.0.100
Connected to 192.168.0.100
220 ( vsFTPd 1.1.3)
Name:
```

(2) 命令要求输入用户名,如果不知道用户名,可以匿名访问,即输入 anonymous。

```
331 Please specify the password.
Password :
```

要求输入用户口令,如果是匿名访问,则可以输入任何一个 E-mail 地址,如 a@b.c。输入口令后,提示符如下。

```
230 Login successful. Have fun.
Remote system type is UNIX.
Using binary mode to transfer files.
ftp>
```

如果是以某个用户的身份登录,默认进入用户目录;如果是匿名登录,默认进入/var/ftp 目录,这时就可以使用 Linux 命令和 FTP 命令进行操作。

4. FTP 常用命令

get:下载文件,如 get 1.txt。

put:上传文件,如 put 2.txt。

dete:删除文件,如 dete 1.txt。

!:执行 shell 命令,如!ls /root。

lcd:查看或更改本地的目录,如 lcd /root。

bye:退出 FTP 服务器。

quit:退出登录并终止连接。

A.4.2   Telnet 服务器

1. 安装 Telnet 服务器

在安装 Linux 系统时,有时也会同时安装 Telnet 软件,然后可以用以下命令检查是否安装 Telnet 软件,具体命令如下。

```
# rpm -qa telnet-server
telnet-server-0.17-25
```

命令结果表示 Telnet 软件已安装,如果没有安装,可以在安装盘上找到文件 telnet-server-0.17-25.i386.rpm,然后进行安装,具体命令如下。

```
# rpm -ivh telnet-server-0.17-25.i386.rpm
```

安装完成后,系统将会生成一个名为 Telnet 的服务器。

2. 设置和启动 Telnet 服务

设置 Telnet 服务的命令如下。

```
# setup
```

执行以上命令会弹出一个设置菜单,在菜单中选择 System Services,再选中 Telnet 服务,最后保存并退出。

启动 Telnet 服务的具体命令如下。

```
# service telnet start
```

3. 登录 Telnet 服务器

如果客户端安装的是 Windows 操作系统,则执行"开始"→"运行"命令,在"运行"对话框中输入命令;如果客户端安装的是 Linux 操作系统,则在终端输入命令。

例如 Telnet 服务器的 IP 地址为 192.168.0.100,则命令如下。

```
# telnet 192.268.0.100
Trying 192.168.0.100...
Connected to 192.168.0.100
Escape character is '^]'
Red Hat Linux release 8.0 (Psyche)
Kernel 2.4.18-14 on an i686
Login:
```

在 Login 后输入用户名,如 user1,然后按 Enter 键,结果显示如下。

```
Password:
```

在 Password 后输入用户的口令,然后按 Enter 键,如果登录成功结果显示如下。

```
Last Login :Mon Jun 9 15:53:13 from 1-4
[user1@localhost user1] $
```

结果中的提示说明用户 user1 已经登录到名为 localhost 的计算机上,当前的目录是 user1,这时可以利用命令进行各种操作。

A.4.3　NFS 服务器

1. NFS 服务器设置

设置 NFS 服务器的命令如下。

```
# setup
```

执行以上命令会弹出一个设置菜单,在菜单中选择 system servers,然后选中 nfs 服务,并取消 iptables 和 ipchains 服务,然后保存设置并退出。

修改 NFS 服务权限,可以通过修改/etc/exports 文件内容来实现。/etc/exports 文件内容每一行表示一个权限设置,格式如下。

```
提供的目录　(计算机名或 IP 地址)(权限)
```

例如使/arm2410s 目录让所有计算机都可以进行读写访问,则 etc/exports 文件内容可修改如下。

```
/arm2410s  (rw)
```

2. 重启 NFS 服务

重启 NFS 服务的具体命令如下。

```
# service nfs restart
```

3. 客户机使用 NFS 服务器的目录,可以使用 mount 命令进行挂载,命令格式如下。

```
# mount -t nfs IP 地址: 目录   挂载目录
```

或者用如下格式。

```
# mount -o nolock IP 地址: 目录   挂载目录
```

例如将 NFS 服务器(192.168.100.191)中的/source/rootfs 目录挂载到本机的/mnt/nfs 目录,则可以使用如下命令。

```
# mount -t nfs 192.168.100.191:/source/rootfs   /mnt/nfs
```

又如在目标机(192.168.100.192)的/mnt 目录上挂载 NFS 服务器(192.168.100.191)中的/source/rootfs 目录,则可以在目标机上使用如下命令。

```
# mount -o nolock -t nfs 192.168.100.191:/source/rootfs   /mnt
```

注意:在目标机上挂载 NFS 服务器的目录时,一定要加-o nolock 参数,否则会报错,因为一般情况下 NFS 服务器默认加了文件锁,远程服务会被拒绝,所以一定要解锁。

附录 B　vi 基本操作

文本编辑器是计算机系统中最常用的一种工具。Linux 系统提供了多种文本编辑器，如 vi、vim、ex、emacs 等，选择哪种文本编辑器取决于用户个人的爱好。vi 是 Linux 系统中最常用的文本编辑器。

B.1　vi 简介

vi 编辑器是 Visual Interface 的简称。它在 Linux 系统中的地位就像 Edit 程序在 DOS 上一样，可以执行输出、删除、查找、替换、块操作等众多文本操作，而且用户可以根据自己的需要对其进行定制，这是其他编辑程序所没有的。

vi 编辑器并不是一个排版程序，它不能像 Word 或 WPS 那样可以对字体、格式、段落等属性进行编排。它只是一个文本编辑程序，没有菜单，只有命令，且命令繁多。vim 是 vi 的加强版，比 vi 更容易使用，vi 的命令几乎都可以在 vim 上使用。

vi 有 3 种基本工作模式，分别是命令模式（Command Mode）、插入模式（Insert Mode）和底行模式（Last Line Mode），各模式的功能说明如下。

（1）命令模式的主要功能是控制屏幕光标的移动，删除字符、字或行，移动复制某区段。在此模式下，按 I 键可进入插入模式，按:键可进入底行模式。

（2）只有在插入模式下才可以进行文字输入操作，在此模式下，按 Esc 键可返回命令模式。

（3）底行模式的主要功能是保存文件或退出 vi，也可以设置编辑环境，如查找字符串、显示出行号等信息。在此模式下，按 Esc 键可返回命令行模式。

为了简化描述，通常将 vi 简单分成命令模式和插入模式两种，将底行模式并入命令模式。

B.2　vi 基本操作

1. 打开文件

打开文件的格式：

```
vi [file_name]
```

其中，file_name 是文件名。如果文件已经存在，则打开该文件，否则新建一个文件。

例如要新建一个 1234.txt 文本文件，可以输入命令 vi 1234.txt，就会进入 vi 全屏幕编辑画面，显示如下。

```
▮
~
~
~
"1234.txt"[未命名]                  0,0-1          全部
```

屏幕中显示～字符的行表示没有内容。屏幕底行显示的内容分别代表文件名、光标的位置和已显示内容的百分比。

2. 输入文件内容

vi 编辑器只有在插入模式下才能输入文件内容,进入 vi 编辑器时,默认为命令模式,所以如果要输入文件内容,可以按 I 键进入插入模式。进入插入模式后,在屏幕的底行有"--插入--"提示符,示例如下。

```
                    Lesson 7   Too Late
The plane was late and detectives were waiting at thee airport all morning.
They were expecting a valuable parcel of diamonds from South Africa.▮
~
~
~
--插入--                             2,203          全部
```

3. 保存文件

当要保存文件时,首先按 Esc 键返回命令模式,再输入命令":wq"。命令会显示在屏幕的底行,显示如下。

```
                    Lesson 7   Too Late
The plane was late and detectives were waiting at thee airport all morning.
They were expecting a valuable parcel of diamonds from South Africa.
~
~
~
:wq▮
```

按 Enter 键,文件将被保存,并且会退出 vi 编辑器。

4. 常用文件保存相关命令

在 vi 编辑器中,常用的文件保存命令如表 B.1 所示。

表 B.1　常用的文件保存命令

命　　令	说　　明
:q	放弃保存,并退出
:q!	放弃保存,并强行退出
:w	保存当前文件,但不退出
:w!	强行保存当前文件,但不退出
:w file_name	把当前文件的内容保存到指定的新文件名中,而原有文件保持不变
:wq	保存当前文件,并退出
:wq!	保存当前文件,并强行退出
:x	与 wq 功能一样

5．将文件部分内容存为另一个文件

vi 编辑器还提供了将文件部分内容存档的功能。例如将文件 1234.txt 的第 2～6 行的内容保存到 4567.txt 文件中，实现步骤是首先用 vi 编辑器打开 1234.txt 文件，然后在命令模式下输入以下命令。

```
:2  6  w  4567.txt
```

B.3 基 本 命 令

1．光标命令

全屏幕文本编辑器中，光标的移动操作是使用最多的操作。用户必须熟练使用移动光标的这些命令。

光标移动既可以在命令模式下，又可在插入模式下进行操作，但操作方法有些不同。在插入模式下，可以直接使用键盘上的 4 个方向键移动光标。在命令模式下，有很多移动光标的方法，除用 4 个方向键移动光标外，还可以用 H、J、K 和 L 键。按 H 键向左移动一个字符，按 J 键向下移动一个字符，按 K 键向上移动一个字符，按 L 键向右移动一个字符。这样设计的目的是避免由于不同机器使用不同键盘定义所带来的矛盾，而且使用熟练后，手不离开字母键盘位置就能完成所有操作，可以提高工作效率。

另外还可以用 Space、Backspace、Ctrl＋N 和 Ctrl＋P 快捷键来移动光标。除此之外，还有如下一些移动光标的命令。

- L 键、Space 键、右向键：将光标向右移动一个位置。若在右向键前先输入一个数字 n，那么光标就向右移动 n 个位置。例如输入 10L 表示光标向右移动 10 个位置。注意，若给定的 n 超过光标当前位置至行尾的字符个数的情况下用右向键，光标将只能移动到行尾；如果用按 Space 键，光标会移动到下一行或下几行的适当位置。
- H 键、Backspace 键、左向键：将光标向左移动一个位置。若在左向键前先输入一个数字 n，那么光标就向左移动 n 个位置。例如 10H 表示光标向左移动 10 个位置。注意，若给定的 n 超过光标当前位置至行的开头的字符个数的情况下用左向键，光标将只能移动到行的开始位置；如果按 Space 键，光标会移动到上一行或上几行的适当位置。
- J 键、Ctrl＋N 键、＋、向下键：将光标向下移动一行，但光标所在的列不变。若在向下键前先输入一个数字 n，那么光标就向下移动 n 行。vi 编辑器除了可以用向下键向下移动光标外，还可以用 Enter 键和＋键组合将光标向下移动一行或若干行，但此时光标下移之后将位于该行的开头。

例如，在 vi 编辑器中分别输入命令 5j、5Enter 和 5＋，观察有什么不同？

- K 键、Ctrl＋P 键、－、向上键：将光标向上移动一行，但光标所在的列不变。若在向上键前先输入一个数字 n，那么光标就向上移动 n 行。若希望光标上移之后光标位于该行的开头，可使用命令"－"。
- L（移至行首）：L 命令可将光标移到当前行的开头，即将光标移至当前行的第一个非空白处(非制表符或非空格符)。

- $（移至行尾）：$ 命令可将光标移到当前行的行尾,停在最后一个字符上。若在 $ 命令之前加上一个数字 n,则将光标下移 $n-1$ 行并到达行尾。
- b 命令：移动到下个字的第一个字母。
- w 命令：移动到上个字的第一个字母。
- e 命令：移动到下个字的最后一个字母。
- ^：移动到光标所在列的第一个非空白字符。
- n−：减号表示移动到上一列的第一个非空白字符,前面加上数字指定移动到以上 n 列。
- n+：加号表示移动到下一列的第一个非空白字符,前面加上数字指定移动到以下 n 列。
- nG：直接用数字 n 加上大写字母 G 可移动到第 n 列。
- fx：往右移动到 x 字符上。
- Fx：往左移动到 x 字符上。
- tx：往右移动到 x 字符前。
- Tx：往左移动到 x 字符前。
- /string：往右移动到有 string 的地方。
- ? string：往左移动到有 string 的地方。
- n(：左括号表示移动到句子的最前面,加上数字指定往前移动 n 个句子。
- n)：右括号表示移动到下个句子的最前面,加上数字指定往后移动 n 个句子。
- n{：左括号表示移动到段落的最前面。
- n}：右括号表示移动到下一个段落的最前面。
- H 命令：将光标移至屏幕首行的行首,也就是当前屏幕的第一行,而不是整个文件的第一行。若在 H 命令之前加上数字 n,则将光标移至第 n 行的行首。注意,使用命令 dH 将会删除从光标当前所在行至显示屏幕首行的全部内容。
- M 命令：将光标移至屏幕显示文件的中间行的行首。即如果当前屏幕已经满屏,则移动到整个屏幕的中间行;如果未满屏,则移到已显示出的行的中间行。注意,使用命令 dM 将会删除从光标当前所在行至屏幕显示文件的中间行的全部内容。
- Ctrl+D 键：光标向下移半页。
- Ctrl+F 键：光标向下移一页。
- Ctrl+U 键：光标向上移半页。
- Ctrl+B 键：光标向上移一页。

2. 编辑命令
- a：在光标当前所在位置之后追加新文本。
- A：把光标移到所在行的行尾,从那里开始插入新文本。
- o：在光标所在行的下面新开一行,并将光标置于该行的行首,等待输入文本。
- O：在光标所在行的上面新开一行,并将光标置于该行的行首,等待输入文本。
- x：删除光标所在的字符。
- dd：删除光标所在的行。

- D 或 d$：删除从光标所在处开始到行尾的内容。
- d0：删除从光标前一个字符开始到行首的内容。
- dw：删除一个单词。若光标处在某个词的中间，则从光标所在位置开始删至词尾。
- r：修改光标所在的字符，r 后接着要修正的字符。
- R：进入取代状态，新增资料会覆盖原先资料，直到按 Esc 键回到命令模式下为止。
- s：删除光标所在字符，并进入插入模式。
- S：删除光标所在的行，并进入插入模式。
- d：删除（delete 的第一个字母）。
- y：复制（yank 的第一个字母）。
- p：粘贴（put 的第一个字母）。
- c：修改（change 的第一个字母）。

附录 C　练习题参考答案

第 1 章　嵌入式系统基础

1. 选择题

(1)～(10)：CBABC　DACCD

(11)～(20)：BBACD　ADABA

2. 填空题

(1) 通用计算机系统、嵌入式系统

(2) 微处理器、外围电路、外部设备

(3) 板级支持包、实时操作系统、应用程序接口、应用程序

(4) 嵌入式微处理器、微控制器、数字信号处理

(5) 系统

(6) Java、C/C++

(7) 系统总体设计、硬件设计、软件设计

(8) 分析、细化、模块化

3. 简答题

略

第 2 章　基于 Cortex-A9 微处理器的硬件平台

1. 选择题

(1)～(10)：DCBCB　BDACD

(11)～(25)：ACDCB　DABDD

(21)～(30)：ACCBB　CADDA

2. 填空题

(1) 公司、处理器、技术

(2) 精简指令集计算机、复杂指令集计算机

(3) 冯·诺依曼、哈佛

(4) 双核、四核

(5) 字节、半字、字

(6) 大端格式、小端格式

(7) ARM 状态、Thumb 状态

(8) 取指令(fetch)、译码(decode)、执行(excute)

(9) 取指令、译码、执行、缓冲/数据(buffer/data)、回写(write-back)

(10) CPSR(当前程序状态寄存器)、SPSC(程序状态备份寄存器)

(11) 软中断(SGI)、专用外设中断(PPI)、共享外设中断(SPI)

(12) 10、12

(13) 三星、ARM、Cortex-A9

3. 简答题

略

4. 计算题

(1) **解**:

① 信号周期 $T=80$

② 高电平占用时间 $t_2=20$

③ 占空比 $a=t_2/T=20/80=0.25$

(2) **解**:

① A/D 转换频率$=100\text{MHz}/(99+1)=1\text{MHz}$

② 转换时间$=1/(1\text{MHz}/5\text{ 周期})=1/120\text{kHz}=5\mu\text{s}$

(3) **解**:

① 当 U203 的 LE 信号为高电平时,U203 被选中,数据总线上的数据可以通过 U203 到达设备。换句话说就是 LE 为高电平时,设备被选中。

② 若 U203 的 LE 信号为高电平,则 U202 的输入信号要全部为高电平。所以 A9 和 A10 都要为高电平,A8 为低电平,没有涉及的地址线通常写 0。

③ 设备地址为 A31～A0=0000 0000 0000 0000 0000 0110 0000 0000=0x00000600。

第 3 章　Linux 系统编程基础

1. 选择题

(1)～(10): BDABB　DDCAC

(11)～(20): AABCA　ACBDC

2. 填空题

(1) 预编译、编译、汇编、连接

(2) so、a、程序运行过程、程序编译过程

(3) C、C++

(4) list 或 l、break、run 或 r、next 或 n

(5) $

(6) 用户自定义变量、预定义变量、自动变量

(7) 自动变量、预定义变量

(8) C 编译器的名称、C 预编译器的名称、库文件维护程序名称、汇编程序名称

3. 简答题

略

4. 编程及调试题

略

第 4 章　嵌入式交叉开发环境及系统移植

1. 选择题

(1)～(10)：ADACC　AACAB

(11)～(23)：CDABD　CDCBA　BAB

2. 填空题

(1) 实时在线仿真、模拟调试、软件调试、片上调试

(2) JTAG、BDM

(3) 64

(4) 串口通信软件

(5) 串口、网络口

(6) 115200、8、1、无、无

(7) eMMC、SD 卡、NFS 挂载

(8) uImage、Exynos 4412-fs4412.dtb

(9) 从 TFTP 服务器下载 u-boot-fs4412.bin 文件到内存地址 40008000 开始的位置、将内存地址 40008000 开始的文件写到时 u-boot 分区

(10) 0x00000000

(11) 启动加载模式、下载模式

(12) 汇编语言、C 语言

(13) _start

(14) arch/arm/cpu/armv7

(15) arch、drivers

(16) 先删除以前生成的模块和目标文件、为 origen 目标极配置编译环境

(17) 平台架构搭建、添加功能程序代码

(18) 进程管理、内存管理、文件管理、设备管理、网络管理

(19) arm-none-linux-gnueabi-

(20) C

(21) 编译入内核、编译成模块、根据变量编译

(22) DTS 文件、编译工具、编译后生成的二进制文件

(23) 根文件系统

3. 简答题

略

第 5 章　Linux 驱动程序

1. 选择题

1～15：BDCAC DADAB ABDAB

2. 填空题

(1) 具体物理设备的操作细节，实现设备无关性

(2) 内核态

(3) 字符设备、块设备

(4) 主、次

(5) 静态连接、动态连接

(6) rmmod

(7) 字节、块

(8) 物理上、一个

(9) 设备树(Device Tree)、平台总线驱动

(10) 传统方法、平台总线、设备树

3. 简答题

略

4. 编程题

略

第 6 章　嵌入式数据库

1. 选择题

1～11：BABAD BDDAA C

2. 填空题

(1) 轻量

(2) 引擎响应式、程序驱动

(3) 关系、网状模型

(4) 内核、编译器、后端

(5) 接口(Interface)、虚拟机(Virtual Machine)

(6) 词法分析器、语法分析器、代码生成器

(7) B-树、页面高速缓存、操作系统接口

(8) 指定交叉编译工具、安装的路径

(9) 查看当前的数据库、显示所有表的创建语句

3. 简答题

略

4. 编程题

略

参 考 文 献

[1] 朱华生,吕莉,熊志文,等. 嵌入式系统原理与应用——基于 ARM 微处理器和 Linux 操作系统[M]. 北京:清华大学出版社,2018.

[2] 秦山虎,刘洪涛. ARM 处理器开发详解[M]. 北京:电子工业出版社,2016.

[3] 许大琴,万福,谢佑波. 嵌入式系统设计大学教程[M]. 2 版. 北京:人民邮电出版社,2019.

[4] 刘森. 嵌入式系统接口设计与 Linux 驱动程序开发[M]. 北京:北京航空航天大学出版社,2006.